高职高专"十二五"规划教材

矿山企业管理

（第 2 版）

主　编　陈国山

副主编　郝全越　郭学军　赵　君

北　京

冶金工业出版社

2024

内 容 提 要

    本书详细阐述了矿山企业管理的主要内容,包括矿山企业计划管理、日常生产管理、成本管理、全面质量管理、劳动管理、安全管理、工程建设管理、设备设施管理等。本书内容紧密结合生产实际,旨在使高职高专院校学生掌握矿山企业管理的基本理论知识和提高管理技能。

    本书为高职高专院校矿业类专业教材,也可供相关专业师生和从事矿山管理工作的人员参考。

图书在版编目(CIP)数据

    矿山企业管理/陈国山主编. —2版. —北京:冶金工业出版社,2014.10(2024.7重印)

    高职高专"十二五"规划教材

    ISBN 978-7-5024-6667-1

    Ⅰ.①矿… Ⅱ.①陈… Ⅲ.①矿山企业—企业管理—高等职业教育—教材 Ⅳ.①F407.1

    中国版本图书馆 CIP 数据核字(2014)第 187229 号

矿山企业管理(第2版)

出版发行	冶金工业出版社	电　　话	(010)64027926
地　　址	北京市东城区嵩祝院北巷39号	邮　　编	100009
网　　址	www.mip1953.com	电子信箱	service@ mip1953.com

责任编辑 杨　敏　美术编辑 彭子赫　版式设计 葛新霞
责任校对 郑　娟　责任印制 禹　蕊
北京捷迅佳彩印刷有限公司印刷
2008 年 1 月第 1 版,2014 年 10 月第 2 版,2024 年 7 月第 4 次印刷
787mm×1092mm 1/16;17.75 印张;429 千字;272 页
定价 39.00 元

投稿电话 (010)64027932　投稿信箱 tougao@cnmip.com.cn
营销中心电话 (010)64044283
冶金工业出版社天猫旗舰店 yjgycbs.tmall.com
(本书如有印装质量问题,本社营销中心负责退换)

第 2 版前言

《矿山企业管理》自 2008 年 1 月出版以来，多次重印，受到了高职高专院校矿业类专业师生和矿山从业者的欢迎。近些年来，由于国家安全生产监督管理总局对矿山企业、矿山从业者在管理方式、方法等方面提出了新的要求，矿山企业管理的内容也相应发生了变化，因此，教材急需充实新的内容，以贴近生产管理实际。

为了反映我国矿山企业在管理方面的进步，并缩短教材与生产实际的距离，我们在第 1 版的基础上进行了修订。在内容安排上，将原有的矿山企业管理方法、矿山企业物资管理、矿山企业固定资产管理等章节删除；在矿山企业劳动管理、矿山企业设备管理、矿山企业安全管理和矿山企业计划管理等章节中，增加了矿山企业安全评价，矿山企业设施管理，矿山企业生产标准化建设，矿山企业生产安全避险，矿山企业安全事故申报、救援及处理等内容，同时对其他章节进行了更新和完善；以期修订后的教材更加适应教学需求。

本书由陈国山担任主编，郝全越、郭学军、赵君担任副主编。具体编写分工为：吉林电子信息职业技术学院陈国山编写第 2 章和第 5 章，郝全越编写第 6 章，杨林、毕俊召共同编写第 9 章，陈西林编写第 1 章；河北省地矿局第十一地质大队闫领军编写第 4 章；吉林宝华安全评价有限公司刘金鹏编写第 7 章；中国钢研科技集团吉林工程技术有限公司赵君编写第 8 章；赤峰吉隆黄金矿业股份有限公司郭学军编写第 3 章。全书由陈国山统稿。

在修订过程中，得到了许多同行、矿山工程技术人员的支持和帮助，在此表示衷心的感谢。

由于编者水平所限，书中不足之处，恳请读者批评指正。

编　者
2014 年 6 月

第 1 版前言

《矿山企业管理》是根据教育部高职高专矿业类教学指导委员会金属矿开采技术教研组、冶金教育学会高职高专矿业类课程组及冶金行业"十一五"教材建设规划编写的。

目前我国矿产资源开发进展迅猛。无论是矿山的数量还是采出的矿石量都迅速增加。矿山生产安全问题日益突出，矿山开采技术更新速度加快，矿山生产环境保护、矿产资源的充分利用和保持矿山可持续发展的重要性凸显。矿山企业逐渐由技术劳动型向技术管理型企业过渡，"以人为本"为矿山从业人员创造安全、环保、舒适、健康的工作环境，保证国家的矿产资源充分有效的利用，提高矿山企业管理水平，追求经济效益的最大化。

同时，矿山企业的经营方式也发生了较大变化，出现了租赁经营、工程承包、项目承包等经营方式。我们编写此书，旨在培养高职高专毕业生既具备金属矿开采的基本知识和基本技能，又具备新型矿山企业的经营、管理思想。

参加本书编写工作的有吉林电子信息职业技术学院陈国山、戚文革、毕俊召、季德静、孙文武；辽宁科技学院张杰；吉林翔达会计师事务所有限公司徐建杰；夹皮沟黄金矿业公司李福祥、单伟、马杰、张洪龙、隋泳洋；吉林镍业公司李伟华。全书由陈国山、戚文革任主编，张杰、徐建杰任副主编。

在编写过程中，得到许多同行、矿山工程技术人员的支持和帮助，在此表示衷心的感谢。

由于水平所限，书中难免有不足之处，恳请读者批评指正。

编 者
2007 年 9 月

目　录

1 企业管理基础

1.1 企业及企业管理

1.1.1 企业的特征及类型

1.1.1.1 企业的特征

在市场经济大环境下，企业是以盈利为目的，直接组合和运用生产要素，从事商品生产、流通或服务等经营活动，为满足社会需要依法进行自主经营、自负盈亏、自我约束、自我发展的法人实体和市场竞争主体。它一般具有以下基本特征：

（1）企业是从事商品（或劳务）生产经营活动的基本经济组织。这表明了企业所从事的活动具有商品性，是为卖而买、为交换而生产、为社会消费而生产经营并以盈利为目的的基本经济组织。这是企业的职业特征。

（2）企业是自主经营、自负盈亏的经济实体。这表明了企业在社会经济活动中的责权利关系；也是判断经济组织是否真正具备企业形态的重要标志。即企业自主经营必须自负盈亏，用自负盈亏来制约自主经营。这是企业的行为特征。

（3）企业是具有法人资格的经济实体。这表明了企业是依法成立、具有民事权利能力和民事行为能力、独立享有民事权利和承担民事义务的组织，它必须拥有自己能够独立支配和管理的财产。这是企业的人格特征。

企业除具有上述特征外，还应拥有一定数量、一定水平的生产设备和资金；有一定数量、一定技能的生产者和管理者；开展生产活动的场所，等等。

上述特征中，职业特征是企业与其他经济组织相区别的基本依据；行为特征是经济组织是否真正具备企业形态的标志，是企业成为市场主体的根本保证；人格特征表明企业的法律地位，是市场经济秩序对经济实体的必然要求。

1.1.1.2 企业的类型

随着市场经济的不断发展，企业的类型日益多样化，下面介绍几种主要的分类方法：

（1）根据各生产要素所占的比重可以将企业划分为劳动密集型企业、技术密集型企业和知识密集型企业。劳动密集型企业是指技术装备程度较低、用人较多、产品成本中劳动消耗所占比重较大的企业；技术密集型企业又称资金密集型企业，即所需投资较多、技术装备程度较高，用人较少的企业；知识密集型企业是指综合运用先进科学技术成就的企业，这些企业有较多的中、高级技术人员，需要花费较多的科研时间和产品开发费用，能生产高、精、尖产品，如航空航天企业、大规模集成电路企业等。

（2）按企业规模可以将企业划分为特大型企业、大型企业、中型企业和小型企业。衡量企业规模的主要指标一般包括企业生产能力、机器设备的数量或装机容量、固定资产原值和职工人数等四个方面。划分企业规模的具体指标数值和内容会随着科学技术水平和生产社会化水平的不断提高以及行业的不同而有所变化。

（3）按企业社会化的组织形式可以将企业划分为单厂企业、多厂企业、企业集团和公司。单厂企业是由在生产技术上有密切联系的若干生产车间、辅助生产车间、服务单位和管理部门构成。这种企业实行全厂统一经营、统一核算盈亏、统一处理对外联系事务。

多厂企业是指由两个以上的工厂组成的企业，它是按照专业化、联合化及经济合理的原则，将相互间有依赖关系的若干个分散的工厂组织起来，实行统一经营管理的经济组织。它比较适宜于规模较大的加工装配行业，总厂一般都实行统一经营、分级核算，并授予分厂处理某些对外经济事务的权力。

企业集团是以实力雄厚的企业为核心，以资产联结为主要纽带，通过产品、技术、经济契约等多种方式，把众多有内在联系的企业和科研设计单位联结在一起，形成具有多层结构的法人联合体。它由核心层、紧密层、半紧密层、松散层等多层企业构成。其核心层是自主经营、独立核算、自负盈亏、能够承担经济责任、具有法人资格的经济实体。其主要特征是规模大型化、功能综合化、经营多元化、资本股份化、管理科学化。

公司是经政府批准、由两人以上共同出资，按照一定的法律程序组建的以盈利为目的的组织。按公司所属企业的生产、技术、经济联系可分为专业公司、联合公司和综合性公司。依照生产、技术或产品的同一性组成的公司称为专业性公司，例如电子工业公司、汽车工业公司、铸造公司等。依照工艺过程的前后衔接或有利于物资的综合利用的特点组成的公司称为联合公司，如包括炼铁、炼钢、轧钢等工厂的钢铁联合公司。为提高经济效益，依照经营多元化和一体化组成的公司称为综合性公司，如科、工、贸一体化公司。公司按资本组织形式分为无限责任公司、有限责任公司和股份有限责任公司。无限责任公司是指由两个以上股东组成，股东对公司债务负有连带无限清偿责任的公司。连带无限清偿责任是指在公司本身财产不足以抵偿公司债务时股东还必须以自己的其他私人财产去清偿公司债务，直至倾家荡产。有限责任公司是股东以出资额为限对公司债务负清偿责任的公司。股份有限责任公司是将公司资产划分为若干等额股份，股东以所持股份为限对公司债务负清偿责任的公司。有限责任公司和股份有限责任公司是现代企业制度的重要实现形式。

（4）按法律形式可以把企业分为自然人企业和法人企业。自然人企业是指具有民事权利能力和民事行为能力的公民依法投资建立的企业。企业财产属于出资者私人财产的一部分，民事主体是自然人，而不是企业。个人业主制企业和合伙制企业是典型的自然人企业。合伙企业是由两个或两个以上的自然人共同出资兴办、共同经营的企业。这类企业通常采用书面合伙协议、经营合同等契约形式，来确立合伙人各自的收益分成和亏损责任。企业资产属几个出资人共有；企业的盈利多，每个出资人的分成也多，企业亏损破产，每个合伙人都必须以全部个人财产对企业债务承担无限连带责任。

法人企业是指具有法人资格的企业。法人是指具有民事权利能力和民事行为能力，依法独立享有民事权利和承担民事义务的组织。法人企业是实现最终所有权与法人财产权分离，从而实现现代企业产权制度的重要基础，是企业具有有限责任的前提。出资人构造出企业法人后，企业就依法获得了出资人投资形成的全部法人财产权，成为以其全部法人财产进行自主经营、自负盈亏的经济实体，包括国家在内的出资人对资产不再享有直接支配权，而由具有相关知识和技能的专业管理人才代为管理。出资人只是以所有者的身份，依法享有资产收益、制定重大决策、选择管理者、制定公司章程和产权处置的权利。法人企业的典型形式为有限责任公司和股份有限公司，另外还有正在发展中的股份合作制企业。

1.1.2 企业管理的性质与职能

企业管理是按生产技术规律和经济规律的要求，对企业生产经营活动进行计划、组织、指挥、协调、控制和创新，以获取经济效益的一系列行为的总称。

1.1.2.1 企业管理的性质

企业管理是社会化大生产的产物和客观要求，凡是有共同劳动的场合，都离不开管理。马克思在分析资本主义企业管理的性质和职能时曾指出：凡是直接生产过程具有社会结合过程的形态，而不是表现为独立生产者的孤立劳动的地方，都必然会产生监督劳动和指挥劳动。不过它具有二重性：一方面，凡是有许多人进行协作的劳动，过程的联系和统一都必然要表现在一个指挥的意志上，表现在各种与局部劳动无关而与工厂全部活动有关的职能上，就像一个乐队要有一个指挥一样；另一方面，凡是建立在作为直接生产者的劳动者和生产资料所有者之间的对立上的生产方式中，都必然会产生监督劳动。这种对立越严重，监督劳动所起的作用也就越大。马克思揭示的管理二重性原则，是我们正确认识企业管理性质的理论基础。企业管理二重性是指：

（1）企业管理的自然属性。它是指企业管理与社会生产力相联系的属性。为了合理组织生产力，需要采用一些必要的管理技术、管理方法和管理手段。不同所有制的企业之间，管理的自然属性没有本质区别，而是具有共同性，彼此可以直接学习、借鉴和使用。

（2）企业管理的社会属性。它是指企业管理与社会生产关系相联系的属性。不同社会制度、不同所有制的企业之间，由于其生产关系有着质的区别，因而管理的社会属性存在着根本的区别，彼此不能进行融合。

企业管理的二重性既相互联系又不可分割，企业管理工作不仅要把企业的生产要素在时间上和空间上组织好，以发展生产力，而且要协调好各种经济关系，让全体职工的智慧和才能都得到充分发挥，使企业内形成团结互助的人际关系，同时要正确对待和学习国内外先进的、行之有效的企业管理的理论和实践经验。

1.1.2.2 企业管理的职能

企业管理的职能是指管理者为了有效地管理所必须具备的基本功能，或者说是管理者在执行其任务时应该做些什么。任何企业管理都具有合理组织生产力和维护生产关系这两个基本职能。但这两个基本职能需要通过具体的管理职能来实现。

企业管理应具备的主要具体职能如下：

（1）计划职能。是企业的首要职能，是企业按照市场需要和自身能力，确定经营思想和经营目标，制订经营计划，规定实现经营目标的策略、途径和方法的活动。计划职能最基本的特点是预见性，要求对未来一段时间企业内外环境的变化发展进行推测、估计和判断，事先对实施过程中可能遇到的问题做出正确规划并制定相应对策。它包括预测、决策和计划的制定等工作。

（2）组织职能。是指合理配置和利用各种生产要素，协调企业内部经济活动中发生的各种关系，使企业的人、财、物有机地结合起来，使企业的各种活动相互协调起来，形成一个协作系统进行整体动作，以确保企业目标的实现的活动。它一般包括科学设置管理机构，选择配备管理人员，进行适度分权和正确授权，划分明晰的管理职责，建立科学的人员训练、考核、奖惩和激励制度，进行企业精神的培育和组织文化建设，为企业创造良好的组织氛围等。

（3）领导职能。领导是指利用组织赋予的权力和自身能力去指挥和影响下属为实现组织目标而努力工作的管理活动过程。企业管理人员通过建立合理的管理制度，采用适当的管理方式和手段，结合企业员工的需要和行为特点，实施一系列具体措施，努力使每个员工以高昂的士气、饱满的热情投身到工作中，从而实现企业预定的目标。

（4）控制职能。在计划的执行过程中，随时将实际执行情况同原定的计划进行对比，及时发现工作偏差或新的潜力，进而采取纠正措施或调整原有计划，以保证实现预期的经营目标。控制职能是保障性职能，它有利于企业不断适应经营环境的变化。

（5）创新职能。为适应科学技术的高速发展和日益激烈的市场竞争，企业需要在产品上、技术上、管理上、经营上等方面不断创新，以实现企业的健康、快速发展。

上述职能是相互联系和相互促进的。在管理中要协调好各个管理职能，充分发挥各个管理职能的作用，以实现管理的目标。

1.1.3　企业管理的发展

管理活动是随着人们的共同劳动而产生和发展的，有共同劳动，就有管理；而企业管理则是在资本主义工厂制度产生以后才出现的，已有 200 多年的历史。总结起来，大体经历了三个发展阶段。

1.1.3.1　经验管理阶段

这个阶段大约是从 18 世纪末到 20 世纪初，即从资本主义工厂制度出现时起，到资本主义自由竞争阶段结束为止，经历了 100 多年。这个阶段企业规模不大，生产技术也不复杂，管理工作主要凭个人经验。工人凭自己的经验来操作，没有统一的操作规程；管理人员凭自己的经验进行管理，没有系统的管理理论指导；工人的培养，是靠师傅带徒弟的传统方式进行，没有统一的标准和要求。对企业管理的认识，主要体现在工厂管理者的个人实践和经济学家的个别论述中，尚未形成系统的管理理论。

经验管理的主要内容是生产管理、工资管理和成本管理。工厂管理者只关心和解决如何分工协作，以提高生产效率，如何减少资本耗费，以赚取更多利润等问题。

1.1.3.2　科学管理阶段

这个阶段大体上是从 20 世纪初到 20 世纪 40 年代，经历了约半个世纪。由于生产力的发展，客观上要求提高企业管理水平，将过去积累的管理经验系统化和标准化，用科学的管理理论来取代传统的管理经验。

科学管理理论也称古典管理理论，是随着自由资本主义向垄断资本主义过渡而逐步形成的。其主要代表是美国人泰罗提出的科学管理理论、法国人法约尔提出的一般管理理论和德国人韦伯提出的行政组织体系理论。

A 泰罗的科学管理理论

a 泰罗科学管理的主要思想

（1）"经济人"观点。泰罗认为金钱是刺激积极性的唯一动力，每人都在追求自己的经济利益，资本家追求最大的利润，工人追求最高的工资。于是，形成了两大利益集团。

（2）调节不同"经济人"之间的矛盾。为了协调劳资双方的矛盾，泰罗提出进行一场"心理革命"，就是要求人们把注意力从"分配剩余"转移到"增加剩余"上来。

（3）增加剩余。为了增加剩余，泰罗提出改革过去的经验管理办法，采用"科学管理"的方法提高劳动生产率。

b 科学管理的主要内容

（1）工作方法的标准化。通过分析研究工人的操作，选用合适的劳动工具和合理的动作，从作业方法到材料、工具、设备和作业环境都实施标准化管理，制定出各种工作的标准操作法。

（2）工时的科学利用。通过对工人工时消耗的研究，规定完成合理操作的标准时间，定出科学的劳动时间定额。

（3）选择"第一流的工人"。泰罗认为每种类型的工人都能找到某些工作使他成为"第一流的工人"。健全的劳动人事管理的基本原则是使工人的能力与工作相适应。管理部门的责任在于为每项工作找出最适合这项工作的人选，并对他们进行系统科学的培训，使他们成为完成所从事工作的"第一流的工人"。

（4）实行刺激性的付酬制度。工资支付的对象是工人而不是职位，要根据实际工作表现支付工资，而不是根据工作类别来支付工资。对按标准操作法在规定的时间定额内完成工作的工人，按较高的工资率计发工资；否则按较低的工资率计发工资，以达到调动工人积极性的目的。

（5）按标准操作法培训工人，以代替师傅带徒弟的传统方法。

（6）明确划分计划职能与作业职能，让工人尽高效生产之责，管理人员尽组织监督之责，管理人员专业化。

（7）强调例外管理。企业高级管理人员为减轻处理纷乱烦琐事务的负担，把一般的日常事务授权给下级管理人员去处理，而自己只保留对企业重大事项的决策权和控制权。

除上述几条之外，还有与工人合作的"心理革命"，实行职能工长制等内容。

泰罗对企业管理学的最大贡献是他主张一切管理的问题都应当而且可以用科学的方法去研究解决，实行各方面工作的标准化，使个人的经验上升为理论，不要单凭经验办事，这就开创了"科学管理"的新阶段。泰罗的管理思想集中反映在他于1911年写成的《科学管理原理》一书中。

B 法约尔的一般管理理论

法约尔的代表作是1916年出版的《工业管理和一般管理》。他将管理活动从企业的生产经营活动中独立出来，指出和分析了管理活动所必备的计划、组织、指挥、协调和控制五项职能。他还根据自己长期的管理经验，提出了实施管理的14项原则，即分工、职权与职责、纪律、命令的统一、指挥的统一、个人利益服从整体利益、员工的报酬、集权化、等级链、秩序、公平、职工工作的稳定、首创精神、集体精神。

C　韦伯的行政组织体系理论

韦伯提出的行政组织体系理论认为，理想的行政组织体系应具有以下特点：

（1）存在明确的分工。

（2）组织内职位按照等级原则进行法定的安排，形成自上而下的等级系统。

（3）组织是根据明文规定的法规或规章组成的，管理人员必须严格遵守组织中规定的规则、纪律和办事程序。

（4）组织成员之间的关系只是一种职位的关系，不受个人情感的影响。

（5）人员的任用通过公开考试确定，有严格的选择标准。

（6）管理人员有固定的薪金和明文规定的升迁制度，是一种职业管理人员。

科学管理的局限性主要表现在过分强调管理活动的理论性或科学性，而对人的特性没有给予足够的重视。

1.1.3.3　现代管理阶段

从 20 世纪 40 年代开始，特别是第二次世界大战后，科学技术和工业生产迅速发展，企业的规模进一步扩大，生产过程更加复杂，技术更新的周期大大缩短，市场竞争异常激烈，生产社会化程度更加提高，出现了贸易、资本国际化等新情况。这些现象对企业管理提出了许多新的要求，客观上需要新的管理理论的出现。

现代管理理论呈现出学派林立的繁荣景象，但总起来可分为"管理科学"和"行为科学"两大学派。所谓"管理科学"，实际上是"科学管理"理论的继续和发展，它把泰罗的动作研究、时间研究等发展到工业工程学和工效学，提倡在管理领域也要吸取自然科学和技术科学的新成就，积极采用运筹学、系统工程、电子计算机等现代科技手段。现代管理理论中的决策理论学派、权变理论学派、系统理论学派和数理学派，均可包括在"管理科学"学派之中。所谓"行为科学"，是强调从社会学、心理学的角度，从人际关系和社会环境等方面，研究人的行为对企业生产经营活动及其效果的影响。它认为企业管理只重视物质技术条件是不够的，必须做"人"的工作，处理好人与人的关系，激励人的主动性和创造力，才能更大地提高劳动生产率，保证企业取得最高利润。

行为科学的早期代表人物是美国学者梅奥。梅奥领导了著名的霍桑试验，并据此对人的本性、需要、动机及行为的规律性，特别是生产过程中的人际关系进行了研究，并于 1933 年出版代表作《工业文明中的人的问题》。其主要观点有：

（1）企业职工不仅是"经济人"，而且是"社会人"，企业管理者应当重视人的社会特性。

（2）企业中存在"非正式组织"，管理者应努力使"非正式组织"与企业具有目标一致性。

（3）提高职工的满足度是调动职工劳动积极性的关键所在。

除了梅奥之外，还有许多社会学家和心理学家提出了比较有代表性的理论，如马斯洛的需要层次理论；赫茨伯格的双因素激励理论以及麦格雷戈的 X 理论和 Y 理论等。这些理论使"行为科学"的内容得到了丰富和发展。

近年来，随着社会经济形势的发展和一系列新兴科学技术的出现及其在管理中的运用，企业管理理论又出现了一些创新，如资本经营、企业再造、精益生产等。

1.1.3.4 企业管理理论的发展趋势

透过各种理论和思想的具体内容，我们可以发现企业管理理论的发展呈现出四大趋势：人本化、整体化、战略化和网络化。

A 人本化

人性假设是企业管理理论展开的基本出发点。任何一种管理理论都暗含着某种人性假设前提。对管理理论的人性假设前提进行连续分析，可以发现管理理论发展的某种趋势。

追溯管理理论的发展历史，关于人性的假设经历了"工具人"、"经济人"和"社会人"的发展过程。从"工具人"到"社会人"体现了企业管理理论人本化的思想。"社会人"的相关理论及其发展，成为人本管理的立论基础。

从环境变化和管理实践的需要出发，一些新兴的管理理论对"社会人"假设进行了延伸，产生了"文化人"、"网络人"和"知识人"的认识，进一步丰富发展了人本管理的思想。因此，人本化是管理理论发展的趋势之一。

"文化人"假设源于企业文化等理论的发展。企业文化理论认为，通过建设有特色的、有效的企业文化，可以提高生产效率，提升企业形象。在员工管理方面，企业文化理论强调：要关心人、尊重人和信任人；要提倡和鼓励团队精神；要鼓励创新与竞争。

"网络人"是伴随网络社会发展出现的一种人性假设。网络深刻地影响了人们的学习、生活和工作方式，使"社会人"的本质得到了一次升华。网络促进了人与人之间的沟通，打破了时间和空间的限制，拉近了人们之间的距离。网络的发展打破了社会组织等级结构，平等观念深入每一个"网络人"的心中。

"学习人"是知识经济时代的产物。知识经济是以知识及其产品的生产、流通和消费为主导的经济。知识将成为创造财富、提高附加价值的重要资源。获取知识和应用知识的能力，也将成为企业赢得竞争优势的关键，而这种能力要依靠持续不断的学习来保证。因此，企业应当成为学习型组织，员工应当成为乐于学习、善于学习的"学习人"。学习一方面是为了使企业组织具有持续改善的能力，以适应环境的不断变化，提高企业组织的竞争力；另一方面也是为了实现个人与工作的真正融合，使人们在工作中实现生命的价值。"学习人"是人性的充分发挥和体现。学习型组织、知识管理和创新理论都是建立在"学习人"的前提之上的。

B 整体化

与近代科学的发展轨迹相同，企业管理的理论与实践也经历了从还原论到整体论的发展过程。泰罗以来的管理理论与实践，一直受还原论的影响，认为企业的整体性质可以还原为部分的或低层次的性质。然而，随着环境的变化，企业的绩效越来越取决于企业组织整体对环境的敏捷性和适应能力。这就要求企业管理由关注局部转向关注整体。整体化体现了管理理论在管理活动空间维度上的扩展。

进入21世纪，企业面对复杂多变的经营环境，仅仅关注某一种管理要素或只强调管理的某项职能，都无法应对环境的挑战，只有整体优化配置企业的全部资源，特别是人力、智力、物力和财力资源，让企业的各个层次、各个部门和各个岗位，以及总公司与分公司、子公司，产品供应商与推销服务商和相关的合作伙伴协调起来，统一意志，协同行动，才能发挥企业竞争优势，实现企业的经营目标。管理实践的需要反映在管理理论上，就体现出了整体化趋势。管理理论要具有整体观念，从组织整体以及组织与环境的关系上思考管理问题，提出解决办法。

现代信息技术的集成化趋势，也为整体管理思想的实现提供了技术保证。核心能力理论、学习型组织理论，以及基于信息技术而产生的各种管理模式都印证了这一点。

C　战略化

与整体化趋势相对应，战略化趋势是指管理理论在管理活动时间维度上的延伸。换句话说，战略化表现为管理理论的重点由解决眼前的技术性问题转向解决事关企业长远发展的战略性问题。

D　网络化

从等级管理向网络管理的转变，也是企业管理理论发展的趋势之一，我们称之为网络化。网络化是管理理论人本化、整体化、战略化与现代信息技术相结合的必然结果。

"社会人"、"文化人"、"网络人"和"学习人"充分反映了人的社会性本质得到了普遍实现，为管理理论的网络化发展奠定了社会基础。

管理理论的整体化和战略化趋势，从空间和时间两个维度上反映了管理对象的系统整体性。管理对象的系统整体性以及人们对它的认识，又为管理理论网络化创造了前提条件。

现代信息技术和网络技术的发展，已经使网络化管理成为现实。虚拟企业、电子商务、虚拟团队、网上办公等，这些管理模式和组织模式的出现，也正反映了管理思想的转变。学习型组织、企业再造和知识管理等，也要以网络化的管理和组织为基础。

1.1.4　企业管理现代化

1.1.4.1　我国企业管理的发展

我国的企业管理基本上是在新中国成立以后才发展起来的，从共和国成立到党的十一届三中全会前的近 30 年的时间里，企业在计划经济体制制约下，以完成国家计划为中心，重视政治手段的作用，追求企业规模，扩大社会功能，实行的是封闭型管理。党的十一届三中全会以后，随着经济体制改革的深入，社会主义市场经济新体制逐步建立起来，我国的企业管理才随之发生了相应的转变：

（1）确立了企业是相对独立的商品生产经营者的地位，使企业管理的重心从完成国家计划转变到以市场为中心，以提高经济效益为目标的轨道上来。

（2）企业管理者开始注重企业外部环境的变化，由封闭型管理向开放型管理转变。

（3）企业管理者开始注重职工队伍建设，注重树立企业形象、培养企业文化，从以物为中心的管理向以人为中心的管理转变。

（4）为适应市场需求，企业开始从单一的经营方向向多种经营方向发展，由固定的组织结构向权变的组织结构转变。

（5）企业管理者已认识到企业战略决策关系到企业的生存和发展，开始把战略管理放到企业经营管理的重要位置，将以日常管理为主转变为以战略管理为主。

随着市场经济体制和现代企业制度的逐步完善，我国企业管理的水平将不断提高。

1.1.4.2 企业管理现代化的内容

企业管理现代化是指为适应现代生产力发展水平的客观要求，培养和造就大批现代化企业管理人才，运用现代经营的思想、组织、方法和手段，对企业进行有效的管理，使之达到国际先进水平，创造最佳经济效益的过程。它要求把自然科学和社会科学的最新成果应用到管理中去，使企业管理适应生产力和生产关系发展变化的要求，推动社会生产的进步。其主要内容包括五个方面：

（1）管理思想现代化。就是要求管理者树立市场观念、用户观念、创新观念、效益观念、人才观念、民主管理观念、系统管理观念，以及时间和信息是企业重要资源观念等。

（2）管理组织现代化。就是要求企业的组织机构、规章制度、人员配备和人员素质等，要适应现代经营管理的需要，做到分工明确，管理高效，信息灵敏、准确。

（3）管理方法现代化。就是要在管理工作中综合运用思想教育方法、行政方法、经济方法、法律方法和数学方法，并在此基础上推广使用和不断探索适应现代经济要求的先进管理技术。

（4）管理手段现代化。就是在企业管理中，采用各种先进的信息传递、信息处理设备，普遍应用电子计算机等管理手段，提高管理工作的效率。

（5）管理人员现代化。就是要求企业各级各类管理人员既要掌握现代经营管理所必需的专业知识和技能，又要有比较丰富的实践经验，勇于创新，头脑灵活，视野开阔，善于交际，并有较强的语言表达能力。

1.1.4.3 企业管理的基础工作

企业管理的基础工作，是企业在生产经营活动中为实现企业的经营目标和管理职能所必须做的、必不可少的工作。它主要包括标准化工作、定额工作、计量工作、信息工作、规章制度工作以及职工教育工作。

（1）标准化工作。标准是为获得最佳秩序和效益，由权威机构对重复性事物和概念所做的统一规定。标准化是指制定标准和贯彻实施标准的过程。企业的标准化工作是指企业制定和执行各种技术标准和管理标准的工作。技术标准是企业标准的主体，是对生产对象、生产条件、生产方法等所制定的标准，如基础标准、产品标准、工艺规程、操作规程、设备使用和维修标准、安全技术和环境保护等方面的标准。管理标准是指企业为合理组织、配置利用和发展生产力，对各项管理工作的职责、程序和要求所做的规定，如计划标准、组织标准、程序标准、方法标准、信息处理标准、考核及奖惩标准和各种工作标准等。

（2）定额工作。定额是企业在一定的生产技术条件下，对于人力、物力和财力的消耗、利用和占用所规定的数量界限。企业的定额工作是指企业对各类技术经济定额进行制定、执行、修订和管理的工作。定额有很多种类，如劳动定额、物资消耗和储备定额、设备利用定额、资金定额和费用定额等。加强企业的定额管理，一方面要建立健全完整的定额体系，全面规定企业人、财、物的消耗、利用和占用的数量标准；另一方面应使定额水平既先进又合理。

（3）计量工作。计量工作是企业用科学的方法和手段，对生产经营活动中的各种数值进行测定，为企业生产、科研、经营管理提供准确数据的工作，其内容主要包括计量、检验、测试、化验和分析等。

（4）信息工作。信息是经过人们加工处理的各种情报、资料、指令和消息的总称。生产进度、产品质量、技术文件、统计数据等，都可以称为信息。信息工作主要包括企业对所需信息进行的收集、处理、传递、贮存等，其基本要求是适时、准确和连续。

（5）规章制度。规章制度是企业为保证生产经营活动正常进行而制定的基本规范，是企业全体职工应共同遵守的行为准则，如各种章程、规定、程序或办法等。它大体包括三类：

1）基本制度。即根本性的企业管理制度，如企业领导制度等。

2）工作制度。即企业中各项专业管理的具体工作制度，如计划、生产、技术、物资、销售、人事、财务等方面的工作制度。

3）责任制度。即规定企业内部各组织、各岗位或各类人员的工作职责和权限的制度。企业的规章制度应以责任制为核心，在责任制中，又以岗位责任制为基础。岗位责任制包括岗位职责、完成职责必须进行的工作、基本工作方法以及应达到的目标要求。

（6）职工教育。职工教育是对职工从事本职工作、履行本岗位职责必须进行的思想政治教育和技术业务教育。它是适应科学技术发展、提高产品竞争力的需要，是提高劳动生产率的可靠保证，也是社会主义精神文明建设的重要组成部分。

1.1.5　矿山企业管理的特点和基本内容

1.1.5.1　矿山企业管理的特点

矿山企业管理是按矿山生产的规律合理组织矿山生产及经营活动。

矿山企业和其他企业相比有下列特点：

（1）矿山开采的资源是一次性的，是不可再生的，要求开采企业在选择开采方法、生产过程中要按照国家对矿山企业的要求，充分利用国家资源，降低损失贫化，使国家的资源得到最大化的运用。

（2）矿产资源深埋在地下，是地球固有的，是不以人的意志为转移的。矿体在形状、几何尺寸、矿岩性质、矿石质量、地质条件方面都有较大的差异，这给矿山生产和管理带来较大的复杂性。

（3）在产品生产过程中，矿山企业生产的产品没有原材料，但生产过程中的修理费、动力费、管理费的比重较大。

（4）矿山企业的劳动对象是固定的矿体，工作的环境随工作面的移动而移动，生产环境总是变化的、不重复的，生产过程具有一定的间断性。

（5）矿山企业的生产是由开拓、采切、回采等步骤完成。部分基建工程不需要初期一次性完成，可以随生产同时进行，这有别于其他企业，只有完成全部的基本建设才能进行企业的生产。矿山企业的基建工程达到一定程度就可以进行生产，生产的同时进行基本建设。

（6）对于露天开采，开采的生产工艺过程为穿孔、爆破、采装、运输、排土，生产环节多，生产范围广，生产环境处于露天状态，受气候、自然条件的影响大，给矿山企业的管理带来一定的困难。

（7）对于地下开采，开采工作环境位于井下，生产环境狭窄，工作条件恶劣。工作环境受湿热、粉尘、噪声影响大，也给矿山企业管理带来较大的困难。

1.1.5.2 矿山企业管理的基本内容

根据矿山企业的特点，矿山企业管理的基本内容有以下几方面：

（1）矿山企业的计划管理。矿山企业计划的管理是企业管理之首，矿山生产过程中的所有环节都是在计划的指导下进行，计划管理主要内容有计划管理的重要性，计划管理的种类，计划的编制原则、编制方法，计划执行情况的检查和验收。

（2）矿山企业的日常生产组织管理。日常生产的组织管理包括生产过程的空间、时间组织，生产过程的控制。具体有地下开采生产过程组织管理、露天开采生产过程组织管理、选矿生产组织管理、矿山机电设备维修的组织管理。

（3）矿山企业的成本管理。成本管理的主要内容为成本项目的组成、成本的计算方法、矿山企业成本的管理。

（4）矿山企业的全面质量管理。全面质量管理主要内容包括全面质量管理的概念、全面质量管理指导思想、管理方法及过程，矿山产品的质量体系，产品质量的管理方法等。

（5）矿山企业的劳动管理。劳动管理主要内容为劳动管理的内容、意义，定额的制定，劳动的组织，工资的分配形式，矿山企业的劳动管理，矿山企业的劳动保护。

（6）矿山企业的安全管理。安全管理的主要内容为安全事故发生理论、安全培训及安全教育、安全事故的申报救援处理、安全避险六大系统建设、安全评价等内容。

（7）矿山企业工程建设管理。工程建设管理主要内容为建设工程监理制度、矿山工程建设质量控制、矿山工程建设信息管理、矿山工程施工监理工作制度等。

（8）矿山企业的设备设施管理。设备管理的主要内容为设备的选择与使用、设备的维护与修理、设备的改造与更新。

1.2 企业管理组织机构

现代企业是一个有机体，为使企业协调有效运转，必须建立统一高效的生产经营管理系统。管理组织机构是管理系统的硬件，各种权责制度（特别是领导制度）是管理系统的"软件"。精干的组织机构和完善的权责制度对实现管理职能、提高工作效率，起着重要的作用。

1.2.1 管理组织机构的设置

企业管理组织设计是在企业目标已经确定的情况下，将实现目标所必须进行的各项业务活动加以分类组合，并根据管理幅度原理，划分出不同的管理层次和部门，控制各类活动所必需的职权授予各层次、各部门的主管人员，以及规定这些层次和部门间的相互配合关系。企业管理组织设计的目的是建立一个适合于企业员工相互合作、发挥各自才能的良好环境，消除由于工作职责模糊而引起的各种冲突，使企业员工都能在各自的岗位上为实现组织的目标做出应有的贡献。

1.2.1.1　管理机构设置的原则

A　目标一致原则

任何企业都有其特定的任务和目标。企业管理组织设计，首先必须满足实现企业总体经营目标的要求。总体目标通过层层展开，就形成企业内部各级组织机构的目标或任务，直至每一个人都了解为使总目标实现自己应完成的任务，这样建立起来的组织机构才是一个有机整体，才能保证组织目标的实现。这一原则还要求在组织设计中要以事为中心，因事设机构、设职务、设人，做到人与事高度配合，避免出现因人设事、因人设职的现象。

B　合理管理幅度原则

管理幅度是指一名领导者直接有效地管辖和指挥的下属人员的数量。管理幅度的大小取决于多种因素，如领导者的知识、能力、经验，工作性质，生产的特点，下级的工作能力、工作性质和分权程度等。通常，在一定规模的企业中，管理幅度与管理层次成反比，确定了管理幅度也就决定了组织的管理层次。管理幅度过宽，领导者管不过来；幅度过窄，则机构层次多，信息量损失大，指挥不及时，效率低。所以，要遵循合理的管理幅度和管理层次的原则。

C　统一指挥原则

统一指挥原则是指每一级生产行政部门或职能部门，都只能有一个最高行政主管，统一负责本级的全部工作，每个职位都必须有人负责，每人都知道他的直接上级是谁，直接下级是谁，并对直接上级负责，向下级传达行政命令。现代企业中，成千上万人在一起进行劳动，他们之间既有精细的分工，又被机器体系或统一的产品生产过程紧密地联结在一起。只有统一指挥，才能使他们的步调协同起来。

D　权责对等原则

职权是人员在一定职务范围内拥有的权力，职责是人员在一定职务范围内应尽的责任。尽责是设置职位的目的，而职权是尽责的条件。权责对等是指组织内每一个层次的人员，都被赋予明确的完成任务的责任，同时被授予能完成这一任务所必需的权力。贯彻权责对等原则，就是正确处理职责划分和授权问题，杜绝有责无权或有权无责的现象，使二者保持一致性。

E　分工协作原则

分工就是按照提高管理专业化程度和工作效率的要求，划分职责范围。有分工就必须有协调，协调包括纵向协调和横向协调，由于分工容易产生"隧道视线"，使各部门常常站在自己的立场而不是从整体出发考虑问题，所以横向协调显得尤为重要。

F　精干高效原则

精干高效原则是指在服从组织目标所决定的业务活动需要的前提下，力求减少管理层次，精简机构和人员，充分发挥组织成员的积极性，提高管理效率及工作效率，节约非生产性开支。

1.2.1.2　企业管理机构的形式

企业管理组织的结构形式，受到行业特点、生产规模、生产技术复杂程度、专业化协作水平、企业管理水平和企业人员素质等因素的影响，并随着企业生产经营活动的发展而不断演变，它大体上可以分为以下几种类型。

（1）直线制。即管理的一切职能完全由行政领导人独自执行。各种职位均按直线排列，一个下属只接受一个上级领导者的指令。其优点是：机构简单、权力集中、指挥统一、决策迅速、工作效率高、责任明确。缺点是：它要求行政负责人通晓多种专业知识及技能，能够亲自处理各种事务。一般只适用于规模较小、生产技术比较简单的企业。

（2）直线职能制。它的特点是在各级行政领导者之下设置相应的职能机构或人员，分别从事专业管理，是各级领导的参谋或助手，对下级业务部门只能进行业务指导，无权进行直接指挥。直线职能制既有指挥统一化的优点，又有职能分工专业化的长处。当然也有不足之处，如下级缺乏必要的自主权，各个业务部门之间的横向联系较差，容易产生脱节和矛盾；企业纵向信息传递路线较长，难以适应环境的变化等。

（3）事业部制。它是在总公司的统一领导下，按不同的产品或地区分别建立事业部，每个事业部从产品设计、原材料采购、产品制造、成本核算，一直到产品销售全部实行相对的独立核算、自负盈亏。它既是在总公司控制下的利润中心，又是企业中的一个责任单位。公司最高管理机构掌握战略决策、预算控制、重大人事安排、监督等大权，并通过利润指标对事业部进行控制，日常经营活动由各事业部自己管理。各事业部下属若干工厂及研究所，进行自己的产品生产和科研工作，根据需要，事业部设置相应的职能部门。事业部制适用于规模巨大、产品种类多、技术比较复杂和市场广阔多变的企业。其主要优点是：各事业部实行独立核算，相互之间有比较、有竞争，能调动其经营管理的主动性和积极性，有利于最高管理层摆脱日常事务，集中精力考虑有关全局的战略决策和长期计划；有利于事业部内部的供、产、销协调进行，提高事业部管理人员的专业知识和领导能力，培养高级企业管理人才。主要缺点是：职权下放过大，容易产生本位主义；各事业部与公司的职能部门常出现矛盾，影响相互协作；职能机构重复设置，管理人员相应增加，导致企业各类人员的比例不合理。

（4）矩阵组织结构。它是一种临时性的组织结构形式，由纵横两套系统组成：一是按职能设置的纵向组织系统；二是按规划目标（产品或工程项目）划分的横向组织系统。横向组织系统的形式为项目办公室或项目小组，在厂长（经理）直接领导下进行工作，专门负责完成既定的规划目标。一旦规划目标任务完成，该系统即行撤销。项目办公室（小组）所需的工作人员是从各个职能部门中抽调来的，他们接受项目小组和原属职能部门的双重领导。矩阵组织结构适用于创新任务较多、生产经营活动复杂多变的企业。

（5）模拟分权组织结构。这种结构是介于直线职能制和事业部制之间的组织形式。它是按产品或生产阶段划分若干相对独立的生产经营单位，在保证生产过程连续性的前提下，给这些单位尽可能大的生产经营自主权，但不允许他们直接同市场发生联系。各生产经营单位拥有自己的职能机构，产品和劳务的交换用内部价格进行结算，并负有"模拟性"盈亏责任。这种组织形式对于调动企业各生产单位的积极性，增强企业活力，有很好的作用，一般适用于生产过程连续性较强的大型联合企业。

（6）多维立体组织结构。多维立体组织结构是矩阵结构和事业部制的综合发展。这种结构形式由三类管理组织机构结合而成。如按产品（项目）划分事业部，形成产品利润中心；按职能划分职能机构，形成专业成本中心；按地区划分管理机构，形成地区利润中心。通过组织结构的衔接，使三个方面形成一个整体。在这种组织结构形式下，一般由三类部门的代表组成产品事业委员会，通过共同的协调，才能采取行动。多维立体组织结构能够促使每个部门都从整个组织的全局来考虑问题，从而减少了各部门之间的矛盾。即使各部门之间发生摩擦，也比较容易统一和协调。这种组织结构最适合于跨国公司或规模很大的跨地区公司。

1.2.2 企业管理的领导机构

企业领导制度是指企业工作机构的设置和企业最高权力的划分、归属、制衡和运行制度。也就是企业有哪些权力，每一种权力由谁掌管，掌管者向谁负责、如何行使以及各种权力之间的相互关系。

在企业领导制度中，企业领导权是指通过组织赋予的与其职位、职责相称的，具有法定性质的权力。根据管理者所承担的职责范围，可以将领导权划分为做出决策的权力、为贯彻决策而发出适当命令和指示的权力以及进行监督的权力，它们分别简称为决策权、指挥权和监督权。这三种权力的分合、归属就构成企业领导制度的核心内容，它既要反映生产力的要求，又要符合国家政治体制和经济体制的要求。

1.2.2.1 厂长（经理）负责制

厂长（经理）负责制一度是我国国有企业普遍实行的企业领导制度。它是指企业的生产指挥和经营管理工作由厂长（经理）统一领导，全面负责。在法律上厂长是企业的法人代表。

一段时期以来，实行厂长（经理）负责制，对于强化企业管理，适应社会化大生产的客观要求，克服历史上企业领导制度中党政不分、责权分离、多头领导、决策迟缓、职责不明等弊端曾起过重要作用。厂长（经理）的主要职责是：

（1）在企业中贯彻执行党的方针政策和国家的法律法规，根据市场需要和自己的任期目标，提出企业的发展方向和年度经营目标。

（2）组织企业各方面的力量，保证完成经营计划规定的各项任务，严格履行经济合同。

（3）注意收集市场信息，加强科学研究，不断开发新产品，努力降低产品成本，提高产品质量，增强企业的应变能力和竞争能力。

（4）推进企业的技术进步和企业管理的现代化，提高经济效益，增强企业自我改造和自我发展的能力。

（5）进行智力投资和人才开发，加强对职工的思想、文化及业务的教育，采纳合理化建议，充分发挥职工的积极性和创造性。

（6）不断改善劳动条件，高度重视安全生产，认真搞好环境保护，在发展生产和提高经济效益的基础上，逐步改善职工的物质生活条件。

（7）保障职工代表大会和工会行使自己的职权，在决定与职工切身利益有关的问题时，应重视企业工会的意见。

（8）支持共青团、科协等群众组织的工作，充分调动企业各个方面的积极性。

厂长（经理）的主要权限有经营决策权、生产指挥权、人事任免权、职工奖惩权，拒绝企业外部任何组织和个人对企业的各种摊派，无偿占用企业资金、物资和抽调或借用企业人员的权利。有涉外经济贸易活动的企业，厂长（经理）还应具有必要的参加外贸谈判、选择进出口方式、派人出国考察与培训等权力。

厂长（经理）依法行使上述职权，受国家法律保护。但是，厂长（经理）对自己的知识和经验应有清醒的认识，在做出重大决策时，事先要认真听取各方面的意见，并充分发挥党委和职代会的作用。

实行厂长（经理）负责制，关键在于选好厂长（经理）和不断提高厂长（经理）的素质。厂长应该具备的条件有：思想政治素质好，认真执行党和国家的方针政策与法律法规，具有强烈的事业心和责任感，经营管理能力强，熟悉本行业务，系统掌握现代管理知识，具有金融、科技和法律等方面的基本知识，善于根据市场变化做出科学决策，遵纪守法，廉洁自律，求真务实，联系群众，善于听取各方面的意见，自觉接受企业党组织和职工群众的监督，等等。

1.2.2.2 现代企业领导机构

公司制企业是现代企业的重要组织形式，其基本组织领导制度为公司董事会领导下的总经理负责制。这种制度按照决策权、经营权、监督权相互分离、相互制约的原则，依据公司章程，由股东大会、董事会及执行机关、监事会组成公司领导体系。股东大会代表资产所有者行使重大问题的决策权，董事会及其执行机关行使执行权，监事会行使监督权。

（1）股东大会。股东大会由全体股东组成，具有依法管理企业的各项权力，股东大会是公司的最高权力机关，即一切重大的人事任免和公司重大决策都要得到股东大会的认可和批准方才有效。

（2）董事会及其执行机关。董事会是由董事组成的，设董事长一人，董事长为公司的法人代表，董事由股东和其他方面的代表组成。董事会是公司的经营决策机关，其职责是执行股东大会的决议，决定公司的生产经营决策，聘任或解聘公司经理等。董事会下设总经理，总经理负责组织实施董事会的各项决议，负责公司的日常经营管理活动，对公司的生产经营进行全面领导，依照公司章程和董事会的授权行使职权，对董事会负责。

（3）监事会。监事会是公司的监督机关，由股东和适当比例的公司职工代表组成，对股东大会负责。监事会依法和依照公司章程对董事会和总经理行使职权的活动进行监督，防止滥用职权。

股东大会、董事会和监事会等权力机关都有明确的权力和责任，并各司其职、相互联系、相互制约，有效保障企业经营决策的准确性、科学性，保障决策的正确执行，能较好地防止企业的决策在执行过程中的偏差和失误，维护投资人及企业的整体利益。其优越性表现在以下几方面：

第一，具有体制的有效性。现代公司制企业的组织领导机关是董事会，它作为企业的一个集体决策集团，能很好地保证决策的科学化和民主化，避免个人主观专断和盲目决策，从而具备了实现企业高效运营的基本条件。公司制企业的经理层是由董事会挑选的既有精明强干的素质又有高超经营才能的人员组成，由于经理层要保持自己的高薪、职位及社会地位和名望等，因而有保障公司目标实现的巨大动力源泉；同时，股东既可以通过参加股东大会表决的方式来肯定或否定经理层的业绩，决定经理层的去留，也可以通过买卖本公司股票的方式来影响公司的决策和经理层的去留，因而形成对经理层全方位的约束。

第二，具有领导的权威性。总经理是公司的首要高级管理人员，拥有通常授予公司首要管理人员的一切权力，以及董事会规定的其他权力，这充分保证了公司总经理的权威性，保证了企业统一领导原则的贯彻执行。

第三，具有决策的集体性。现代公司制企业的重大决策由董事会做出，这是由一个领导集体做出的决策，表现为决策的集团化、民主化。同时，在公司周围，往往还聚集着一群咨询智囊人才，以集中集体的智慧和群众的意志，保证了决策的科学性、先进性。

第四，具有执行的专职性。现代公司制企业决策的执行权由总经理一人全权负责，总经理的助手也由其自主选择，保证了决策迅速、准确地贯彻执行。

第五，具有广泛的职工参与性。现代公司制企业的职工绝大多数都持有本公司股份，这就把职工利益与企业利益捆在了一起，使他们与企业同呼吸共命运，因而使企业职工的参与意识不断强化，参与企业决策、管理、监督的能力也越来越强。

1.2.3 矿山企业管理制度

1.2.3.1 矿山企业的组织机构

矿山企业的组织机构可以分为生产机构、行政机构、生产生活辅助机构等。

A 生产机构

生产机构有坑口或采区、生产处、安全处、调度室、计划处、地测处、质量检验处、选矿厂等。

（1）坑口或采区：根据矿山规模和矿田、井田划分情况，有的企业称为矿，有的称为坑口，有的坑口规模较大的将坑口分为几个大的生产采区。

（2）生产处：负责生产计划的制订、生产单体设计、生产的日常管理。

（3）计划处：负责生产计划的监督、管理。

（4）安全处：负责全企业的安全生产。

（5）调度室：负责全企业日常生产的调度。

（6）地测处：负责生产过程中的地质、测量工作。

（7）质量检验处：负责企业生产过程中的产品质量、数量的监督检查。

（8）选矿厂：矿石的选别回收单位。

B 行政机构

行政机构有行政办公室、人力资源部、劳资监察部、安全保卫部、党群办公室等。

（1）行政办公室：负责企业内外行政事务。

（2）人力资源部：负责企业的人力资源的管理和聘用。

（3）劳资监察部：负责企业的劳动资源的管理。

（4）安全保卫：负责矿山区域内的公共安全、保卫工作。

（5）党群办公室：国家规定的组织管理机构。

C 生产生活辅助机构

生产生活辅助机构有房产管理、生活服务等。

（1）房产管理：负责企业房屋固定资产的维修和管理。

（2）生活服务：由于矿山企业地处偏僻需设置为生活服务的信息、文化等部门。

1.2.3.2 矿山企业的领导机构

矿山企业也是企业的一种，其领导机构和其他企业形式一样，目前主要有三种形式。

（1）法人负责制。这类企业多为国有国家企业，国家主管部门或控股公司任命企业的法人代表负责企业的管理。

（2）有限公司。这类企业有民营企业、集团公司，由独资或合资组成有限公司。

（3）股份制公司。这类企业是由股东投资组成现代企业领导机构，负责企业的运营。

1.3 现代企业制度

1.3.1 现代企业制度的含义与特征

企业制度是以财产组织形式体现的、用于调节生产要素所有者之间权利和利益分配关系的"契约"。企业制度包括三个方面的内容：一是企业资产的生成制度。它规定了企业生产要素的性质和形成方式，这是其他制度建立的前提。二是企业的权益组织制度。它确立了企业的权益构成、企业权益的所有者、权益分配的原则和方法。三是企业的经营管理制度。它规定了企业管理机制和组织构成，谁负责企业的经营管理，如何开展企业的经营管理等。

现代企业制度是指以完善的法人财产权为基础，以有限责任为基本特征，以专家为中心的法人治理结构为保证，以公司制为主要形态的企业制度。它包括企业的产权制度、组织制度、领导制度、管理制度、财务会计制度、劳动人事制度，以及处理企业与各方面（政府、投资者、职工、社会各界等）关系的行为准则和行为方式。其基本特征主要表现在如下四个方面：

（1）产权明晰。就是明确企业的出资人与企业组织的基本财产关系。现代企业制度下，所有者与企业的关系变成了出资人与企业法人的关系，将出资人所有权与企业法人财产权进行合理分解，使出资人与企业法人各自拥有独立的财产权利。出资人以所有者的身份享有资产收益权，对企业经营方针、长期投资计划、年度预决算、利润分配、资本金变动、重大财产权变动等重大问题拥有决策权，对企业管理者（董事会成员）的选择具有确定权。企业法人则享有对出资人注入企业的资本金及其增值形成的资产的占有、使用和处分权。

（2）权责明确。是指在产权关系明晰的基础上，通过法律来确立出资人与企业法人各自应履行的义务和应承担的责任。出资人一旦把资本金注入企业，即与出资人的其他财产区分开来，成为企业的法人财产，不能再直接支配，并以其出资额为限，对企业债务承担有限责任。企业法人则依法自主经营、自负盈亏，以独立的法人财产对其经营活动负责，以其全部资产对企业的债务承担责任，并受到出资人财产所有权的约束和限制，必须依法维护出资人权益，对出资人承担资产保值增值的责任。同时，还应明确企业内部所有者、经营者以及生产者的义务和责任，使这些利益主体之间关系分明，利益分配合理，既相互制衡，又协同一致。

（3）政企分开。是指在产权关系明晰的基础上，实行企业与政府的职能分离，理顺政府与企业的关系。政府的职能是通过经济手段、法律手段及中介组织对企业的生产经营活动进行调节、引导、服务和监督。企业作为市场经济活动的主体，则按照价值规律、市场经济规律的要求自主组织生产和经营。

（4）管理科学。是指企业内部的管理制度既体现市场经济的客观要求，又体现社会化大生产的客观要求。现代企业制度要求企业建立规范的公司治理结构，即企业内部应建立由股东大会、董事会、监事会和经理层组成的企业内部管理体制，使企业的决策权、执行权和监督权既相互分离，又相互制衡。同时，还要处理好与由党委会、职代会、工会组成的"老三会"的关系，从而使出资者、经营者和生产者的积极性都得以调动，行为都受到约束，利益都得到保障，做到出资者放心、经营者精心、生产者用心。

1.3.2　现代企业制度的基本组织形式

法人公司制是现代企业制度的基本组织形式，法人公司的典型形式是有限责任公司和股份有限公司。

1.3.2.1　有限责任公司

有限责任公司是指由两个以上股东共同出资，每位股东以其认缴的出资额为限对公司承担有限责任，公司以其全部资产为限对其债务承担责任的企业法人。其法律特征如下：

（1）股东人数有限。许多国家公司法对有限责任公司的股东人数都有最低和最高的数量规定，如日本、英国、法国等都规定股东的人数必须在 2~50 人之间。我国公司法规定股东人数应为 1~50 人，但国家授权投资的机构或政府部门可以单独投资设立国有独资有限责任公司，外国投资者也可以单独投资设立有限责任公司。

（2）不能公开发行股票。有限责任公司股东各自的出资额一般通过协商确定，股东可以用现金、实物、土地使用权、专利技术等作价出资，股东出资后由公司出具股份证书作为他们的权益凭证，这种凭证不能自由流通，但经其他股东同意可以转让。

（3）股东承担有限责任。股东只以其出资额为限对公司债务承担有限责任，不直接对债权人负责。

（4）组织机构设置灵活、简便。由于股东人数较少，可以不设立股东大会，也可以作为公司雇员参加经营管理，从而使管理机构灵便、精干。有限责任公司的优点是：组建相对比较容易，股东人数较少，股东间比较熟悉，容易沟通协调，管理相对简单。其缺点是：一方面，由于经营的封闭性，使其信用程度不是很高，且有可能助长投机心理，具有较大的风险；另一方面，因股东转让股权须经其他股东同意，故股权转让比较困难。

1.3.2.2　股份有限公司

股份有限公司是指注册资本由等额股份构成并通过发行股票（或股权证）筹集资本，股东以其所认购股份为限对公司承担有限责任，公司以其全部资产对公司债务承担责任的企业法人。

A　股份有限公司的法律特征

（1）股东人数只有最低限，没有最高限。如法国和日本等国法律规定公司人数最少为7人；我国法律规定为 5 人以上，其中有半数以上的发起人在中国境内有住所。

（2）公司资本由等额股份构成，并通过公开向社会发行股票募集资金。股东可以通过买卖股票随时转让股份，但不能要求退股。

（3）股东只负有限责任。股东只以其所认购的股份为限对公司债务承担责任，一旦公司破产或解散进行清算时，债权人只能对公司提出清偿要求，而无权直接向股东起诉。

（4）公司必须向社会公开披露财务状况。为了保护投资者的利益，各国公司法一般都规定股份公司必须在每个财务年度按时公布年度报告，其中包括董事会的年度报告、资产负债表和公司利润表等。

B　股份有限公司的优点

（1）资金来源广泛。股份有限公司对股东身份及认购份额没有任何限制，可以吸收各种大小资金，汇集成巨额资本。

（2）发行股票募集的资金不用偿还，可以保障企业发展的稳定性。

（3）股票可以流通，转让方便，有利于亏损风险的分担。

（4）健全的管理机制能够形成公司内部的动力机制和激励机制。

C　股份有限公司的缺点

（1）不易组建。股份有限公司设立程序复杂，要求较高，社会关系复杂，所以不容易组建。

（2）小股东的权益容易受到损害。由于股权高度分散，易使少数大股东操纵公司经营管理大权，容易造成小股东权益受损。

（3）股票交易市场容易成为投机场所。由于股票价格经常波动，从而助长部分人的侥幸心理，买空卖空，使股票交易市场成为投机场所。

1.4　现代企业的诚信

1.4.1　现代企业的文化

现代企业不仅是人们工作的场所，而且是人们生活的场所，人们参加工作除了为谋生外，还希望工作本身具有意义，并能在工作中实现自身的价值。这就需要企业既为职工建立良好的工作秩序，又重视企业文化建设，创造良好的文化氛围，使职工对企业产生强烈的归属感，使企业具有凝聚力。

1.4.1.1　企业文化的构成

企业文化是指企业在生产经营实践中自觉形成的一种基本精神和凝聚力，是企业全体职工认同信守的价值观念、理想信仰、企业风尚和道德行为准则。它主要包括以下含义：

（1）企业环境。指企业所处的社会环境和经营环境。环境往往决定了企业的行为特征，它是建立企业文化的前提。

（2）企业团队精神。企业作为一个集体，必须对员工进行团队精神的培养和教育，树立自己独特的精神风貌，这种精神支持着企业每个成员的意志，使之协调工作，不遗余力地为实现企业目标而工作。

（3）价值观念。指企业成员所认同和共同遵守的，对自己企业生存发展和从事生产经营活动的有效性在思想、感情、信念、观念上的取向准则，是辨别是非的标准。价值观是企业精神的核心，它反映了企业的性格，能给职工以心理上的激励、约束和行为上的规范。为了实现企业共同目标，企业职工宁愿放弃自己的价值观而自觉遵守企业的价值观。

（4）英雄模范人物。他们是企业职工仿效的榜样，多数是企业的创业者和长期贡献者。在长时期的艰苦奋斗中，他们的思维方式、言行举止、爱好习惯，往往体现出企业推崇的价值观念，对企业文化的形成与强化，起着重要的作用。

（5）文化仪式。指企业日常的文化活动，包括各种表彰、奖励、聚会以及文娱活动等。它是塑造企业文化必不可少的，需要企业精心设计。

（6）群体意志。指通过将企业共同价值观向个人价值观的内化，使企业在理念上确定一种内在的、自我控制的行为标准，使员工对企业承担的社会责任和企业的目标有透彻的领悟与深刻的理解，从而自觉地约束个人行为，使自己的思想、感情和行为与企业整体保持相同的取向，成为企业的群体意志。

1.4.1.2　企业文化的功能

优秀的企业文化能够使企业成为一个高凝聚力的社团，使人们在共同的价值观念的指导下自觉能动地从事各自的工作，雇员不再是雇主为提高劳动生产率而利用的对象，个人目标与企业目标自然地融为一体。

（1）导向功能。企业的每个职员都有不同的习惯、爱好和个性；同时，每个企业都有其特定的目标，如果有良好的企业文化，就会使职工在潜移默化中形成共同的价值观念，自觉地向着企业的目标努力，为企业的发展贡献出智慧和力量。

（2）自控功能。企业文化用不成文的厂风、厂貌、文化习俗和行为规范启发和引导员工，使员工在潜移默化中接受共同的价值观念，启发和增强员工自我约束、自我控制的意识和能力，起到法规制度、监督、检查、奖惩所不能起到的作用。形成"领导在和不在一个样，有人检查和无人检查一个样"。

（3）凝聚功能。当一种文化中的价值观念获得其成员的认同之后，它就会成为一种黏合剂，从各个方面、各个层次将其成员团结起来，使企业具有一种巨大的向心力，使职工有一种归属感，这种向心力和归属感可以转化为强大的推动力，促进企业的发展。

（4）融合功能。企业文化能在职工的日常工作、休息中对他们的思想，性格、情趣产生影响，改变职工固有的思维定式和行为模式，并促使其互相沟通、理解，产生融洽的情感，创造良好的氛围，使职工愉快地成为集体中的一员。

（5）激励功能。企业文化的中心内容是尊重人、相信人，强调非计划、非理性的感情因素，并以此为出发点来协调和控制人的行为，因而能最大限度地激发企业员工的积极性和首创精神，使之为实现企业目标而努力奋斗。

（6）塑形功能。优秀的企业总是向社会展示自己良好的管理风格、经营状况及积极的精神风貌，从而塑造出良好的企业形象，以赢得顾客和社会的承认与信赖，形成一笔巨大的无形资产。

1.4.1.3　企业文化的核心

企业文化的核心是企业精神。

A 企业精神的内涵

企业精神是指通过企业广大职工的言行举止、人际关系、精神风貌等表现出来的企业基本价值取向和信念。它是企业文化建设的目标和结晶，是企业发展的强大精神动力，通常用简明而富有哲理性的语言来表述。如一汽的企业精神是"争第一，创新业"，IBM 公司的企业精神是"尊重、服务、精益求精"。企业精神一旦得到广大职工的认同和恪守，就会成为一种独立存在的意识、信念或习惯，使职工产生强烈的责任感与使命感、贡献感与开拓感、归属感与群体感、荣誉感与自豪感等，促进企业目标的实现。

B 企业精神的作用

企业精神对企业生存和发展的作用主要表现在：

（1）企业精神有利于企业目标的实现。优秀的企业精神所创造出来的良好文化氛围，能够使企业员工精神振奋，充满生气，积极进取，立志奉献，追求较高的理想和目标，从而有利于企业目标的实现。

（2）企业精神有利于提高企业在市场上的竞争力。在良好文化氛围中工作的人们心情舒畅，畅所欲言，有较强的满足感和归属感，他们愿意为企业献计献策，贡献他们的创造力，使企业在市场竞争中立于不败之地。

（3）企业精神有利于对企业实施有效的控制。通过企业精神被个人吸收、同化来引导人们的行为，比单纯对员工说教和强行管束要理想和有效得多，正如《塑造企业文化》一书所写："你能命令职工按时上班，然而你却不能命令职工用出色的方式工作。"

C 树立企业精神的途径

企业精神具有强烈的个性特征。富有鲜明个性的企业精神并不是自发形成的，它需要有意识地树立，深入持久地强化。

（1）反复宣传、统一思想。即反复向员工宣传企业的目标、企业的优良传统与企业的历史使命等，并在此基础上统一职工的思想。

（2）建立完善的规章制度。即把企业精神置于相应的规章制度基础之上，运用行政手段使企业精神得以强化。

（3）发挥榜样的示范作用。即利用模范人物所特有的号召力、影响力、感染力，塑造优秀的企业精神，培养职工良好的价值观念，形成和睦、平等、互助和团结友爱的良好氛围。

（4）吸取国内外企业精神的精华。

（5）树立以人为中心的管理思想。企业只有关心人、爱护人、尊重人、信任人、员工才会以百倍的干劲来报效企业，形成企业的力量源泉。

（6）把培育企业精神渗透在各种生动活泼的宣传教育形式之中。宣传教育的形式对宣传教育的效果有非常重要的影响，必须选取群众喜闻乐见、寓教于乐、容易接受的宣传形式，避免种种说教式的俗套。

1.4.2 现代企业的形象

企业的精神素质和经营哲学，是通过一定的具体形象表现出来，公众对企业的认识、了解和评价，也是从对这些具体形象的感受开始的。这种感受往往影响着人们对企业的态度，并形成一种不易改变的心理定式，尤其在日益激烈的市场竞争中，一个企业要想对公众产生持久、强烈的吸引力，就必须刻意塑造自己的形象。

1.4.2.1 企业形象的表现形式

企业形象是企业通过生产经营活动，向公众展示自身本质特征和品质，并进而给公众留下企业整体性和综合性的印象与评价。它分为外部形象和内部形象。公众对企业产品与服务形象、物质形象，经营人员和职工形象，厂名、品牌、商标广告和公共关系形象，市场和社会形象的印象及评价，即为企业的外部形象；企业的经营思想、组织结构、管理水平、办事效率、职工的精神状态等，为企业的内部形象。

（1）产品形象。产品是企业与外部公众最为直接的联系纽带，公众对企业的印象首先是通过其产品形成的。产品形象的决定因素包括产品的客观质量和主观质量，产品的客观质量一般指产品满足用户物质需要的属性；产品的主观质量是指产品满足用户心理需要的属性，它随着产品的客观质量与用户的需要、嗜好及价值取向的相互作用而不断变化。

（2）服务形象。指企业为公众提供服务的质量，它是公众衡量和评价企业的主要依据之一。因此，企业应明确一切为用户着想的方针，以可靠的信誉、诚实的态度、优质的服务水平，在用户的心目中树立起美好的企业形象。

（3）员工形象。它由员工的内在素质及其举止、谈吐、服饰等内容构成，它分为企业家形象和职工形象两部分。企业家形象在员工形象中占主导地位，企业家的一言一行、一举一动往往成为广大职工仿效的对象。同时他们经常以企业代表的身份出现在公众面前，他们的思维方式、道德修养、行为举止、服饰谈吐都成为公众评价企业的依据。职工形象表现为职工的文化素质状况、职工的主人翁精神、职工的工作热情、职工的言行举止以及职工自觉维护企业形象的行为，等等。

（4）物质环境形象。它包括建筑物本身的造型、结构、装潢、色彩、建筑群的配套结构与布局，企业内外的环境布置与绿化等方面。

1.4.2.2 企业形象的重要性

由于公众只有通过企业形象才能认识企业，进而认识企业文化，在市场竞争中拥有优势的企业，都十分重视对本企业形象的塑造和设计，良好的企业形象是一项十分重要的无形资产。

（1）可以提高企业整体素质和在市场上的竞争力，实现企业的发展战略。

（2）有助于扩大企业知名度，带动企业的名牌战略。

（3）有助于获得社会的帮助和支持，增强企业的筹资能力。

（4）有助于增强企业职工的荣誉感、自豪感和社会责任感。

（5）有助于参与国际竞争、振兴民族经济。

1.4.2.3 企业形象设计

企业形象设计又称企业识别，作为一个系统，叫做企业识别系统（corporate Identity system），其英文缩写为 CIS，是 1956 年由美国 IBM 公司首创，20 世纪 70 年代在发达国家的企业中盛行的一项系统工程。它有三个组成部分，即企业理念识别 MI（mind identity）、企业行为识别 BI（behaviour identity）和企业视觉识别 VI（visual identity），其基本内容是将企业自我认同的经营理念与精神文化，运用一定的信息传递系统，传达给企业外界的组织或公众，使其产生与企业一致的认同感和价值观，从而在企业内外展现出本企业区别于其他企业的鲜明个性。其目的是希望建立良好的企业形象，博取消费者的好感，使企业的产品或服务更易于为消费者认同和接受。

（1）企业理念识别（MI）。企业理念是塑造企业形象、构筑独特企业文化的灵魂和核心，企业理念识别包括企业的价值观念、企业文化、精神追求和经营哲学等内容的统一识别。统一就是全体员工共同信守，并以此作为规范员工行为的标准，它旗帜鲜明地突出了企业的个性。

（2）企业行为识别（BI）。指以特定企业理念为基础的企业独特的行为准则，是CIS的动态识别形式，包括对内和对外两个部分。对内就是建立完善的组织管理、教育培训、福利分配、行为准则、工作环境等规范，使员工对企业理念达到共识，以增强企业内部的凝聚力和创造力；对外就是通过市场调查、新产品开发、促销、广告、公共关系、公益性文化活动等，向公众传达企业理念，从而取得公众和消费者的认同，树立良好的企业形象。

（3）企业视觉识别（VI）。通过组织化、系统化视觉符号传达企业的经营特征，是企业形象的直观表现。它分为基本系统和应用系统两类，基本系统包括不可随意更改的企业名称，企业品牌标志及标准字体，企业专用印刷品形式，企业标准色，企业象征的造型、图案，企业宣传标语、口号等；应用系统包括事物用品、办公器具、标志牌、衣着制服、交通工具、产品包装、名片、票券及卫生用品等。企业经常在不同场合使用视觉识别系统，可以使顾客不断接受各种感官刺激，从而使企业形象迅速被顾客接受。

CIS的三个组成部分各有特征，但又相互关联。其中，企业理念识别（MI）是整个CIS的基石，制约着BI和VI。理论界有人把CIS比喻成一部汽车，MI是发动机，BI是底盘和车轮，VI是车壳，三者相互作用、相互促进，共同构成协调统一的有机整体。

1.4.2.4 企业形象的塑造

企业形象的塑造和改善，既需要企业决策人员和CIS专业人员的策划设计，又需要全体员工积极参与，进行群体创作。企业只有形成一种和谐的气氛环境，全体员工都心情舒畅地努力工作，共同为实现企业理想而团结奋斗，才能有效地塑造和改善自身形象。

（1）树立良好的企业信誉。信誉是企业的灵魂，是开拓和占领市场的重要资本，是提高竞争力的有效手段。因为消费者不仅仅是看货买货，而且是看牌买货，哪种品牌的信誉好，产品就畅销。

（2）提供优质服务。现代企业重视服务的目的，绝不仅仅是局限于促销产品，更多地是着眼于塑造良好的企业形象。国外许多著名公司认为，来自优质服务的声誉，其作用并不亚于产品本身的技术和质量。因此，它们重视服务的程度，往往超过对开发技术和降低成本的关注程度。

（3）培育良好的企业精神。塑造良好的企业形象，最根本的就在于培育企业精神。企业内部团结、和谐、融洽、宽松的环境气氛和催人奋发的群体形象是发扬企业团队精神，增强企业内驱力，塑造良好企业形象的恒定持久的动力源泉。

（4）加强公关活动。就是通过与内外公众的双向沟通，达到恰当地展示自身形象，并为公众接受和热爱的目的，是一项着手于平时努力，着眼于长远打算的经常性、持久性工作。

（5）吸收和借鉴国外先进的 CIS 战略的理论和方法。

（6）要将美育导入企业形象的塑造。

复习思考题

1-1　什么是企业，它有哪些特征？

1-2　企业管理经历了怎样的发展过程，泰罗科学管理理论的主要思想和内容是什么？

1-3　企业管理的性质和职能有哪些，什么是企业管理现代化，它的基本内容是什么？

1-4　企业管理基础工作包括哪些内容？

1-5　管理组织设计的一般原则是什么，企业管理组织结构有哪些形式？

1-6　什么是现代企业制度，它有哪些基本特征、要求及组织形式？

1-7　企业文化的构成要素有哪些，其主要功能是什么？

1-8　什么是企业精神，它有哪些主要内容，树立企业精神有哪些途径？

1-9　企业形象有哪些表现形式，如何塑造企业形象？

1-10　矿山企业的特点有哪些？

矿山企业的计划管理

2.1 计划管理

计划、组织、控制是管理的三项职能，而计划是管理工作之先。一项工作，首先要有计划，才会有后续的组织和控制，没有计划的工作，不叫管理工作。

计划管理就是计划的编制、执行、调整、考核的过程。它是国家用计划来组织、指导和调节整个国民经济，各部门、各企业经济活动的一系列管理工作的总称。企业在国民经济计划指导下，根据市场需求、企业内外环境和条件变化并结合长远和当前的发展需要，合理地利用人力、物力和财力资源，组织筹谋企业全部经营活动，以达到预期的目标和提高经济效益。

矿山企业管理的方法就是制订严密的计划，计划由表格、图纸、文字说明组成。计划是矿山企业管理的手段，是组织生产的总指挥棒，是企业生产的命脉。矿山企业计划主要有产量计划、基建计划、采掘（剥）计划、掘进计划、回采计划、凿岩计划、质量计划、三级矿量计划、选矿生产计划、物资采购供应计划、设备维修计划等。

2.1.1 计划管理的原则

2.1.1.1 严肃性

计划是预测和决策的结果及反映，编制计划要认真，执行计划要严肃。必须保证计划的实施和完成；如有一个环节未完成，必然影响其他各个环节。从而影响整个计划的实施。

2.1.1.2 科学性

计划的科学性表现在：编制计划要符合客观规律，任何超越客观规律的企图肯定要失败；执行计划时要按照客观规律因势利导；在计划管理工作中采用现代的科学方法及手段。

2.1.1.3 长远性

一个矿山从投产到闭坑，要经过十几年甚至几十年的时间，因此计划要高瞻远瞩，要有长远的观点，以便矿山在整个服务期间内，沿着一条既符合客观规律又巧妙利用规律的轨道发展。要有长远规划，要瞻前顾后；要有近期安排，它以规划为目标。无论是年度计划或作业计划都不是孤立的，而是长期计划的一个部分，都是迈向长远目标的一步。

2.1.1.4 可靠性

在编制计划时，要充分利用各种预测手段，把计划的先进性与实现的可能性统一起来；要结合市场规律，但不能脱离矿山的实际生产能力。编制计划时要采用平均先进定额，进行积极的动态平衡，但同时要考虑矿山生产中的多种不利因素，留有必要的余地，使计划具有可能性。

2.1.2　矿山企业计划的种类

矿山企业的计划可以分为基建进度计划、生产经营计划和长远规划。

2.1.2.1　基建进度计划

对地下矿而言，基建进度计划包括：开拓系统工程，达到三级矿量需掘进的采准、切割工程及建筑工程；形成完整的开拓系统（水、电、气）需建设的地面工程；充填法还包括充填系统工程。

对露天矿而言，基建进度计划包括：矿山正常生产所需的外部运输条件，供电供水工程，矿山生产的排水、运输、排土系统，达到三级矿量需要量需要进行的出入沟和开段沟工程。

基建进度计划还有选矿厂建设计划，尾矿库建设计划，地面炸药库建设计划，内部运输道路建设，水、气、尾矿输送管网建设计划。

2.1.2.2　生产经营计划

生产经营计划应包括生产计划、设备物资采购供应计划、人力计划、损失贫化计划、资源成本计划、设备保护计划等。

2.1.2.3　长远规划

长远规划以五年为期限，规划的主要内容为资产投入、产量变化、采剥开拓工程、技术改造等。

一般矿山生产基建进度计划是从基建编制到矿山达到设计规模；采掘进度计划是从矿山投产一直编制到矿山达到设计规模以后 3~5 年；生产进度计划是以年为单位，编制一年内的生产经营活动。矿山还需定期编制长远规划。

2.1.3　计划管理的基础工作

计划管理的基础工作很重要，没有好的基础就不可能有高质量的管理，就无法认识规律，一些现代的科学方法和手段，也就无法采用。

2.1.3.1　定额工作

定额就是企业在生产经营活动中人、财、物利用和消耗的标准及要求。在计划管理中，定额是尺度，没有尺度就无法衡量、比较和要求。

（1）设备定额：设备能力定额、利用率定额及大修理周期等。

（2）物资消耗定额：单位产品的主要材料和辅助材料消耗定额、动力消耗定额及配件消耗定额等。

（3）劳动定额：单位产品的工时消耗定额、单位消耗工时的产量定额、设备看管定额及服务人员定额等。

（4）资金占用额：包括物资储备定额、生产资金定额、产成品的资金占用定额等。

（5）管理费用定额：车间经费、企业管理费用定额。

2.1.3.2 原始记录

原始记录是矿山生产经营活动最初的一次记录。如每班出矿量、掘进进尺、钻孔量、剥岩量、材料消耗、设备效率，等等；它是调查研究的第一手资料，是进行统计分析的依据，是加强企业管理的一项重要的基础工作。

原始记录要及时、准确、简便、实用，企业要加大力量抓好这项工作。

2.1.3.3 统计分析

统计分析是通过数理统计的方法、对原始记录进行加工、整理，对企业的各项生产经营活动做出判断、评价。通过它，可以掌握计划的执行情况，发现薄弱环节，找出解决方法。

2.1.3.4 情报工作

情报工作的任务就是收集与企业生产经营活动有关的各种信息。现代企业与外部有着广泛的联系，外界的需求及其变化，对企业产生巨大的影响，现代的科技发展也是日新月异，只有不断地进行技术更新，才能把企业愈办愈兴旺。因此，应广泛收集有关资料，及时做出最优决策。

2.1.3.5 建立管理信息系统

企业的原始记录及统计分析是企业内部情报资料的总和，是企业生产经营活动的全部信息；要建立一个系统，这个系统不仅有原始的情报（信息），它还能根据需要，随时提供各种经过加工提炼的信息资料，以供领导决策。这样一个系统是现代企业管理必不可少的。

2.1.4 矿山企业计划的内容

矿山企业的计划由表格、图纸、文字说明组成。

2.1.4.1 矿山企业计划种类

矿山企业计划一般包括：

（1）矿山企业矿量（金属量）平衡表。

（2）储量及三级矿量保有计划表。

（3）露天矿采剥计划表。

（4）露天矿穿爆、采装、运输设备配备表。

（5）地下矿掘进计划表。

（6）地下矿采矿计划表。

（7）采掘技术经济指标总表。

（8）产品质量指标控制表。

（9）选矿生产计划表。

（10）选矿生产主要技术经济指标汇总表。

（11）设备大修计划表。

（12）重点工程计划表。

（13）资金使用计划表。

（14）设备采购计划表。

（15）人才培训引进计划表。

具体表格的应用、内容，表格形式、编制方法将在相应章节中进行介绍。

2.1.4.2　图纸种类

矿山企业的图纸一般包括：

（1）露天开采分层采剥计划布置图。

（2）露天开采现状图。

（3）矿区总平面图。

（4）地下开采坑内外对照图。

（5）采矿法典型方案三视图。

（6）矿山主要的纵投影图、勘探线剖面图。

（7）地下开采各中段采掘计划布置图。

（8）地下开采开拓、通风、供电、供压、排水系统图。

（9）选矿厂设备配置图。

2.1.4.3　文字说明

在编制各种计划的过程中除图纸、表格外，还必须附有文字说明，内容如下：

（1）上年度计划完成情况，主要经验教训。

（2）本计划编制的原则、依据。

（3）计划的要点及重点工程、控制工程。

（4）计划编制者认为需要说明的问题。

2.1.5　矿山企业主要技术经济指标

2.1.5.1　采矿主要技术经济指标

（1）工业总产值。工业总产值是企业的产品与其价格的乘积，是从货币角度具体反应矿山企业的生产规模，是企业进行税收、计算利润、准备流动资金的依据。

（2）全员劳动生产率。全员劳动生产率是反映矿山企业单位时间内人均完成的劳动量，由产值全员劳动生产率和矿石全员劳动生产率组成，一般以年为计算单位，单位分别为元/（人·年）和吨/（人·年）。

（3）工人劳动生产率。工人劳动生产率是具体反映直接从事矿山生产的一线工人单位时间内完成的劳动量，也由产值工人劳动生产率和矿石工人劳动生产率组成，一般以年为计算单位，单位为元/（人·年）和吨/（人·年）。

（4）采矿工效。采矿工效是指具体从事矿石回采的工人单位时间内采出矿石量，一般以班为计算单位，单位为吨/（工·班）。

（5）掘进工效。掘进工效是指具体从事采准、切割等掘进工作的工人单位时间内完成的巷道长度或折合标准米长度，一般以班为单位计算，单位为米/（工·班）。

（6）中深孔凿岩设备效率。中深孔凿岩设备效率是指完成钻凿中深炮孔的凿岩设备YG2-70、YG2-70A、YG2-70D、YG2-90、C22200 等型号的凿岩机，单位时间内钻凿炮孔的长度，其单位为万米/（台·年）。

（7）铲运机效率。铲运机效率是指完成采场或进路运搬任务的铲运机单位时间内铲运矿岩的数量，其单位为万吨/（台·年）。

（8）电铲效率。电铲效率是指露天开采完成采装任务的单斗挖掘机，单位时间内完成的采装矿岩总量，其单位为万吨/（台·年）。

（9）牙轮潜孔钻机效率。牙轮潜孔钻机效率是指完成露天开采穿凿炮孔的牙轮钻机或潜孔钻机单位时间内完成的穿凿炮孔的长度，单位为万米/（台·年）。

（10）损失贫化率。损失贫化率是反应矿山在正常生产期内开采技术水平的指标，单位为%。

（11）粉尘合格率。粉尘合格率是反应井下空气质量的指标。

（12）主要材料消耗指标。主要材料是指矿山生产过程中消耗的炸药、雷管、导爆线、钻头、钢钎、木料、水泥、轮胎等。其消耗指标是指采出一定量的矿石消耗的各种材料数量，其单位有个/吨、kg/t、m/t、m^3/t 等。

（13）主要能源消耗指标。主要能源是指矿山生产过程中消耗的压气、水、电力等，其消耗指标是指采出一定量的矿石相应消耗的能源数量，其单位有 m^3/t、kW·h/t 等。

（14）主要产品质量指标。主要产品质量指标是指主要产品矿石的块度、品位、有害物质含量等指标。

（15）成本。成本是指矿石生产过程中的直接成本、车间成本、企业成本、完全成本等成本指标。单位为元/吨。

（16）生产经营费。生产经营费是指矿山生产过程中支出的采切费用、材料消耗费用、能源消耗费用、工人工资等费用总和。

2.1.5.2 选矿主要技术经济指标

（1）原矿处理量。原矿处理量是指进入选厂处理的原矿石数量，选矿厂对原矿处理量的计量，常用机械皮带秤、电子皮带秤。有的选矿厂用刮板在皮带秤上定时刮取一定的矿量，再进行称量计算。有的选矿厂在选别前有预选、洗选、脱泥等工序，所以在计算原矿处理量时，应包括经预选的废石量、合格矿石量以及脱泥的溢流量。

（2）选矿比。选矿比是指入选的原矿重量与选出的精矿重量之比，即平均选出 1 吨精矿所需要的原矿重量。

（3）富集比。富集比又称富矿比。矿石经选矿之后，其有用成分在精矿中得到富集，这时的精矿品位与入选原矿品位之比，称为富集比，用以表示有用成分在精矿中的集中程度，即

$$富集比 = 精矿品位 \div 原矿品位$$

（4）精矿回收率。精矿回收率是指选矿产品（一般为精矿）中某一有用成分的重量与入选原矿中同一有用成分重量的百分比。

（5）选矿产出率（即选矿产率）。选矿产出率是指采出矿石量通过选矿处理后，获得精矿数量的百分率，也就是精矿量与采出量之比（或选矿比的倒数）。

（6）设备运转率。设备运转率又称实际运转率，是指一定时间内人或机器的实际运转时间和有效作业时间的比值。提高设备运转率可以提高工作效率，在单位时间生产出更多的产品，从而带来更高的效益。

2.2　矿山企业管理的指标体系

矿山企业管理，主要是围绕着矿山企业各项活动（生产、经营、技术、供销、财务、劳动人事等）进行决策、计划、组织、调节和监督，使产、供、销各个环节相互衔接，密切配合；使人、财、物各个因素得到合理组织，充分利用，追求最大经济效益和社会效益。

矿山企业管理主要研究生产力的合理组织，是适应管理发展的要求，从管理实践中产生的，由一系列的管理理论、管理原则、管理形式、管理方法和管理制度等组成的，用以指导人们从事管理活动的科学。

矿山企业管理主要围绕矿山各项管理职能（如计划、组织、控制等）展开。它的内容很广泛，主要包括生产经营管理、劳动管理、计划管理、质量管理、设备管理、物资管理、财务成本管理等。矿山企业管理应具备管理思想现代化、管理组织现代化、管理方法现代化。

矿山企业的生产过程及产品有其独自的特点和特殊性；矿山企业的指标体系应能反映这些特点和特殊性；透过这些指标，基本上可以看出矿山企业生产管理的水平。

2.2.1　数量指标

数量指标可以直观地反映矿山企业计划完成的情况。它包括产品分品种的数量指标及反映矿山准备情况的工程数量指标。

（1）掌子采矿量：从采矿掌子面直接采出的矿石数量，t。

（2）剥岩量：剥离岩石的数量，t。

（3）掘进量：掘进巷道的数量，m、m^3 及 t。

（4）副产矿量：掘进巷道中获取的副产矿石量，t。

（5）采剥或采掘总量：

对露天矿山而言，叫采剥总量，它是掌子采矿量与剥岩量之和，t；

对地下矿山而言，叫采掘总量，它是掌子采矿量与掘进量之和，t。

（6）钻孔数量：反映露天及地下钻孔完成情况的指标，应包括钻孔数量，个、总孔深（m）及平均孔深（米/孔）。

（7）产品分品种的数量指标：包括各品种，如精粉、高炉富粉、高炉块矿、混合矿等的生产数量，t。

（8）选矿原矿处理量、精矿产量等选矿指标。

2.2.2　质量指标

矿山企业的质量指标应包括产品的质量指标及工程的质量指标；此外，还要有能够反映质量波动情况及废石混入情况的指标。

2.2.2.1 产品质量指标

（1）有用成分含量的平均值,%。
（2）有害成分含量的平均值,%。
（3）有用、有害成分的标准离差：

$$标准离差 = \sqrt{\frac{\sum\limits_{i=1}^{n}(C_i - \bar{C})^2}{n-1}}$$

式中　C_i——第 i 个样的成分含量,%；

　　　$\bar{C}$——n 个样的成分平均含量,%；

　　　n——取样数量。

2.2.2.2 贫化率

它是指产出矿石品位降低的百分比。

$$贫化率 \rho = \frac{\alpha - \alpha'}{\alpha} \times 100\%$$

式中　α——地质品位,%；

　　　α'——采出品位,%。

（1）采场贫化率（%）：系指掌子采矿所产生的贫化,掘进副产矿量不参加计算。
（2）原矿贫化率（%）：是指包括了掘进副产矿量以后的贫化率。

显然,后者小于前者。露天开采时,由于没有副产矿量,所以二者之值相等。

2.2.2.3 混入率（%）

它是指采出矿石中废石含量（重量）的百分比。

$$混入率 = \frac{\alpha - \alpha'}{\alpha - \alpha''} \times 100\%$$

式中　α——地质品位,%；

　　　α'——出矿品位,%；

　　　α''——岩石含矿品位,%。

当岩石含矿品位 $\alpha'' = 0$ 时,混入率与贫化率在数值上相等,但意义不同。它也可分为采场混入率及原矿混入率,前者掘进带矿未计在内,后者包括了掘进带矿后的混入率。露天开采时,二者数值相等。

2.2.2.4 工程质量

（1）掘凿工程合格率：

$$掘凿工程合格率 = \frac{合格工程数量}{全部工程数量} \times 100\%$$

（2）钻孔合格率：

$$钻孔合格率 = \frac{钻孔合格米数}{钻孔总米数} \times 100\%$$

2.2.3　主要消耗指标

矿山企业的生产无原料消耗，仅有资源消耗，因此，应当把资源利用的程度作为主要消耗指标之一。

2.2.3.1　资源消耗指标

（1）采场回采率：

$$采场回采率 = \frac{采场采出的纯矿石量}{采场消耗的工业矿量} \times 100\%$$

（2）总回采率：

$$总回采率 = \frac{产出的全部纯矿石量}{消耗的全部工业矿量} \times 100\%$$

2.2.3.2　能源消耗指标

（1）单位电耗（度/万吨）。
（2）单位油耗（千克/万吨）。
（3）总能耗（折合标准煤）（千克/万吨）。

2.2.3.3　主要材料消耗

主要材料因矿而异，由于采用的设备不同或采矿方法不同而不尽相同。一般包括：爆破材料、润滑脂、胶管、轮胎、木材、钢材、水泥等。

2.2.4　主要技术指标

2.2.4.1　生产强度指标

（1）回采强度（露天及地下的表示方法不同）：

$$露天回采强度 = \frac{q_m \times (1 - H) \times h}{Q_o(1 - S)} \quad （米/月）$$

式中　q_m——月采出矿量，吨/月；
　　　Q_o——阶段地质矿量，t；
　　　h——阶段高度，m；
　　　H——废石混入率，%；
　　　S——矿石损失率，%。

$$地下回采强度 = \frac{\sum\limits_{i=1}^{n} q_i}{n} \quad （吨/(月·采场)）$$

式中　q_i—— 第 i 个采场月出矿量；

　　　n—— 出矿的采矿数量。

（2）采准掘进强度：

$$采准掘进强度 = \frac{月采准掘进量(m)}{进行采准采场总数} \quad （米 /（月·采场））$$

2.2.4.2　万吨掘进米

指采出每万吨矿石掘进的总进尺。

$$万吨掘进米 = \frac{年掘进总进尺(m)}{年出矿总量(t)} \times 10000 \quad （米/万吨）$$

2.2.4.3　主要设备效率

矿山企业的主要设备一般是指采掘、运输、钻孔的主要设备，如电铲、汽车、潜孔钻机、牙轮钻机、铲运机、钻孔台车、装运机、电耙等。它们的效率指标就是单位时间的产量。例如：

电铲效率为吨/（台·月）；

汽车效率为吨/（台·月）或千米/（台·月）；

钻孔台车为米/（台·月）。

2.2.4.4　劳动生产率

劳动生产率是指单位时间内每个人的劳动成果。

A　全员效率

（1）全员产值效率：

$$全员产值效率 = \frac{全年总产值(元)}{全年平均总人数} \quad （元 /（人·年））$$

（2）全员实物量效率：

$$全员实物量效率 = \frac{全年实物产量(t)}{全年平均总人数} \quad （吨 /（人·年））$$

B　工人效率

（1）工人产值效率：

$$工人产值效率 = \frac{全年总产值(元)}{全年平均工人总数} \quad （元 /（人·年））$$

（2）工人实物量效率：

$$工人实物量效率 = \frac{全年实物产量(t)}{全年平均工人总数} \quad （吨 /（人·年））$$

2.2.5　主要经济指标

（1）总产值：在矿山企业中，是矿山最终产品与市场的某一时期的不变价格之乘积，以万元为单位。

（2）单位成本：它是矿山生产单位产品的总投入，以元/吨来表示。

（3）利润：它是矿山总盈利的一部分。

$$年盈利 = 年税金 + 年利润$$

（4）固定资产原值利税率：

$$固定资产原值利税率 = \frac{年税金 + 年利润}{年平均固定资产原值} \times 100\%$$

（5）固定资产净值利税率：

$$固定资产净值利税率 = \frac{年税金 + 年利润}{年平均固定资产净值} \times 100\%$$

固定资产净值是指固定资产原值与逐年折旧总和之差。在矿山企业中，如仅以固定资产原值来衡量，那么老矿山的利税率将相当低，不能反映企业的经营水平。

（6）流动资金周转期：

$$流动资金周转期 = \frac{年工作天数}{年流动资金周转次数} \quad (d)$$

$$年平均流动资金周转次数 = \frac{年销售总额}{年平均流动资金占用额}$$

（7）流动资金利税率：

$$流动资金利税率 = \frac{年税金 + 年利润}{年平均流动资金占用额} \times 100\%$$

（8）人均利润额：

$$人均利润额 = \frac{年利润总额}{年平均职工总数} \quad (元/(人 \cdot 年))$$

2.3　矿山企业产量计划

2.3.1　矿山生产能力

矿山企业的生产能力是矿山企业生产建设的重要指标，是确定矿山企业人员、设备、材料的最主要依据。

矿山生产能力是指矿山正常生产时期，单位时间内生产的矿石量，一般以年为计算单位，为年产量。如用日来计算称为日产量。

在黑色金属矿山及化工矿山，矿山年产量是以生产的原矿量表示；在有色金属矿山，往往用矿山年产金属量来表示，这就要将金属换算成精矿量，再将精矿量换算成选矿厂日处理合格矿石量，再换算成矿井年产矿石量。

矿石生产能力是矿山建设最重要的问题之一。矿山生产能力的确定是一项技术性和政策性很强的工作，它的确定正确与否，直接关系到矿山建设的投资、达产时间、产品产量以及矿山的经济效益等重大问题。此外，矿山的产品是国民经济计划的一部分，如果矿山不能持续稳定地达到规定的产量，也会给国民经济带来一定的影响。

矿山生产能力要根据市场的需要和矿床开采技术上的可能来确定，后者是指矿床的地质条件、资源条件、技术经济条件等因素。在确定矿山生产能力时，必须正确贯彻执行党的技术经济政策，从政治、经济、技术、安全等方面深入调查研究，使所确定的矿山生产能力既能满足国民经济需要，又与矿床客观实际相符合。

矿石储量的大小是确定矿山生产能力的基础，但不是决定因素。一般情况下，矿石储量大时，矿山生产能力就可以大些，但开采地质条件复杂、资源勘探程度低以及矿山外部运输条件、水、电供应条件差时，矿山生产能力不宜过大。

根据矿山开采规模，矿山分为特大型、大型、中型和小型四类（见表2-1）。由于各类矿种矿床的储量和社会需求量各有不同，规定的类型产量也不同。

表 2-1　地下矿山规模划分　　　　　　　　　　（万吨/年）

矿山类别	矿山规模类型			
	特大型	大型	中型	小型
黑色冶金矿山	>300	300~200	200~60	<60
有色冶金矿山	>200	200~100	100~20	<20
化学矿山				
磷矿		>100	100~30	<30
硫铁矿		>100	100~20	<20
建材矿山				
石灰石矿		>100	100~50	<50
石棉矿		>1.0	1.0~0.1	<0.1
石墨矿		>1.0	1.0~0.3	<0.3
石灰矿		>30	30~10	<10

矿山年产量是由采准出矿、切割出矿、矿房回采出矿及矿柱回采四部分构成。

为充分反应露天矿山采剥总量，对露天开采的矿山除矿石生产能力外，还需要用采剥总量来反映露天开采矿山的规模。

2.3.1.1 露天采矿生产能力

露天矿的生产能力是由可提供的年平均工作线长度、单台采矿设备效率、单台设备占用的工作线长度及同时采矿设备的数量来确定。

$$Q_K = \frac{L_K}{l_K} \cdot q_K$$

式中　Q_K——采矿生产能力，t/a；

　　　L_K——年平均采矿工作线长度，m；

　　　l_K——单台采矿设备所需工作线长度，m；

　　　q_K——采矿设备生产能力，t/a。

2.3.1.2 露天矿剥岩能力

$$Q_y = \frac{L_y}{l_y} \cdot q_y$$

式中　Q_y——露天矿剥离能力，t/a；

　　　L_y——年平均矿石工作线长度，m；

l_y——剥岩设备单台所需工作线长度，m；

q_y——剥岩设备单台生产能力，吨/（年·台）。

2.3.1.3　地下矿的生产能力

$$A = A_1 + A_2 + A_3$$

式中　A——矿山年产量；

　　　A_1——从矿房采出的矿石量，t/a；

　　　A_2——从矿柱采出的矿石量，t/a；

　　　A_3——年副产矿石量，t。

其中

$$A_1 = q_1 \times N_1;$$

式中　N_1——同时回采的矿房数量；

　　　q_1——矿房年生产能力，t/a。

$$A_2 = q_2 \times W_2$$

式中　W_2——同时回采的矿柱数量；

　　　q_2——矿柱年生产能力，t/a；

注：A_3 副产矿量可以通过编制采切计划得出具体数量。

2.3.1.4　新建矿山生产能力的确定

$$Q = \frac{q}{T} \cdot \frac{1-S}{1-H} \times 12 \quad （t/a）$$

式中　q——实际的备采或采准矿量，t；

　　　T——要求的备采或采准矿量的保有期，月；

　　　S——矿石的损失率；

　　　H——废石混入率。

2.3.2　矿山企业产量指标的计算

2.3.2.1　露天矿产量指标

A　剥离岩石量的确定

$$Q_y = Q_K \times n_s$$

式中　n_s——生产采剥比。

B　剥岩设备的确定

$$n_y = \frac{Q_y}{q_y}$$

式中　n_y——剥离岩石所需设备数。

C　采矿设备的确定

采矿设备的确定方法同上。

D 凿岩设备的确定

$$n_z = \frac{Q_y + Q_K}{q_z}$$

式中　n_z——矿山所需凿岩设备数量；

　　　q_z——一台凿岩设备年生产能力，t/a。

　　其中

$$q_z = L_z \times A_z$$

式中　L_z——一台凿岩设备年平均钻孔长度，m；

　　　A_z——矿岩平均每米炮孔崩矿（岩）量。

2.3.2.2 地下矿产量指标

A 矿块式采矿法矿山生产能力计算

矿块式采矿法主要包括空场法中的浅孔留矿法、房柱采矿法、分段矿房法、阶段矿房法、非进路式充填法、有底柱分段崩落法。

$$A = \frac{(W_1 q_1 + N_2 q_2) \cdot K \cdot E \cdot t}{1 - Z}$$

式中　A——矿山年产量，t/a；

　　　W_1——可同时布置的回采矿房数量；

　　　N_2——可同时布置的回采矿柱数量；

　　　q_1——矿房生产能力，t/m；

　　　q_2——矿柱生产能力，t/m；

　　　K——矿块利用系数，0.3~0.6；

　　　E——地质影响系数，0.7~1.0；

　　　Z——副产矿石率；

　　　t——矿山年工作日数。

各种采矿方法的生产能力及矿块利用系数、副产矿石率，查阅相关技术手册。

B 无底柱分段崩落矿山生产能力计算

$$A = \frac{N_1 \cdot q \cdot E \cdot N_2}{1 - Z}$$

式中　A——矿山年产量，t/a；

　　　q——进路出矿设备生产能力，t/a；

　　　E——地质影响系数；

　　　N_1——矿块同时回采的进路数量；

　　　N_2——同时回采的矿块数量。

各种指标查阅设计手册。

C 进路式充填采矿法矿山生产能力

$$A = \frac{W_1 \cdot q \cdot W_2 \cdot E \cdot K}{1 - Z}$$

式中　A——矿山生产能力，t/a；

　　　q——进路出矿设备生产能力，t/a；

　　W_1——矿块同时回采的进路条数；

　　W_2——同时回采的矿块数量；

　　　K——进路充填备用影响系数。

各种指标查阅设计手册。

D　壁式采矿法矿山生产能力计算

壁式采矿法包括全面采矿法、长壁崩落法和长壁式充填法。

$$A = \frac{n \cdot N \cdot q \cdot \Phi}{1 - Z}$$

式中　n——同时回采的阶段数；

　　　N——单段同时回采的矿块数；

　　　q——回采设备生产能力，t/a；

　　　Z——副产矿石率；

　　　Φ——矿块备用系数。

各种指标查阅设计手册。

E　掘进工程量的确定

$$L = L_1 + L_2$$

式中　L——矿山生产年掘进工程量，m；

　　L_1——开拓掘进工程量，m（开拓掘进的掘进工程量按开拓计划计算）；

　　L_2——采准、切割掘进工程量，m。

其中

$$L_2 = A \times \frac{K \cdot (1 - \rho)}{1000\eta}$$

式中　K——千吨采切比；

　　　η——矿石回收率，%；

　　　ρ——岩石混入率，%。

2.3.2.3　矿石质量指标

A　采出矿石品位计算

$$\alpha' = \alpha(1 - \rho) + \rho \alpha''$$

式中　α'——采出矿石品位；

　　　α——工业矿石品位；

　　　ρ——岩石混入率；

　　α''——混入岩石的品位。

B　精矿品位的计算

$$\beta = \frac{\alpha \times \varepsilon}{r}$$

式中　α——原矿石品位；

ε ——精矿回收率；

r ——精矿产率；

β ——精矿品位。

2.3.3 选矿设备生产能力

（1）按理论公式计算生产能力。按理论公式近似计算生产能力的设备有：颚式破碎机、旋回破碎机、圆锥破碎机、对辊破碎机、水力分级机、水力旋流器、水力分选机、浓缩机、沉淀离心机等。

这些选矿设备分为两类：第一类是依据通过破碎腔破碎物料的质量（容积）进行计算的破碎机；第二类是矿浆在分级过程中，在重力或惯性力作用下，依据固体物料在流体中运动的理论进行计算的分级设备。按理论公式计算的生产能力，其结果与实际生产资料有一定偏差，但却能表明影响选矿设备生产能力的主要相关因素。

（2）按经验公式计算生产能力。按经验公式计算生产能力的设备有：固定筛、振动筛、螺旋分级机等。经验公式是选用某设备在处理指定物料（称之为标准物料）时的生产能力。因此，它有一定的适应范围。在处理其他非标准物料时必须考虑某些修正系教。经验公式与理论公式一样，反映了设备生产能力与待处理物料性质和工作条件的函教关系。

（3）按综合公式计算生产能力。综合公式也叫半经验公式，即综合模型。它既有理论推导的因子，又有经验修正系数。旋回破碎机可用这类公式计算生产能力。

（4）按单位负荷计算生产能力。这种计算方法是根据设备的单位容积、单位面积或单位长度计算生产能力。按单位容积计算生产能力的设备有磨矿机、浮选机等。按单位面积计算生产能力的设备有筛分机、真空过滤机等。

单位负荷的测定可以任意选择一种已知其单位生产能力的矿石作为标准矿石，然后将标准矿石与待测矿石在实验室中进行试验，得出其生产能力的相对系数，则可求出待测矿石的单位负荷。

（5）按单位能耗计算生产能力。按处理单位重量或单位体积矿石所耗电量计算生产能力，如磨矿机、洗矿机等可用这种方法计算生产能力。单位能耗的测定方法与单位负荷的测定方法相同。

（6）按矿石在设备中的停留时间计算生产能力。为使某作业顺利进行，必须使被处理矿石在该作业（设备）具有一定的停留时间。这类设备的有效容积是根据单位时间的容积生产能力与处理矿石需停留的时间之积而确定。这种方法需要预先确定各作业处理该种矿石的停留时间，如浮选机、搅拌槽可用这种方法计算生产能力。

（7）按产品目录确定生产能力。齿式对辊机、摇床等可直接通过制造厂的产品目录计算生产能力。但必须对矿石性质和工作条件设置某些修正系数。

选矿设备数量取决于所选设备的型号和规格。选用小型设备，将增加建筑面积和管理、维护的困难；采用大型设备有利于减少基建投资，降低生产成本，并能促进选矿厂自动化管理，但要增加厂房高度和起重设备的起重能力。因此，必须根据主要技术经济指标进行方案比较，确定合理的方案。其主要指标包括设备总重量、总投资、总安装功率、厂房总面积和体积等。一般情况下，某作业的同类设备台数大于 4~6 台时，改用大型设备较为有利。

为了保证选矿设备厂的正常生产，必须考虑备用设备。破碎机和筛分机的备用台数取决于破碎作业的工作制度、原矿仓和中间矿仓的容积。第一段破碎不考虑备用设备；第二段和第三段破碎，每2~3台破碎机考虑1台备用破碎机，每3~4台筛分机考虑1台备用筛分机；磨矿、选别和浓缩作业不考虑备用设备；精矿过滤和干燥设备应考虑备用设备；输送矿浆的砂泵，每台考虑1台备用砂泵。

2.4 地下开采进度计划

2.4.1 地下开采基建进度计划

编制基建进度计划是为了确定矿山基建工程量，投产及达产时间，确定各井巷工程施工顺序、施工时间，基建期所需人员及设备数量。

2.4.1.1 基建进度计划编制的原则

A 基建工程量的确定

矿山投入生产时必须形成完善的开拓、运输、提升、通风、排水等系统和机修、防火、安全等井下辅助设施，矿山投产、达产后保有规定的三级矿量，并使开拓、生产探矿、采准、切割、回采各个工序之间保持合理的超前关系。

B 尽可能缩短基建时间

当明确规定了矿山投产、达产日期时，基建进度计划的安排应充分发挥技术可能，采取各种切实可行的技术措施。如采用快速掘进的工作组织，必要时开掘临时措施井巷工程，增加工作面数目以加快矿山基建速度，保证矿山按期投产。在没有明显规定投产期限的矿山，也应在技术上可能、经济上合理的前提下，尽可能缩短基建期限，使矿山尽早建成投产。

C 选用切实可行的技术定额

编制基建进度计划以前必须掌握国内外类似矿山的技术定额资料，结合设计矿山的开采条件，进行分析对比，选定在现阶段通过努力可以达到的技术定额指标。

D 保持基建期工作量基本均衡

在保证关键性工程（如竖井、斜井、主平硐、主要运输巷道、通风天井和风井……）按计划完成的前提下，采取措施，调整工作面的数目，使矿山整个基建期内，逐年、逐季、逐月所完成工作量以及同时进行的基建井巷工作面凿岩机台班数量，基本保持平衡。

2.4.1.2 编制基建进度计划所需基础资料

（1）国家和企业对矿山投产、达产时间的要求。

（2）设计中确定的开拓、基建探矿、采准、切割等井巷工程量。

（3）设计的开拓、通风系统和回采顺序。

（4）矿山生产能力。

（5）阶段、矿体或采区的矿石工业储量。

（6）基建井巷断面图。

（7）设计的阶段、副阶段平面布置图和采矿方法图。

（8）主要井筒地质剖面图。

（9）设计采用的井巷成井成巷定额和施工准备时间、设备安装时间。

（10）涌水量大的矿山疏干方案。

（11）基建时期采用的工作制度及劳动组织。

（12）改建、扩建矿山需要原有井巷资料。

2.4.1.3 基建进度计划编制方法

基建进度计划的编制通常采用表格形式，并结合必要的文字说明。表的内容设计可根据设计矿山的具体情况和需要考虑增加或减少，但要简单明了和通俗易懂。

基建进度计划表中应对属于基建时期的开拓探矿、采准、切割等工程，安排其进度计划；对于在达到设计规模前必须完成的开拓工程应按较详细的分项工程（单个井筒、天井、石门、平巷等独立工作面）安排其施工进度计划；对基建期间的基建探矿、采准、切割工程量按不同阶段列出其施工进度计划。

基建进度计划表一般是按月或季度进行编制。

说明书中一般应说明的内容有以下几点：

（1）编制基建进度计划依据的文件：如批准的设计任务书（或可行性研究报告）及其确定的矿山规模、基建开始时间，投产、达产时间等。

（2）矿山同时进行回采、采准工作的区段数、阶段数和采掘顺序。

（3）矿山基建范围及基建井巷工程量，主要基建工程项目（主井、主平硐、副井、通风井、充填井、主要运输巷道、石门、硐室等）的工程地质和水文地质条件，施工方法和施工顺序，支护方法及数量，井巷施工进度指标及其依据。当采用特殊施工方法时，各种作业的方法、顺序、设备、循环组织和要求等。

（4）矿山基建时间，同时进行工作的坑道工作面数目或同时作业的凿岩机台班数，逐年完成的基建井巷工程量。

（5）矿山投产标准，投产达产时保有的储备矿量，基建副产矿石量。

（6）加速基建进度的措施等。

2.4.1.4 编制基建进度计划应确定的内容及指标

（1）按三级矿的要求计算出三级矿量保有量和保有期。

（2）根据编制矿山的实际情况确定基建工程量应包含的内容。

（3）根据矿山规模确定基建工程量。

（4）根据矿山实际情况制定矿山投产的标准。

（5）根据实际技术水平确定开拓工程各井巷及工程的施工速度。

2.4.2 地下开采采掘进度计划

2.4.2.1 采掘进度计划编制原则

（1）根据矿体赋存条件，在编制进度计划过程中，要详细研究各种赋存条件的影响程度，在技术上可能、经济上合理的前提下，千方百计采取措施使矿山早投产、早达产。在某些条件特殊的矿山，从投产到达产需要较长时间，则应考虑由小到大，分期建设。

（2）编制进度计划过程中，应根据矿山的开采技术条件，坚持贫富兼采、厚薄（矿体）兼采、大小（矿体）兼采的原则，合理安排矿体之间以及各个矿体中矿块之间、矿房矿柱之间的回采顺序，最大限度地利用国家资源。在不影响合理的开采顺序情况下，为提高矿山经济效益，可以采取措施优先回采富矿。尤其在采用充填法时更应如此。

当由于调节品位和其他原因需要优先回采某些矿体而与合理开采顺序相矛盾时，应采取可靠的安全技术措施，保证不给开拓、运输、通风和回采顺序造成不良后果。

（3）在编制回采进度计划过程中，应在遵守合理开采顺序的前提下，对各个矿体或矿块的矿石产量进行必要的调节，使矿山各种产品逐年的矿石产量的品位在较长时期内保持稳定。如果由于地质或其他原因引起矿石产量和品位不可避免地波动，其波动范围要设法控制在满足选矿和冶炼要求的范围内。对于某些地质条件较复杂，矿石品种较多，矿山产品和品级也较多的矿山，应适当增加开拓、生产探矿、采准的超前时间和备用矿块数量，避免由于地质资源储量和品位的变化而引起矿石产量和品位发生不允许的波动。

（4）矿山采掘进度计划必须与基建进度计划相适应，使基建与生产很好地衔接，使开拓、生产探矿、采准、回采有合理的超前关系，保有的三级矿量能满足矿山持续、均衡地进行生产；否则应对基建工程量和基建进度进行必要的调整，以满足生产需要。

（5）尽量使每年所需的采掘设备、人员和材料消耗保持平衡或基本平衡。

（6）保持矿山通风条件良好，运输畅通，安全、卫生、防火设施完善。

2.4.2.2　采掘进度计划编制的必要性

编制采掘进度计划可以验证矿山回采和掘进工作逐年发展的情况，按开采技术条件进一步核实矿山能否保质保量在预定期限内达到设计规模，达到设计规模后能否持续均衡地进行生产。通过具体安排矿体、阶段和矿块回采的先后顺序，逐年的矿石产量和质量，确定矿山具体投产和达到产量的日期；并根据设计中确定的矿山排水、疏干、开拓、生产探矿、采准、切割、回采等工序的超前关系，进一步验证基建与生产的衔接和基建进度计划中所确定的工程量，保证矿山持续、均衡地生产。

2.4.2.3　编制采掘进度计划所需基础资料

（1）设计矿山的年产量，国家规定的投产、达产时间，投产规模。

（2）开拓、运输、通风系统图及回采顺序。

（3）阶段平面图、矿体纵投影图、各种井巷断面图。

（4）各阶段、各矿体（或矿块）矿石储量及品位。

（5）设计的采矿方法比重，各种采矿方法设计图纸（包括矿柱回采）及主要技术经济指标。

（6）矿山开采贫化率、损失率、岩石混入率。

（7）矿山千吨开拓、生产探矿、采准、切割井巷工程量和采准、切割、回采计算资料。

（8）基建进度计划。

（9）改建或扩建矿山近期生产进度计划，开采现状图。

2.4.2.4 采掘进度计划编制方法

设计中编制的采掘进度计划，通常由表格和文字两部分组成，在文字部分说明编制计划的原始资料、编制原则和采掘顺序等。在表格中列出开采范围内各阶段的工业矿石量、品位和金属量。根据设计推荐的采矿方法和矿床赋存条件所确定的矿石损失率、贫化率，计算出各阶段（或矿体、矿块）的采出矿石量、出矿品位和金属量，同时根据可能的采矿强度计算出逐年的出矿量、出矿品位和金属量，并确定同时作业的阶段数目。

采矿强度可按类似矿山的开采年下降深度选取，或按各个阶段的矿体走向大致划分矿块，然后根据实际所确定的矿块昼夜生产能力计算各阶段、各矿体的出矿能力。

新建矿山的矿块生产能力，应逐步达到设计规定的指标。一般可按设计矿山具体条件，中小型矿山考虑1~3年，大型矿山3~5年达到设计规定的指标。

为使矿山逐年的产量、品种和品位均衡，在编制计划的过程中应采取具体措施（如局部改变回采顺序），为减少采出矿石质量的波动而增加备用采区的数量等。

采掘进度计划的编制比较复杂，在编制计划过程中，往往要经过反复多次的修改。

在矿山生产后，经过生产探矿和采准工作必将补充一定数量新的地质资料，故尚需在这种计划的基础上，根据新的地质资料，具体编制逐年的采掘计划、采掘季度计划和月计划，以指导矿山生产。

2.4.3 地下开采年度计划的编制

2.4.3.1 编写年度计划的原则

编写年度计划时，要注意矿山企业的特点，注意多方面的均衡，矿山企业生产的各个环节相互依存、相互制约，在质量和数量上有一定的比例关系，在时间上有一定的超前关系，在空间上有一定的顺序关系。在矿山生产过程中，只有遵循这些客观规律，才能保证矿山企业稳定、均衡、可持续的发展。

A 矿山生产能力与市场需求的关系

市场需求是对企业提出的根本要求，企业要顺应市场的需要，根据自身的生产能力制定编制年度的生产能力。矿山生产能力是企业的基础，是企业制订人、财、物计划的依据。因此要兼顾市场需求、企业客观生产能力、采掘关系三方面，确定切实可行的生产能力。

B 生产与基建要均衡

矿山企业的生产与其他行业不同，生产的同时还可以补充和进行基建工作，即可以边生产边基建，但要符合生产的客观规律要求。在生产与基建之间要找到平衡点，不能单纯重视某一方面。太强调生产，矿山不能可持续发展，造成采掘比例失调，三级矿量保有量和保有期欠账；太强调基建，投入的资金过多，矿山难维持正常的经济效益，也会造成矿山难以正常生产。在计划编制时要注意它们之间的平衡，各种基建工程的开工、竣工时间要计划得恰到好处。

C 采掘并举，掘进先行

矿石的开采需要做大量的准备工作。在地下开采中，要完成大量的开拓工作、采准工作、切割工作。采矿工作和掘进工作在数量上有一定的比例关系，在空间上有严格的顺序。搞好采掘关系的平衡是矿山企业计划管理的重要环节，要研究采掘之间的规律，处理好采掘关系，使矿山持续稳定的生产。

　　D　正确处理人、财、物间的平衡关系

　　人是指人员的编制、人员的构成及劳动定额；财是指资金的使用计划、财务管理；物是指物资的采购供应计划、物资的管理、设备的配备。人、财、物的平衡首先要减少劳动和物资的消耗，减少资金的占用；保证矿石的质量和数量。要正确处理好生产活动与人员、资金、设备间的平衡关系，使人尽其力，财尽其用，充分发挥设备的生产效率，提高矿山企业的经济效益。

2.4.3.2　编写年度计划的准备工作

　　A　组织准备

　　编写年度计划工作，涉及生产、计划、地测、材料供应、成本等部门和内容。一般由总工程师领导生产计划部门编写，其他部门协作配合。

　　B　资料设备

　　（1）矿山资源资料是指各阶段、各分段、各采场的矿量储备、品位等资料。

　　（2）历年技术经济指标的统计分析资料。

　　（3）计划的年生产能力、质量和数量指标，计划范围内的地质资料，开拓工作、采准工作设计施工图，地质水平及纵横剖面图，实测的回采、掘进进度图。

　　C　定额指标的准备

　　（1）各种采矿、掘进穿孔设备的生产效率。

　　（2）生产中各设备的生产能力。

　　（3）采场的回采强度、掘进强度、凿岩强度等。

　　（4）地下开采的损失贫化指标。

　　（5）主要材料消耗定额等。

　　（6）能源动力消耗指标等。

　　D　生产现状分析准备

　　编制年度计划一般是在上一年的年末进行，故对编制年度的回采、掘进的准确位置并不知道，要根据上年度三季度末的实际位置，通过分析，正确估计四季度生产完成情况，确定回采工作面、掘进巷道、年末预期位置，编制年度计划期开始位置。

2.4.3.3　编制年度计划的程序

　　A　生产能力的确定

　　一般对于地下开采的矿山要确定和验证矿石生产能力、电机车运输能力、井底车场通过能力、主井提升能力、矿仓装卸车能力。

　　B　产量的分配

　　对一个矿山有多个坑口及一个坑口有多个回采的矿体或区段，首先要根据计划的产量分配计划的年产量，使各坑口、矿体的服务年限、下降速度合理，采出的矿石质量和数量符合要求，即采出的矿石品位符合选矿厂及配矿的要求。

C 编制采掘计划

在完成前述各项准备工作和经过生产能力验证，产量分配之后，就可以开始具体编制年度生产计划，一般有回采工作计划、掘进工作计划等。具体编制过程中可能有多次反复调整，最后形成图纸、表格和必要的文字说明。

D 编制三级矿量的保有计划

三级矿量是衡量矿山生产连续性的标尺。为使矿山保持稳定、均衡生产，三级矿量必须保有一定的数量和时间，编写年度计划要认真执行采掘并举、掘进先行的方针。要编写三级矿量的保有计划，详细计算各种矿量的保有量、保有时间。合理安排开拓、采准、切割、回采工作，合理控制各项工程的开工和竣工时间，以取得较好的经济效益。

2.4.3.4 年度计划的内容

年度计划也由文字说明、表格和图纸三部分组成。

A 文字说明

文字说明的内容有：

（1）上年度生产计划完成情况、原因分析、主要分析说明，采掘总量，主要技术经济指标完成情况，采掘关系的变化，三级矿量的保有情况，生产中存在的主要问题。

（2）本年度计划编制的原则和依据，重点工程的说明，重点工程的完成措施。

（3）本年度计划执行过程中需特别注意的内容及编者认为需要说明的内容。

B 主要表格

（1）计划汇总表。

（2）矿山采掘总量、矿石产量、矿石质量计划表。

（3）阶段采掘工作水平设备配备表。

（4）地质储量及三级矿量保有计划表。

（5）回采、掘进计划表。

（6）主要技术经济指标计划表。

（7）采矿、选矿、产量、质量平衡计划表。

（8）主要设备中修、大修计划表。

（9）劳动工资管理计划表。

C 图纸部分

（1）矿山总平面图、矿山地表地形地质图。

（2）矿山各中段各纵横剖面图、投影图。

（3）各中段、各水平、采掘位置图。

（4）采矿方法三视图。

（5）重点工程单体设计图。

（6）采选矿石流程控制图。

（7）其他各大系统图。

2.5　露天开采进度计划

2.5.1　露天开采基建采剥进度计划

2.5.1.1　编制基建采剥进度计划的要求

（1）根据露天矿的具体情况，正确处理需要与可能的关系，应尽可能地减少基建工程量，加速基本建设，保证在规定时间内投入生产。投入生产后应尽快达到设计生产能力和保证规定的各级储量，以保持产量的均衡稳定，可持续发展。

（2）正确处理产品质和量的关系。矿石具有多种品级时，要求质和量保持稳定，各种工业品级的矿石的质和量要求保持稳定，或呈现规律性变化。

（3）正确处理剥和采的矛盾。贯彻"采剥并举，剥离先行，以剥保采，以采促剥"的方针，生产剥采比安排要经济合理，最大生产剥采比的期限不能过短。

（4）正确处理工艺和工程的矛盾。上下水平的工作线要保持一定的超前距离，使平盘宽度不小于最小工作平盘宽度。工作线要具有一定的长度，并尽可能保持规整。要保证线路的最小曲率半径及各水平的运输通路，采掘设备调动不要过于频繁。

（5）正确处理扩帮与延深的矛盾。在扩帮条件允许的情况下，要按计划及时开拓准备新水平。扩帮与延深要密切配合，以保证采矿和矿量准备相衔接。在扩帮过程中，一定要遵守选定的矿山工程的发展程序。

2.5.1.2　编制基建采剥进度计划的原始资料

（1）比例尺为1∶1000或1∶2000的分层平面图：图上绘有矿床地质界线、露天采矿场的开采境界、出入沟和开段沟的位置等。

（2）分层矿岩量表：在表中按重量和体积分别列出各水平分层在开采境界内的矿岩量，以及体积、重量及分层剥采比。

（3）露天矿最终的开拓运输系统图和线路的最小曲率半径，对于扩建和改建的矿山，还要有开采现状图。

（4）露天矿开采要素：包括台阶高度、采掘带宽度、采区长度和最小工作平盘宽度等。

（5）露头矿的延伸方式，工作线推进方式和方向，沟的几何要素，新水平准备时间。

（6）规定的三级矿量指标。

（7）矿石的开采损失率和废石混入率。

（8）露头矿开始基建的时间和要求的投产日期，规定的投产标准。

（9）挖掘机的数目和生产能力。

（10）对分期开采，应有分期开采过渡的有关资料。

（11）国家对矿山建设的其他要求。

2.5.1.3　基建采剥进度计划的内容

A　采掘进度计划图表

表中应反映各台阶剥离、采矿、开拓、掘沟等工作的发展与配合；采掘设备数量及其配置、工作类别（开沟或扩帮）、调动情况；出入沟和开段沟工程量以及逐年的矿岩采出量等。

采掘进度计划图表要逐年编制，一般编到设计计算年以后3~5年。所谓设计计算年是矿石已达到规定的生产能力和以均衡生产剥采比开始生产的年度，其采剥总量开始达到最大值，在特殊情况下，如分期开采的矿山，则应编制整个生产时期的。

B 采掘水平分层平面图

此图是以地质分层平面图为基础编制而成的，在此分层平面图上，应有逐年采掘的矿岩量、作业挖掘机的数目和台号、出入沟和开段沟的位置、矿岩分界线、开采境界以及年末工作线位置等。

C 采矿场年末开采综合平面图

此图是以采掘水平分层平面图为基础编制而成，图上应绘有各水平的工作线位置、出入沟和开段沟的位置、挖掘机的配置、矿岩分界线、开采境界和运输站线设置等。

D 产量逐年发展变化图和表

图中应反映矿石、岩石、矿岩总量随开采年限的发展变化情况。表中应反映编制年限（从基建开始到达产后3~5年）内采出的矿石量、岩石量、矿岩总量、剥采比、采装设备数量等内容。

2.5.1.4 基建采剥进度计划的编制方法

A 逐年按工作水平配置挖掘机

逐年编制采掘进度计划时，首先要配置挖掘机。在配置时除考虑挖掘机作业条件外，还应符合运输条件。理论上挖掘机台数根据台阶工作线长度确定，但采用电机车运输和尽头式配线时，每个工作台阶配置的挖掘机一般不应多于2台；如果采用环行式配线时，可布置3台。电机车运输理论上在工作台阶可布置双轨线路，此时，每增设一组道岔，即可多设一台挖掘机，但实际生产中，由于双轨线路的敷设，架线和移道等工作都很繁重，因而往往只布置单轨线路，故每个台阶配置的挖掘机不宜超过2台，否则，各采区相互影响很大。采用汽车运输限制条件较少，一般每个台阶可配置2~4台挖掘机。

此外，配备于采矿和剥岩的挖掘机数应与当年矿岩采剥能力成比例分配。根据矿山的具体条件，在达产前应尽快投入全部开采设备，以技术可能的最大延深速度进行采剥，争取早日投产和达到设计生产能力。达产后，由于各开采水平的工作线较长，采掘设备、剥采量、延深与扩帮速度等关系的妥善安排与控制会比较复杂。这时，挖掘机的配置和年末工作线的位置，需根据分析得出的露天矿逐年延深到达的标高、延深对扩帮的要求、生产剥采比、最小工作平盘宽度、配备挖掘机的可能性与挖掘机的生产能力等因素综合考虑确定。

B 在分层平面图上逐年逐水平确定年末工作线位置

各水平挖掘机配好后，根据挖掘机的生产能力，由露天矿上部第一个水平分层平面图开始，逐水平用求积仪在图纸上求出挖掘机的年采掘量，划出年末线的开始与最终位置。

因挖掘机在掘沟和正常采掘不同的作业条件下，其年生产能力不同，故在用求积仪求算年采掘的矿岩量时，应将掘沟量和正常采掘量区别出来。

在确定年末线位置时，必须考虑矿山工程正常发展程序、延深对扩帮的要求、矿石年产量、最小工作平盘宽度要求、储蓄矿量大小、开拓运输线路畅通等。

　　年末工作线位置确定之后，矿岩量可用求积仪求出。

　　累计当年各水平的矿岩量即为当年的矿岩生产能力。如果累计当年各水平采出的矿岩量不符合要求时，再对年末工作线位置作适当调整。为了保证达到规定的产量，必要时可将原配置的电铲进行某些调动。

　　当第一个水平第一年的采掘宽度已求出，并对下部水平已有足够的超前平盘宽度以后，即可开始求第二个水平第一年的采掘宽度，以下类推。

　　C　确定新水平投入生产的时间

　　在分层平面图上确定年采掘带的同时，要不断确定新水平投入生产时间。上下两相邻水平应保持固定的超前关系，只有当上水平推进一定宽度后，下水平方可开始掘沟。挖掘机在上水平采掘这个宽度所需要的时间，即为下水平滞后开采的时间。

　　当多水平同时开采时，各水平的推进速度应互相协调，在一般情况下，上下两相邻水平结束开采的时间间隔，不应小于开始开采时的时间间隔。

　　控制上下水平超前关系的方法是用一张透明纸，把同年各水平的推进位置用不同彩色笔划在透明纸上，检查其间距离是否满足要求，以此作为修正各水平推进宽度的依据。

　　有时，由于运输条件的限制，上水平局部地段（如端帮）会妨碍下水平的推进，造成下水平工作线推进落后，致使工作线形成不规整状态。一旦上水平开采结束，就应当迅速将下水平工作线恢复正常状态。

　　在开采复杂矿体时，有时为了获得某工业品级的矿石而需要改变工作线的正常状态，这时，往往会一端加速推进，另一端暂停不前，从而妨碍下水平的推进。同样，这种状态在事后也应立即扭转，使其恢复正常状态。

　　D　编制采掘进度计划图表

　　在分层平面图上确定年末工作线位置的同时，编制采掘进度计划图表，在该表中记入每台挖掘机的工作水平，作业起止时间及其采掘量。

　　当多水平同时开采时，一般由一个人掌握采掘进度计划图表，而另外一些人用求积仪分别求出各水平和每台挖掘机的采掘量，以便于互相对照、校核和修正。有时可能根据挖掘机生产能力求得在一定时间内的采掘量，也可能根据一定的采掘量求得挖掘机需要的采掘时间。

　　E　绘制露天矿年末采场开采综合平面图

　　综合平面图（又称开采状况图，简称年末图）是以地质地形图和采掘分层平面图为基础绘制而成的。绘制时，取透明纸覆在地质地形图上，先描上坐标网和勘探线，再描采场范围以外的地形、矿石和岩石运输线路、矿山车站、破碎厂、排土场、公路等，然后将同年开采的各水平工作面情况（包括工作面位置、地质界线、设备布置、工作面运输路线、会让站、动力线等）描上。从这张图上可以看出，各水平某年的开采位置及采掘的矿岩情况，挖掘机的布置及数量，运输线路的布置和各水平运往破碎厂与排土场的可能性，各水平之间的相互超前关系。

　　F　绘制逐年产量发展曲线和图表

　　横坐标表示开采年度，纵坐标表示采掘总量、矿石量、岩石量。该发展曲线是根据采掘进度计划表中矿岩量数字整理绘制的。

逐年产量发展表也是根据采掘进度计划表中的矿岩量数字和挖掘机配置情况整理得出的。

2.5.2 露天矿年度采剥进度计划

露天矿每年都要编制生产计划，它一般包括产值计划、产品品种与产量计划、采掘计划、穿爆工程计划、运输工作计划、排土工程计划、线路移设工程计划、机电设备检修计划、各种主要设备使用计划等。

年度采掘计划是年度设计的基本内容，是生产计划的核心，是编制其他计划的基础。

2.5.2.1 编制年度采掘计划的依据和资料

（1）国家关于矿山建设的方针政策和市场对产品数量、质量等指标的要求。

（2）露天矿的初步计划和长远规划。

（3）露天矿开采现状综合平面图，包括各生产水平工作线位置、储备矿量分布及其质量特征、挖掘机的工作位置和已穿孔及正在穿孔的区段等。

（4）水平分层平面图，图上详细标明开采水平的地质构造情况，各种工业矿石的分布界线，以及矿石的分布和品位，采掘工作线的位置等，其比例尺应与综合平面图一致。

（5）开采水平现状的地质测量平面图，图上标明矿岩分布界限、矿岩数量和矿石品位、剩余钻孔的位置和爆破范围等。该图是计算每个采区爆破矿岩的采出量和结存量的依据，其比例尺应与综合平面图一致。

（6）排土场现状图，图上应标明生产排土线的位置、排土场扩展的极限位置及其收容能力。

（7）各环节设备设施技术状况，设备数量、效率及计划年度的检修任务和检修计划，主要包括：挖掘机年度检修图表、运输设备年度检修图表、穿孔设备年度检修图表、运输线路年度大修计划表等。

2.5.2.2 年度采掘计划的内容

年度采掘计划的内容包括图纸、表格和措施部分，图纸和表格是密切相关的。图纸反映各水平年末工作线的位置及其相互间的关系；表格中的数据是根据图纸分析计算的结果，通过表格中的有关数据进行综合平衡。如果表中计算的结果不能保证完成年度计划时，则需要重新平衡。

为了保证采掘计划的完成，在编制采掘计划的同时，还要制订措施计划，措施计划的项目和内容应根据生产需要以保证生产计划的完成为原则而定。

为了分析各生产环节对完成生产任务的可能性，找出有利和不利因素，抓住薄弱环节，制订措施计划，以求得生产与需要之间平衡，在编制采掘计划时，应根据生产实际情况对露天矿的生产能力进行查定。

生产能力的查定主要从两方面进行：一是根据延深或扩帮速度确定技术可能的生产能力；二是分析各生产环节设备的生产能力是否能满足矿山生产能力的要求。当设备类型相同时，露天矿的生产能力取决于采装、穿孔、机车车辆（或钢丝绳提升设备）线路及车站、排土、选矿、检修、供电等环节的能力；当设备类型不同各自为独立系统时，露天矿的生产能力取决于两个系统薄弱环节的能力。

各生产环节的能力可根据露天矿当年或往年实际指标选取，或者对各生产环节进行分析计算确定。

分析计算各生产环节能力时，要深入调查研究。一般可按下列公式计算，但下列公式可根据具体条件加以修正。

（1）钻机生产能力：

$$M_钻 = \sum_1^K N_钻 \times L \times P$$

式中　$M_钻$——钻机生产能力，m^3/a；

　　　$N_钻$——某类型钻机工作台数；

　　　L——同一类型钻机平均穿孔能力；

　　　P——每米炮孔爆破量，m^3/m；

　　　K——钻机种类。

（2）挖掘机生产能力：

$$M_铲 = M_铲 \sum_t^K N_铲 \cdot T_铲 \cdot Q_铲$$

式中　$M_铲$——挖掘机生产能力，m^3/a；

　　　$N_铲$——某类型挖掘机工作台数；

　　　$T_铲$——挖掘机年工作日数；

　　　$Q_铲$——挖掘机台日效率，米^3/（台·日）；

　　　K——挖掘机种类。

（3）机车生产能力：

$$M_机 = \sum_1^K N_机 \times T_机 \times \frac{1440 \times \eta_机 \times n_q}{t}$$

式中　$M_机$——机车生产能力，m^3/a；

　　　$N_机$——某类型机车工作台数（不包括杂散作业和设备）；

　　　$T_机$——机车年工作日数；

　　　$\eta_机$——机车工作时间利用系数；

　　　n_q——列车载重量，米^3/列；

　　　t——运行周期，min；

　　　K——机车种类。

（4）出入沟（或区间）运输能力：

$$M_线 = N_线 T_线 m n_q$$

式中　$M_线$——通过出入沟的运输能力，m^3/a；

　　　$N_线$——出入沟线路数；

　　　$T_线$——年工作日数；

　　　m——通过能力，对/日；

　　　n_q——列车载重量，米^3/列。

（5）排土生产能力：

$$M_排 = N_排 \cdot T_排 \cdot Q_排$$

式中　$M_排$——通过出入沟的运输能力，m^3/a；

　　　　$N_排$——排土线条数；

　　　　$T_排$——排土年工作日数；

　　　　$Q_排$——每条排土线生产能力，米^3/（日·条）。

在综合确定露天矿生产能力时，在采掘工程技术条件可能的情况下，应以挖掘机和运输为主，同时考虑穿孔、排土、选矿、供电等能力，充分利用有利因素，克服薄弱环节，以保证挖掘机和运输能力的充分发挥。采取措施后，以挖掘机和运输两大环节中较薄弱环节的能力为露天矿的综合生产能力。

2.5.2.3　年度采掘计划的编制方法和步骤

年度采掘计划的编制方法和步骤，基本上与露天矿采掘进度计划相同。

A　在分层平面图上确定年末工作线位置

首先根据矿床赋存条件、各水平所能布置的挖掘机数目、原有的工作线位置和工作平盘宽度，以及计划年度的产量指标，在分层平面图上由上水平开始向下逐水平确定年末工作线位置。

为了便于检查，在各分层平面图上绘出上水平的年末工作线位置。工作线最好能平行推进，保持工作线规整。然后用求积仪求得年采掘范围的矿岩量，填入表中。如计算出的年度可能采出的矿岩量满足要求，说明确定的年末工作线位置是恰当的。然后在此基础上计算挖掘机的生产能力，确定挖掘机调动时间，具体确定各季度和全年的产量指标及工作线的位置，并反映到分层平面图上。若计算结果与原计划要求的产量相差很大时，则应重新调整各水平工作线的位置，重新计划矿岩量，直到符合计划要求为止。

B　确定新水平开拓准备工程进度

如前所述，上下两相邻水平应保持固定的超前关系，其间距不应小于最小工作平台宽度，只有当上水平推进到一定宽度后，下水平方可开始掘沟。在山坡露天矿，当矿体厚度、倾角沿走向变化不大时，新水平开拓准备在最上部水平开采结束，新水平即投入生产。深凹露天矿新水平开拓准备工程，应验证新水平准备速度与开采强度是否相适应，然后编制新水平准备工程措施计划和工程进度表。

C　编制挖掘机配置计划

挖掘机配置计划即是年度采掘计划，各露天矿挖掘机配置计划的形式不一，根据矿山具体条件可直接在分层平面图上表示，也可以用图表表示。

在初步确定了各水平年末工作线后，便可以计算各水平挖掘机生产能力。若同时开采很多水平时则各水平应分别计算，然后汇总，同时进行设备和各季度采掘矿岩量的平衡。由于各水平工作线长度和开采条件不同，往往各季度产量不均衡，甚至日产波动很大，这时，在保证各水平均衡推进的前提下，可适当调整各工作线位置和调动挖掘机工作水平，以便尽可能使各季度产量均衡。但应防止只顾当前不顾长远，乱采乱剥或只采不剥的做法。

D　绘制采场综合平面图

该图绘制方法与露天矿采掘进度计划采场综合平面图相同。

E　编制设备计划表

露天矿产量是通过使用设备完成各生产环节的指标来实现的，因此保证穿孔、采装、运输等各生产环节的设备数量和实现相互间的密切配合，是完成年产量的重要环节，为此，必须编制设备平衡计划。

各种设备需要量可按下式计算：

$$N=A/Q$$

式中　N——需要设备台数，台；

　　　A——矿岩年生产矿能力，m^3/a；

　　　Q——设备平均生产能力，米^3/(台·年)。

上式计算出的设备台数是全矿的平均值，如各水平的矿岩性质和赋存条件变化很大时，则应按各水平不同作业条件下的设备效率分别计算各种设备的需要量。

2.6　生产施工作业计划的编制

生产作业计划是把年、季、月计划具体化的短期实施计划。通过作业计划的制订和执行，把企业的生产活动更加协调地组织起来。它是年、季、月计划工作的继续。

2.6.1　作业计划的内容

作业计划应包括以下内容：

(1) 各车间、工段、班组的生产指标，明确规定各品种的产量和质量要求；

(2) 完成生产计划所需的设备、材料；

(3) 劳动力计划；

(4) 与有关单位相互配合的要求；

(5) 重点工程项目。

2.6.2　作业计划的作用

(1) 从时间和空间上具体落实各项生产任务，特别是落实到班组和个人；

(2) 细致地平衡生产中存在的人、物、生产条件及其配合关系；

(3) 是指挥日常生产的依据；

(4) 有利于矿山的均衡生产。

2.6.3　作业计划编制的原则

(1) 必须按质量地保证年、季、月计划的完成；

(2) 作为年度计划的一个环节，编制计划时要有全年的观点，有预见性，要重视下个作业计划期的准备工作；

(3) 充分发挥设备、设施的潜力，提高综合生产能力；

(4) 实事求是，综合平衡。

2.6.4 作业计划的编制

作业计划由厂矿及车间两级编制，车间编制的作业计划应当保证厂矿作业计划的实现。

2.6.4.1 作业计划编制的依据

（1）年度计划是编制作业计划的基本依据。

（2）设备检修计划是作业计划的组成部分。

（3）原材料及动力供应计划是编制作业计划的物质保证。

（4）前期计划的执行情况及其经验教训是作业计划编制的前车之鉴。

2.6.4.2 作业计划编制的方法及执行

为了保证作业计划的实施，厂矿级的作业及计划可以采取"两上两下"的方法进行。

（1）每月下旬初，由生产计划部门根据调查研究掌握的资料拟订作业计划草案，与各车间交换意见，然后形成具体计划。

（2）召开调度会议下达作业计划指标。

（3）车间根据厂矿下达的作业计划，编制车间的作业计划并落实到工段班组。

（4）在计划的编制和执行过程中，要认真听取计划执行者的意见，同时也要树立计划的权威性，使生产有计划可依，提高管理水平。

2.7 选矿厂生产计划的编制

2.7.1 选矿厂生产计划

2.7.1.1 选矿厂年度生产计划

选矿厂年度计划工作，包括计划的编制、执行和检查三个环节。编制计划是计划工作的开始，执行计划是计划管理中的最重要阶段；检查计划则是为执行计划提供可靠的保证，并为下年度的计划编制工作提供资料。因此，编制、执行和检查这三个环节，构成选矿厂计划工作不可分割的统一过程。

选矿厂年度计划的编制一般是和矿山编制采掘计划一起进行，并且是采掘计划的一个组成部分。

（1）成立编制计划专业小组。这个小组应包括选矿、机械、动力、财务、劳资等方面的专业人员，在生产副厂长或总工程师的直接领导下进行活动。

（2）搜集和了解同类型选矿厂的技术经济指标。

（3）做好调查研究，摸清选矿厂的生产能力、技术条件、劳动力、机电设备状况、材料、动力供应情况。

（4）收集整理编制计划所需的各种基础资料，如供矿采场、各采场矿石性质、供矿量、配矿情况、各种材料价格、上年度各种统计资料、主要技术经济指标完成情况、备品备件和物资储备情况。

（5）分析上年度或半年计划执行情况，总结经验，吸取教训，找出存在的问题和薄弱环节，拟定相应的技术组织措施等。

（6）在生产副厂长或总工程师的主持下，进行测算平衡，拟订生产计划。

2.7.1.2　选矿厂月度计划的编制

年度计划是由月度计划组成、并且通过月度计划的圆满完成来实现的。月度计划的编制、下达、执行和检查，是保证年度计划完成的重要前提。在编制月度计划时，必须包含以下几点：

（1）根据当月供矿计划、各采场供矿量和矿石性质，对照各采场的可选性试验结果，制定当月各种精矿的产量、品位、回收率和主要技术经济指标及材料消耗。

（2）在对上月技术经济活动分析的基础上，制定出完成生产任务的技术措施和组织保证。

（3）当月技术改造、技术革新、设备中修、大修和更新等项目的施工和原材料的供应。

（4）生产中薄弱环节的攻关及具体的解决措施。

2.7.2　选矿厂生产作业计划

选矿生产作业计划是生产计划的继续和具体化，是指导选矿厂内部各项生产活动的行动计划。它是根据选矿厂年度、季度生产计划的要求，以及生产发展的新情况（如上月生产任务的完成情况、计划月内生产任务的变动情况等），具体安排每个生产环节在计划月内的生产任务。要加强对作业计划的管理，对每个生产环节完成计划的情况，实行经常的监督、检查和控制。

2.7.2.1　生产作业计划的主要内容

（1）产量计划：包括月度内原矿处理量，各种精矿的产量、金属量等，安排出每月原矿处理量和各种选矿产品的金属量。

（2）质量计划：包括各种精矿品位，对金属平衡的要求，碎矿粒度合格率，最终磨矿细度，样品加工及化验分析合格率，各种精矿产品的水分等。

（3）备品备件加工制造计划：包括选矿厂机修加工件、公司或矿机修加工制造以及外部加工制造件等计划。

（4）设备检修计划：包括机电设备日常小修和月底中、小修计划。分别列出检修项目，检修所需的各种材料和工时，具体检修的日期安排等。

（5）各项物资供应平衡计划：包括计划月度内主要材料消耗量（如各类选矿药剂、钢球、钢棒，各种油料、燃料等），各种工具、仪器、仪表的需求量。同时还要列出上述各种物资上月末的库存量，以决定计划月度内进货量，并据此列出每旬的需要量及必需的进货量等。

（6）风、水、电的月需要量。

（7）运输计划：包括各种材料的进厂运输和精矿产品的出厂运输计划。并列出每旬、每天所需车辆计划。

（8）计划月度内的技措项目：包括项目的试验、设计、施工、投资及所需各种物资材料计划。

2.7.2.2 编制生产作业计划的依据

（1）满足市场对选矿产品品种、质量、数量及期限要求，这是每个选矿厂的最根本任务。用户就是需要，所以在编制选矿生产作业计划时，必须把选矿产品的品种、质量、数量、生产期限，即市场的需要放在第一位。

（2）年度、季度生产计划，是编制生产作业计划的基本依据，完成落实年度、季度生产计划，是生产作业计划的根本任务。

（3）设备的检修计划（包括设备检修次数、检修规模、检修起止期及检修进度表）是编制基本生产车间（如碎矿、磨选、精矿脱水、尾矿等车间）作业计划的依据。因此，不仅基本车间的生产作业计划要衔接配合，而且基本车间与维修（机修）车间的生产作业计划也要紧密配合。

（4）原料、材料、燃料、备品备件、动力及生产水的供应及厂内外的运输计划等，都必须围绕生产作业计划这个核心去搞好平衡。

（5）掌握与分析上期生产作业计划完成情况及有关的先进技术经济定额等资料。通过对前期完成的技术经济指标进行分析研究以及与国内外同类选矿厂技术经济指标对比，从中找出不足和努力方向，做到心中有数，及时总结出经验教训，明确薄弱环节所在，拟定出本期所必须采取的措施。

2.7.2.3 编制生产作业计划的原则

生产作业计划编制的原则主要有以下几点：

（1）对选矿产品的品种、质量、数量、时间期限等要求，必须是全面完成订货合同，这是编制生产作业计划的总原则。

（2）搞好综合平衡工作。编制选矿生产作业计划的过程，就是综合平衡的过程。这些平衡过程包括：各个生产环节之间的平衡；选矿处理量和主要材料、燃料供应之间的平衡；选矿生产和机电设备检修以及备品备件供应之间的平衡；选矿各环节的生产和能源之间的平衡；精矿销售和运输能力之间的平衡；各采场供矿数量、矿石性质的变化和选矿技术指标之间的平衡，等等。

（3）技术经济指标的安排既要先进，又要实事求是，留有余地。技术经济指标编制的高低，对选矿生产有较大影响。

（4）挖掘潜力，充分利用机电设备能力和有效作业时间，不断提高选矿厂的实物劳动生产率。在编制选矿作业计划时，要对机电设备的潜力和完好率有所了解，提高设备利用系数和有效运转率，获取最大的经济效益。

2.7.2.4 编制计划

编制计划就是为选矿生产过程中的各个环节，具体规定在较短时间内的生产任务、技术经济指标及其日历进度等，以保证各车间之间、工段之间、各个生产环节之间的生产任务，在时间上、数量上相互协调、平衡和衔接。

（1）作业计划是生产活动的依据和目标。选矿生产作业计划，为选矿厂各生产单位和主要生产环节规定了较短期月、旬（周、日）的生产任务。在空间上把这种具体任务落实到车间、工段、班组乃至个人；在时间上把年、季的计划任务落实到月、旬、日和班；在经济效益上把选矿产品的品种、精矿质量、数量、主要材料消耗量、能源控制耗量（包括风、水、电、燃料等）落实到工段和主要生产工序。例如，磨矿车间（工段）对磨矿分级作业要有明确的原矿处理量，磨矿浓、细度，最终分级溢流浓、细度，磨矿工序的电耗、钢耗的规定；对选别作业则要有选矿产品的品种、质量、各作业入选浓度，主要材料消耗（如选矿药剂等）等具体规定。只有这样才能使选矿厂内部各生产单位、各生产环节及相应的管理部门，都有明确的具体任务。

（2）选矿厂生产的综合生产能力是由主体生产部门同许多辅助生产部门共同形成的。一个选矿厂能否正常生产、达到预定目标，既要求外单位密切配合（如坑口、供销部门），又要求本厂各生产环节保持平衡。年度（或季度）生产计划，是粗线条的生产大纲、规定指标和总的要求，由于种种条件所限，各种平衡计算比较粗略；而生产作业计划则要求任务明确、指标具体、措施扎实，便于在生产活动中贯彻落实。这就要进行细致的综合平衡计算，预计可能出现的各种问题，并采取相应的措施，保证按计划规定的选矿产品品种、质量、数量完成。

对于多坑口、多采场供矿的选矿来说，生产作业计划的编制就更显得重要。因为供矿坑口、采场越多，矿石性质越复杂、变化也越大，这就要求在作业计划编制前，对各坑口、各采场在计划月度内的供矿数量、供矿日期、矿石性质有所了解，并按各采场小型可选性试验指标进行测算，列出月、旬应当完成的指标，然后进行计算和综合。

（3）作业计划能促进选矿厂有节奏地均衡生产。均衡生产对于提高选矿厂的经济效果，全面完成计划有重要的作用。均衡有节奏地进行生产，就可以合理地开动机电设备与使用人力、物力、财力，提高选矿效率，改善各项技术经济指标。反之，因供矿或备品备件影响，选矿生产不能均衡、连续，势必造成时紧时松。紧的时候会增加设备负荷，工人劳动过分紧张，这不仅影响设备使用寿命，影响工人的健康和安全，而且会破坏正常技术操作条件，降低选矿产品质量，浪费原材料，增加选矿作业成本；松的时候，又会因供矿不足，处理量低，使设备效率不能充分发挥，设备停、启次数频繁；不仅增加动力及材料消耗，提高作业成本，而且破坏了正常生产制度，会使工人劳动纪律松弛、精力涣散，往往机电设备和人身事故就是在这种情况下发生的。更为重要的是，选矿生产不正常，精矿产量时多时少，又会影响冶炼厂的正常生产。

（4）作业计划的合理编制，能提高综合经济效果。社会主义的现代化选矿厂，必须以尽可能少的人力、物力、财力，生产尽可能多的高质量选矿产品。因此，在编制选矿生产作业计划时，要充分考虑有关部门的情况，把供（指原矿和材料、备件）、产（选矿生产）、销（精矿销售）和机（机械设备部门）、动（动力供应）、运（运输都门）有机地结合起来。

（5）生产作业计划是不断组织选矿生产活动新平衡的重要手段。选矿厂在编制年度计划时，虽已做过多方面的综合平衡，但在计划执行过程中由于某些条件的改变（供矿量的变化等），需要及时根据新的情况，组织新的平衡。而生产作业计划，正是组织这种新平衡的重要手段。

2.8 矿山企业计划的检查和验收

2.8.1 计划检查的目的

矿山企业的计划编制是矿山企业的重要工作，但它仅仅是计划管理工作的开始，更重要和更大量的工作是积极组织计划的实施，只有实现计划，方能取得良好的经济效果。在计划的执行过程中，会有很多因素影响计划的圆满实施，这里有人为的因素，有客观的变化，有技术问题也有管理问题。计划检查的中心任务，就是及时发现这些矛盾，进行必要的调整，以保证计划的顺利实施。它的具体任务和目的是：

（1）通过计划完成情况的检查，可以及时发现影响计划完成的因素，以便对症下药，解决问题，使计划的执行走上正轨。

（2）通过计划的检查和验收，可以及时总结计划完成的经验，在此基础上找出与国内外先进水平的差距，使管理工作更上一层楼。

（3）对计划执行情况检查和验收的同时，也是对国家政策和技术政策贯彻执行情况的检查；必须吸取计划执行过程中的经验和教训，实事求是，脚踏实地，积累丰富的经验和教训，提高管理水平，获得更大的经济和社会效益。

2.8.2 计划完成情况的数量分析方法

2.8.2.1 指标对比法

指标对比的方法是计划检查的第一步，通过指数、绝对数量和相对数量的对比，可给进一步分析指明方向，指标对比法有以下三种。

A 差额法

实际完成指标减去计划完成指标等于差额，以实际完成量与计划量之差来表示盈亏，"+"值表示超额完成计划，"-"值表示未完成计划的亏欠数。

B 相对值法

以计划量为基础，用实际完成量与计划数量比值的百分数来表示完成的情况。

$$计划完成百分数 = \frac{实际完成指标}{计划指标} \times 100\%$$

C 指数法

指数法反映不同时期指标变化的动态，具体反映计划与实际完成指标的相对比例关系。

规定某一量值（如某月的量或有特定意义的量）为100，比较其他量与此量的关系（百分比）。

指标对比法的实例见表2-2。

2.8.2.2 图示法

图示法是将各种指标的计划数与实际数绘成一定的图形，以反映计划完成情况。图示法可以形象地看出计划完成情况及其均衡程度。图示法根据作图方法有直方图和曲线图，横坐标表示时间，纵坐标分别表示计划量和实际量。

表 2-2 指标对比法实例

项　　目	一　季	二　季	三　季	四　季	全　年
采矿计划/万吨	24.5	25.5	25	25	100
实际完成	23	26	25.5	26.5	101
差额法	−1.5	+0.5	+0.5	+1.5	+1
相对值法/%	93.9	102	102	106	101
指数法	100	113	110.9	115.2	
累计计划/万吨	24.5	50	75	100	
累计完成	23	49	74.5	101	
差额法	−1.5	−1	−0.5	+1	
相对值法/%	93.9	98	99.3	101	
指数法					

2.8.2.3 因素分析法

因素分析是从不同角度分析各种因素的影响，找出影响因素和影响结果。

不同的指标有不同的影响因素。如影响回采产量的因素有同时工作的凿岩机台数、凿岩机效率、昼夜凿岩机工作班数等。影响巷道掘进的因素有掘进工作面循环进度、昼夜循环次数和工作日数等。

A　工作日分析

检查工作日是否按计划实现。表 2-2 中第一季度产量未完成，经检查，是因工作日（工日数）减少所致，具体情况见表 2-3。

表 2-3 一季度工作日情况

	计　划	实　际	比　较
工作日数	74	58	−18
产　量	24.5	23	−1.5

工作日减少了 18 天，产量应减少 q_1：

$$q_1 = 18 \div 74 \times 245000 = 59595 t$$

但实际上产量只减少了 15000t，说明尚有其他影响因素。

B　效率分析

计划日效与实际日效比较见表 2-4。

表 2-4 计划日效与实际日效

	计　划	实　际	比　较
日效/吨·日⁻¹	3310.8	4107.1	+796.3

由于效率提高，增产量为 q_2：

$$q_2 = 56 \times 796.3 = 44595 t$$

两项合计 $q_2-q_1=44595-59595=-15000t$

C 因素剖析

进一步对影响生产的各种因素寻根求源。仍以上例进行剖析，看一看工作日减少了 18 天，都是那些因素造成的，见表 2-5。

表 2-5 影响因素

因　素	影响时间/天	减少产量/t	占比/%
钻孔拖期	10	33108.1	55.6
爆破事故	2	6621.6	11.2
停　电	3	9932.4	16.6
设备事故	3	9932.4	16.6

对上述四种因素还可以进一步分析，必然可以找出影响计划完成的主要原因及薄弱环节。

此外，由于效率的提高增产了 44595t，同样应分析其原因，总结经验同样重要。通过原始记录分析：

（1）工时利用提高 20%，这项提高产量为

$$56\div74\times245000\times0.2=37081t$$

（2）爆破效果好，大块率减少，二次爆破减少 18 次，相当增加了 2.27 个工作日，增产 7514t。

同理，仍可进一步进行分析。

2.8.3 实际完成工程的部位检查

在矿山企业中，由于其自身的客观规律要求，时空关系很严格。因此，在计划检查中，除进行数量检查外，还必须对完成工程的位置进行检查。一旦发现问题，必须立即纠正，否则将给生产带来严重后果。其检查的方法有以下几种。

2.8.3.1 指标对比法

把重点工程以采场为单元列出表格，逐项检查计划执行情况（见表 2-6）。

表 2-6 一季度工程部位完成情况表

采　场	工　序	单　位	计　划	实　际	差　额	占比/%
5 号	掘进	m	1000	875	−125	87.5
	中孔	m				
	回采	t				
6 号	掘进	m	500	500	0	100
	中孔	m	5000	5500	+500	110
	回采	t				
7 号	掘进	m				
	中孔	m	2500	2500	0	100
	回采	t	20000	17500	−2500	87.5

2.8.3.2　形象对比法

将各工序的各部位实际进度图与计划图相比较。一般是将着色的计划进度图（绘于明聚酯薄膜上）覆于实际进度图上，可一目了然地发现二者的差异；对图上差异处仔细分析研究。

2.8.3.3　计划部位执行情况分析

计划在部位上的执行情况，可通过以下指标进行分析。设 A 为年度计划量；B 为实际完成量；C 为包括在 B 中的年度计划之内，而在检查期间计划之外的量；D 为废品量（或是质量不合格或是部位在计划之外）。

（1）计划部位重合率：

$$重合率 = \frac{B - D - C}{A} \times 100\%$$

（2）计划部位紊序率：

$$紊序率 = \frac{C}{B - D} \times 100\%$$

（3）废品率：

$$废品率 = \frac{D}{B} \times 100\%$$

2.8.3.4　采收因数

它是衡量出矿中资源回收情况的指标。有时虽然在形象上（图纸部位上）采矿进度线与计划相仿，但出矿量却大为减少，这种情况说明回采率降低，它对矿山企业的经济效益有很大影响。

$$采收因数 = \frac{块段实际出矿量 \times 出矿品位}{块段计划出矿量 \times 计划品位} \times 100\%$$

采收因数如果小于 100，要分析原因，立即纠正。

复习思考题

2-1　矿山企业管理的主要手段是什么，计划在矿山企业管理中的地位如何？

2-2　矿山企业计划的主要内容是什么？

2-3　矿山年产量由哪几部分构成？如何确定？

2-4　露天矿采剥计划如何制订？

2-5　地下矿采掘计划如何制订？

2-6　矿山企业技术经济指标包含哪些方面？

2-7　试分别阐述矿山企业计划表、图纸、文字说明的内容。

2-8　矿山企业管理的指标体系由哪些指标构成，各个指标是如何确定的？

2-9　计划管理的基础工作包括哪些内容？

2-10 生产经营计划与生产技术财务计划有何不同？

2-11 什么是滚动计划，它有哪些特点？

2-12 矿山企业编制年度计划应做哪些方面的平衡工作？

2-13 何谓生产能力，生产能力与设计能力有何区别？

2-14 编制年度计划的基本步骤有哪些？

2-15 什么是因素分析法，如何应用？

3 矿山企业的日常生产管理

3.1 生产过程组织

3.1.1 生产过程组织概述

3.1.1.1 生产过程的概念

生产过程是工业企业最基本的活动过程。任何产品的生产，都必须经过一定的生产过程。企业的生产过程包括劳动过程和自然过程。劳动过程是劳动者利用劳动手段（设备和工具），按照一定的方法、步骤，直接或间接地作用于劳动对象，使之成为产品的全部过程。自然过程是借助于自然力，改变加工对象的物理和化学性能的过程，如铸件的自然时效、化工产品的化合作用等。

企业的生产过程有广义及狭义之分。广义的生产过程是指从生产技术准备开始，直到把产品制造出来，检验合格入库为止的全部过程。狭义的生产过程是指从原材料投入生产开始直到产品检验合格入库为止的全部过程。

3.1.1.2 生产过程的构成

对于工业企业，根据承担的任务不同，企业的生产过程可划分为生产技术准备过程、基本生产过程、辅助生产过程、生产服务过程和附属生产过程。

（1）生产技术准备过程。指投产前所做的各项生产技术准备工作过程。如产品设计、工艺设计、工艺准备、材料与工时定额的制定、新产品试制等过程。

（2）基本生产过程。指与企业的基本产品实体构成直接相关的生产过程。所生产的产品以市场销售为目的。

（3）辅助生产过程。指为保证基本生产过程的实现，不直接构成基本产品实体的生产过程。例如，企业不以销售为目的，仅为本企业的需要而进行的动力生产与供应、工具制造、设备修理等。

（4）生产服务过程。指为基本生产和辅助生产的顺利进行而从事的服务性活动，如原材料、半成品、工具等的供应、运输、库存管理等。

（5）附属生产过程。指利用企业生产主导产品的边角余料、其他资源生产市场需要的不属于企业专业方向的产品的生产过程。如飞机制造厂利用边角余料生产铝制日用品的过程。

生产过程的各组成部分既相互区别又密切联系。其中基本生产过程是主要的组成部分，生产技术准备是必要前提，辅助生产过程和生产服务过程都是围绕基本生产过程进行并为基本生产过程服务的。附属生产过程与基本生产过程是相对的，根据市场需要，企业的附属生产产品也可能转化为企业的主导产品。

3.1.1.3 影响生产过程构成的因素

不同的企业有着不同的生产过程。生产过程的构成取决于下列因素：

（1）产品的特点。产品的特点是指产品品种、结构的复杂程度、精度等级、工艺要求以及原材料种类等。

（2）生产规模。在产品专业方向相同的条件下，生产规模越大，生产过程的构成越齐全，相互分工也越细。

（3）专业化协作水平。社会专业化协作水平越高，企业内部生产过程就越趋于简化，而经济效果也越高。

（4）生产技术和工艺水平。企业产品相同，但技术条件和工艺水平不同，生产过程的构成也有很大差别。随着科学技术的发展，生产过程的构成也将会发生深刻的变化。

3.1.1.4 合理组织生产过程的基本要求

合理组织生产过程的目的，是使产品在生产过程中行程最短、时间最省、耗费最少、效益最好。为此，组织生产过程必须满足以下要求：

（1）生产过程的连续性。生产过程的连续性是指物料处于不停的运动之中，且流程尽可能短，它包括时间上的连续性和空间上的连续性。时间上的连续性是指物料在生产过程的各个环节的运动，自始至终处于连续状态，没有或很少有不必要的停顿与等待现象。空间上的连续性是指生产过程各个环节在空间布置上合理紧凑，使物料的流程尽可能短，没有迂回往返现象。

保持生产过程的连续性，可以缩短产品的生产周期，加速流动资金的周转，提高资金利用率。

（2）生产过程的比例性。生产过程的比例性是指生产过程的各组成部分和各生产要素之间，根据产品的要求，在生产能力上保持一定的比例关系。它是生产顺利进行的重要条件。

（3）生产过程的平行性。生产过程的平行性是指物料在生产过程中实行平行交叉作业。平行作业是指相同的零件同时在数台相同的机床上加工；交叉作业是指一批零件在上道工序还未加工完时，将已完成的部分零件转到下道工序加工，这样可以大大缩短产品的生产周期。

（4）生产过程的均衡性（节奏性）。生产过程的均衡性是指产品在加工过程中从投料到最后完工，在相等的时间间隔内，生产产品产量大致相等或递增。各工作地常保持均匀的负荷，不发生时松时紧、前松后紧的现象，保证均衡地完成生产任务。

（5）生产过程的适应性。生产过程的适应性是指企业能根据市场需求的变化，灵活进行多品种小批量生产的适应能力。用户需要什么样的产品，企业就生产什么样产品；需要多少就生产多少，何时需要就何时提供。

以上五项要求是相互联系、相互制约的。生产过程的比例性是实现连续性、平行性的重要条件，是保证均衡性的前提，均衡性、连续性、平行性又相互影响、相互作用，适应性是市场经济对生产过程提出的要求，不与市场需要挂钩，追求连续性、平行性与均衡性是毫无意义的。

3.1.2　生产过程的空间组织

3.1.2.1　企业生产单位的组织

生产过程的空间组织，主要是研究企业内部怎样划分和设置生产单位的问题。企业生产单位的组成是与企业生产过程相适应的。一般来说，企业为实现生产过程，应在企业内部设置下列有关生产单位和部门：

（1）生产技术准备部门。它是为基本生产和辅助生产提供产品设计、工艺设计、工艺装备设计、非标准设备设计等技术文件，并负责新产品试制工作的生产单位，包括研究所、设计科、工艺科、工具科、试制车间等。

（2）基本生产部门。它是直接从事企业基本产品生产，实现企业基本生产过程的生产单位。对于机械制造企业来说，一般包括准备车间、加工车间、装配车间。

（3）辅助生产部门。它是实现辅助生产过程，为基本生产提供产品与劳务的生产单位，包括各种辅助生产车间（如工具车间、模型车间、机修车间、电修车间等）和动力部门（热电站、压缩空气站、煤气站、氧气站、锅炉房、变电所等）。

（4）生产服务部门。是为基本生产和辅助生产服务的单位，包括运输部门（机车队、汽车队、装卸队等）及仓库（材料库、工具库、成品库、半成品库等）。

除设置以上四方面生产单位和部门外，有的企业还设置附属与副业生产部门。附属生产部门是为基本生产或辅助生产部门提供辅助材料的生产部门，副业生产部门是利用企业的废料、边角余料作为原材料制造产品的生产部门。

企业生产单位的组成是否合理，对企业管理工作的水平和企业生产经营活动的成果有很大影响。企业的产品方向、生产专业化协作程度、企业的生产规模以及产品结构与工艺特点，直接影响企业生产单位的组成模式。

3.1.2.2　企业生产单位组成的专业化形式

企业生产单位组成的专业化形式，涉及企业内部各车间的分工与协作关系，是生产过程空间合理组织的一个重要问题。生产单位的组成有两种专业化形式：工艺专业化形式和对象专业化形式。

A　工艺专业化形式

工艺专业化形式就是按照生产过程各个阶段的工艺特征来建立的生产单位。在工艺专业化形式的生产单位里，集中了同类机械设备和同工种的工人，对多种产品或零件进行相同工艺方法的加工，如车工车间、铸造车间，或者在机械加工车间内设置车工工段、铣工工段、磨工工段等。

工艺专业化形式的主要优点是：

（1）对产品品种变化的适应能力强；

（2）生产系统的可行性高；

（3）工艺及设备管理较方便。

工艺专业化形式的主要缺点是：

（1）产品在加工过程中运输路线长，运输劳动量大；

（2）协作关系复杂，协调任务重；

（3）在产品量大时，生产周期长。

B 对象专业化形式

对象专业化形式是把加工对象全部或大部分工艺过程集中在一个生产单位中，组成以产品、部件、零件（零件组）为对象的专业化生产单位。在对象专业化的生产单位中，集中了为制造某种产品（零部件）所需的设备、工艺装备和工人，对相同的产品进行不同的工艺加工。其工艺过程基本上是封闭的，即每个生产单位完成其负责的全部工艺过程。例如连杆车间、齿轮车间，曲轴车间等。

对象专业化形式的主要优点是：

（1）可减少运送次数，缩短运输路线，节约运力；

（2）协作关系简单，简化了生产管理；

（3）可采用专用高效设备和工艺装备；

（4）在产品少时，生产周期短。

对象专业化形式的主要缺点是：

（1）对品种变化适应性差；

（2）工人之间的技术交流比较困难；

（3）工艺及设备管理较复杂。

在实际生产过程的组织中，纯粹按工艺专业化形式或按对象专业化形式布置的较少，通常是同时采用两种专业化形式进行生产单位的布置：即在对象专业化形式的基础上采用工艺专业化形式，如锅炉厂的铸造车间、锻造车间；在工艺专业化形式的基础上采用对象专业化形式，如铸造车间的箱体造型工段、床身造型工段，以取二者的优点。

3.1.2.3 车间内部生产单位的组成

车间内部的生产单位指的是工段、小组。工段（小组）分为生产工段（小组）和辅助工段（小组）。生产工段完成车间产品的生产过程，一般按零件、部件或工种设置；辅助工段完成车间的辅助生产过程，一般按辅助生产种类设置。

生产工段的组织形式同样有两种，即工艺专业化工段和对象专业化工段。工艺专业化工段完成一定的工种作业，如机械加工车间有车工工段、铣工工段、磨工工段等。工艺专业化工段根据专业化程度的不同，可以分为单一工艺工段、同类工艺工段和相近工艺工段。对象专业化工段完成加工对象的全部或大部分工序作业，加工对象分为毛坯、零件（零件组）、部件和成品。

生产小组的设置，除考虑生产过程组织的要求，分别按工艺专业化原则和对象专业化原则建立外，还应考虑技术力量的配备和工人参与小组管理的需要，工人人数和设备数要适当。小组的划分还应考虑工作地和设备的特点、工序的衔接以及便于生产管理。

3.1.3 生产过程的时间组织

生产过程的时间组织是指在加工过程中，对加工对象从时间方面进行合理组织，保持生产过程连续性，以求缩短产品的生产周期，提高设备利用率和劳动生产率。

　　产品的生产周期是指从原材料投入生产开始，至制成成品验收入库为止所需要的全部时间。它也可以指完成某一工艺阶段的生产周期。

　　缩短产品生产周期的途径，首先要合理确定劳动对象在生产过程中的移动方式。零件的移动方式同一次生产的零件数量有关，当一次生产的零件只有一件时，零件只能顺次地经过各工序，不能同时在不同工序上进行加工。缩短零件生产周期，只能在缩短工序时间和工序间的停留时间方面挖掘潜力。当生产的零件数在两个或两个以上，即按一定的批量进行加工时，零件在工序间就有不同的移动方式。零件的移动方式有三种，即顺序移动、平行移动和平行顺序移动。

3.1.3.1　顺序移动方式

　　顺序移动方式的特点是，一批零件在前道工序全部加工完毕后才整批地转移到后道工序继续加工。

　　在顺序移动方式下，加工周期同零件批量和工序时间成正比。因此，这种移动方式多在批量不大和工序时间很短的情况下采用。

3.1.3.2　平行移动方式

　　平行移动方式的特点是，每个零件在前道工序加工完之后，立即转移到后道工序去继续加工，形成各个零件在各道工序上平行地进行加工。

　　在平行移动方式下，一批零件的加工周期最短。但在相邻工序中，当后道工序单件时间较短时会出现设备停歇现象。唯有当各工序加工时间相当时，设备方可连续进行生产。

3.1.3.3　平行顺序移动方式

　　平行顺序移动方式的特点是，它既保持一批零件顺序加工，又尽可能使相邻工序加工时间平行进行。

　　在平行顺序移动方式下，因长短工序的次序不同有两种安排方法：

　　第一，当前道工序的加工时间小于或等于后道工序的加工时间时，前道工序加工完的每一个零件应立即转入后道工序去加工，即按平行移动方式逐件转移。

　　第二，当前道工序的单件加工时间大于后道工序时，后道工序（较短工序）开始加工时间的确定，是在前道工序（较长工序）一批零件加工完毕后才开始后道工序一批零件中最后一个零件的加工。依此反推，可求得该工序的开工时间。

　　平行顺序移动方式下的加工周期，可用顺序移动方式的加工周期减去重合加工时间。

　　选择产品（零件）移动方式时，应结合企业的生产条件，考虑产品（零件）的批量大小，零件的重量，零件加工工序的时间长短，车间、工段、小组的专业化形式等因素。

　　通常，批量小、工序时间短、零件重量比较轻时，宜采用顺序移动方式；批量大、工序时间长、零件比较重时，宜采用平行移动或平行顺序移动方式。工艺专业化的车间、工段、小组，宜采用顺序移动方式；对象专业化的车间、工段、小组，则宜采用平行移动方式或平行顺序移动方式。总之，要根据企业生产的特点，加以综合分析比较后，再选择合理的移动方式。

3.2 矿山企业生产过程管理

3.2.1 矿山企业的生产过程

3.2.1.1 矿山企业生产过程及其组成

矿山企业的生产过程，是指人们开采地下资源的全部生产活动。

人的劳动是所有生产过程的基础，所以生产过程的基本内容，是人们的劳动过程。即劳动者利用劳动工具，按照一定的工艺方法，直接或间接地作用于劳动对象，使之成为具有使用价值的产品的过程。

矿山企业生产过程包括基本生产过程、辅助生产过程和服务性生产过程。直接从事有用矿物的生产过程，称为基本生产过程；为保证基本生产过程正常进行而从事的有关生产过程称为辅助生产过程；为基本生产和辅助生产过程服务的各种生产服务活动过程称为生产服务过程。

按照生产工艺特点，生产过程可划分为若干生产环节。例如地下矿山基本生产过程可划分为生产准备、矿床开拓、回采工作、井下运输及提升；辅助性和服务性生产过程可划分为井下通风与排水、动力、工业用水、材料的供应、机电设备和井巷及工业构筑物维修等；对于露天矿山基本生产过程可划分为穿爆、采装、运输、排土等。辅助及服务性环节有设备维护、线路移设及维护、动力供应、疏干及排水、材料供应等。但不论是基本生产环节，还是辅助服务性生产环节，对保证露天矿生产过程顺利地实现都是必不可少的。

矿山企业生产过程的各个生产环节，是由许多工作程序组成的。可分为基本工序，即为获得各生产环节的主要产品或为完成主要任务而进行的生产活动；辅助工序，即为保证各基本工序正常进行而进行的一些必要的辅助性生产活动、服务性工序，即指一些服务性生产活动。生产工序的组成，是由生产任务、生产与技术条件等决定的。当条件不同时，工序组成也不同。

3.2.1.2 合理组织矿山生产过程的要求

合理组织生产过程是指生产从空间上和时间上，使产品以最短的路线、最快的速度通过各个阶段或环节，使企业的人、财、物得到充分地利用，以达到经济效益最高。合理组织生产过程的基本要求如下：

（1）连续性。对地下开采的矿山来说，生产过程的连续性是指开拓、采准、回采、运输、提升等环节和工序的工作是连续进行的。对露天开采的矿山来说，是指穿爆、采装、运输、排土等环节和工序的工作是连续进行的。对于选矿厂而言是指破碎、磨矿、选矿、脱水生产过程的连续，可使人、财、物及设备等得到充分的利用，有利于提高产量、效率和降低成本。为此，要采取各种有效措施及先进的组织方式保证不断提高矿山企业生产过程的连续性程度。

（2）比例性。生产过程的比例性，是指产品生产过程中的各阶段、各环节、各工序的生产能力必须保持一定的比例关系，协调适应。对矿山企业来说，是采剥、采掘比例适当或开拓与采矿比例适当，穿爆、采掘、运输、排土、掘进、通风、排水等环节生产能力相适应，才能保证矿山生产有效持续进行。所以，做好综合平衡，保证生产过程的比例性是很重要的。

在矿山生产过程中，由于各种具体的自然条件、技术条件及组织条件的变化，造成比例关系失调。因此，必须加强管理，严格执行采剥（掘）方针，以逐步调整各种比例关系。

（3）均衡性。生产过程的均衡性，是指各生产环节都要按计划的要求完成相等或递增数量的工作量。使各生产环节的负荷相对稳定，避免时松时紧的现象，保证各个时期都能完成计划任务。

均衡生产能够充分利用人、财、物和时间，避免"突击"，有利于合理利用国家资源，有利于安全生产，有利于机械设备正常运转，有利于提高矿山企业经济效益。

（4）平行性。生产过程的平行性是指生产过程各阶段、各工序之间平行有次序地进行工作。生产过程的连续性要求，凡是能进行平行作业的各环节，必须组织平行作业，否则就难以达到连续，将会造成人、财，物和工时的浪费。

为实现生产过程的平行性，在矿山设计时应做到合理地布置各生产环节的运输路线，使基本生产环节之间、基本生产与辅助生产环节之间，能够在不同空间同时平行进行。在现有条件下，应注意改革生产组织，以保证生产过程的平行性。

生产过程的连续性、比例性、均衡性、平行性是合理组织生产过程的基本要求。这些要求是相辅相成的，生产过程的比例性与平行性是实现连续性的前提条件，而连续性、比例性、平行性又是实现均衡性的保证。它们的出发点，就是要保证能获得良好的经济效益。因此经济效果是衡量生产组织工作水平的重要标志。

3.2.2　矿山企业生产过程的组织

3.2.2.1　生产过程组织的实质与任务

生产过程组织，是指在生产过程中正确组织人们的劳动，不断处理生产过程中人与人、人与物、物与物的各种关系，使各个生产环节有机联合起来，密切配合与协作，使生产过程正常进行，用最少的消耗取得最大的经济效果而进行的各项计划、组织、控制工作。

生产过程组织工作的实质是对物质生产运动过程的管理。必须强调指出如下两点：其一，必须坚持实事求是的原则和调查研究的作风；其二，生产过程组织，是不断发展、不断前进的运动过程，只有不断创新，才有生命力。墨守成规、维持现状、不求上进的管理，是不会取得最佳经济效果的。

矿山企业的生产活动，是不断地采出矿石并进一步加工成精矿粉的物资流动过程，是资金不断周转的资金运动过程，是生产设备不断折旧、改造、更新的过程，以及劳动者的技术水平不断提高，人员不断更新的过程，由运动着的环节所组成。

生产过程组织最重要的任务，是通过计划、组织、控制和调整等办法推动生产运动的发展，达到节约时间的目的。

3.2.2.2　矿山企业生产过程的空间组织

矿山企业的生产过程，是在一定的空间内，通过许多相互联系的生产环节实现的。为实现生产过程所担负的任务，各个生产环节之间，在客观条件允许的情况下，在空间布局上应形成一个紧密联系的有机整体。如对露天矿来说，从剥离、运输、排土、采矿、选矿、尾矿处理、精矿外运到附属部门（供变电、排水、机修、火药加工及储存等）在空间布置上应形成一个有机的整体。

生产过程空间组织的问题，就是在企业的生产活动场地中，所占有的空间位置及其连接方式的问题。其主要内容有企业的生产结构和组成及总平面布置图等。由于企业的一切生产、技术工艺、组织管理工作等，都是在一定空间中进行的，所以空间组织对企业的经营管理具有长远的战略性影响。

一般企业可以划分成如下几个部门：基本生产部门、辅助生产部门、生产服务部门和副业生产部门等。

基本生产部门是直接从事主要产品生产，完成企业基本生产过程的单位。如采矿、运输、选矿等部门。

辅助生产部门是实现辅助生产过程，为基本生产提供辅助产品，保证其正常生产所需要的辅助材料和动力的部门，主要包括两部分：一是辅助材料生产，如火药的加工、机修、电修等；二是动力生产，如热电站、压缩空气、供排水等。

生产服务部门是为基本生产和辅助生产服务的单位，一般包括物资供应部门、计量部门、检测部门、试验部门等。

副业生产部门是为了搞好综合利用和环境保护而建立的单位。

企业的结构一般来说是由这些部门组成，但根据企业生产条件的差异、生产规模的大小、产品结构的特点、生产工艺的类型、技术条件的不同等，各企业的组成是不同的。如有的矿山是采选联合，最后产品为精矿粉；有的矿山采选分开，矿山的最后产品为矿石。合理地进行空间组织，应缩短运输线路，减少占地面积和节约投资，特别是露天开采的排土场最好不占农田或少占农田及果林，但也应充分考虑矿山发展的远景，尽量避免排土场压矿造成二次排土。生产能力的合理配置，可加速生产过程，为企业带来更大的经济效益。

总平面布置图是企业施工建设的依据，也是投产后生产管理工作的依据，对生产过程时间的缩短及企业的长远发展都有重要的影响。

总平面布置图是设计工作的一项重要内容，它必须满足下列几点基本要求：

（1）要从有利于生产工艺要求出发。厂房建筑和其他一切构筑物应按生产流程顺序布置，尽量避免管线的交叉、往返和迂回的运输。

（2）各车间的位置及其所占用的场地都以满足生产工艺要求为前提，在位置上一方面要保证生产流程的要求，另外要使运输距离最短。其管网包括水、电、通信等。

（3）工业场地各构筑物布置必须紧凑，提高建筑系数，以便少占农田。

（4）必须正视企业生产造成的污染问题。对于矿山企业特别应正视选矿厂废水的排放、尾矿的处理。废气的处理要考虑风向的影响。

一般来说，企业平面布置系统有以下三种基本形式：

（1）顺序布置（又称为串联布置）。是将企业的基本生产车间，按工艺过程的顺序纵向布置。

（2）平行布置（又称为横向布置）。是将企业的基本生产部门按平行方式横向布置。

（3）平行顺序布置（混合布置）。即具有顺序布置和平行布置特点的布置方法。

3.2.2.3 生产单位的组织形式

矿山企业内部生产单位——车间、工段、班组的设置通常有两种基本形式：

（1）工艺专业化形式。也叫工艺原则，它是按各个生产阶段的工艺性质特点来设置生产单位的一种形式。如露天矿山设置穿孔车间（或工段）集中全矿的各种类型的穿孔设备，担负全矿的穿孔工作任务。采装车间（电铲车间）集中全矿的各种型号的大小电铲进行矿石或岩石的装车任务。

在工艺专业化生产的单位里集中了同类型的工艺设备。它的优点是便于车间组织生产、充分利用设备、提高设备利用率；个别设备出了故障对整个生产影响较小；有利于设备的维护与保养以及小修。缺点是生产单位之间的协作关系增加，管理上较复杂，这就要求各车间通力协作，共同完成生产任务。

（2）对象专业化形式。也叫产品专业化或对象原则，它是按照产品的不同来设置生产单位的一种形式。如露天矿山可设置剥离车间和采矿车间。在车间内部集中不同类型的设备，如钻机、电铲、汽车等负责穿孔、爆破、装车及运输等工作任务，都划归一个车间来管理和组织生产。这种组织形式优缺点正好与工艺专业化形式相反。

上述两种设置生产单位的组织形式，究竟采用何种形式，一定要根据客观条件加以确定。通常在一个企业里，这两种形式是结合在一起应用的，叫做综合原则。即有些车间按对象专业化形式建立，另一些车间按工艺专业化形式建立。在一个车间内部，也可能有些工段和班组是对象专业化形式，而另一些工段和班组则是工艺专业化形式。总之，究竟按哪一种形式来建立生产单位要从实际出发，全面分析和比较之后，采用不同的组织形式，以便取得最佳的经济效果。

3.2.2.4 矿山企业的工作制度

矿山企业的工作制度，就是矿山企业的生产在时间方面的安排。我们知道，每个企业都有一定的职工、设备、材料和资金。但是，这些物质条件如何在时间上充分加以利用，发挥它们的作用，往往决定着一个企业的生产能力和它的生产经济效果。因此，对于矿山企业来说，研究和选择一个合理的工作制度是很重要的。

什么是合理的工作制度呢？衡量一个企业的工作制度是否合理，必须从最好的经济效益出发。因此，合理的工作制度必须同时兼顾两个方面，一是企业在全年的工时利用最多，另一方面是要有足够的生产准备时间。

矿山企业的工作制度可分年工作制度和日工作制度。

（1）年工作制度。年度工作制度是指矿山企业在全年内生产天数的安排。它分为连续工作制和间断工作制两种。

连续工作制是企业在全年内除法定假日和全矿停产检修日之外，其余天数都进行生产。这种工作制度全年生产 330~340 天。即全年日历天数 365 天扣除法定假日 11 天和每月 1~2 天的全矿检修日。

间断工作制就是企业在全年内，除了 11 天法定假日之外，双休日也不生产。

（2）日工作制度。是指矿山企业每昼夜生产班数的安排。在我国目前实行八小时工作制的条件下，矿山企业昼夜工作制度有一班、二班、三班工作制。

两种年工作制度和三种昼夜工作制度可结合组成六种不同的工作制度方案。即连续一、二、三班采矿制和间断一、二、三班采矿制。

分析上述六种方案可知，间断一班采矿制工时利用最少。矿山企业的机器设备、井巷硐室利用率低。除个别小型矿山采用外，大、中型矿山均不采用。

连续三班采矿制用于生产的时间最多。在我国目前生产条件下，往往由于没有足够的时间检修维护全矿的主要机械设备而造成计划外的停产，使全年的工时不能充分被利用。实践表明，采用这种工作制度，不但不能增加产量，而且会使劳动生产率降低、矿石成本增高，尤其是机械化水平高的矿山企业更是如此。可见，连续三班制并不一定合理。

在我国目前技术条件下，一般多采用两班连续采矿工作制，它不但一年中有一定的停产检修日，可进行大规模的检修工作，而且每天还有一定的维护检修时间，这使机械设备正常运转有较可靠的保证。

应当指出，一个矿山企业的工作制度，主要是由生产一线来确定的。而矿山企业内部其他的部门和环节都是同样的工作制度。如露天矿坑内的排水工作及井下的泵房、选矿厂，不论矿山企业采用何种工作制度，它们往往都采用连续三班工作制。而机修厂则实行连续或间断一班或两班工作制。

3.2.2.5 生产调度工作

生产调度工作，就是组织执行生产作业计划的工作。矿山企业的生产作业计划，虽然对日常生产活动作了比较具体的安排，但是，它不可能完全正确地反映客观实际，也不可能完全预见到生产发展中的一切变化。因此，在执行生产作业计划过程中必然会出现一些新的矛盾和不平衡现象。生产调度工作就是要及时地解决这些矛盾和不平衡问题，使生产过程中各个环节能够彼此协调进行生产。所以调度工作是矿山企业组织日常生产不可缺少的主要工具，是完成生产作业计划的重要手段。

A 生产调度工作的任务和原则

生产调度工作是生产指挥系统中的核心。它的基本任务就是在日常生产活动中，根据生产作业计划，经常检查计划的执行情况，及时发现生产中出现的问题，并积极采取措施，从而保证生产均衡进行，保证完成和超额完成生产任务。

调度工作的原则如下：

（1）计划性。必须以计划为依据，以计划指导生产，确保生产作业计划的实现。

（2）预见性。必须预察生产过程中的矛盾，取得生产调度的主动权，要善于发现隐患，以预防为主。既抓当前生产，又抓下阶段的准备。

（3）统一性。要建立一个强有力的统一的生产调度指挥系统。一切生产单位必须服从指挥，遵守调度纪律，执行调度命令。调度部门必须有权威，领导应从各方面维护调度职权，一切有关生产作业计划的指示和决定，应通过调度系统下达；一切有关计划执行情况的汇报，也应通过调度系统上报。

（4）及时性。发现问题要及时，处理问题要果断，敢于负责，现场能解决的不要拖到事后去处理。

（5）灵活性。为了及时、迅速、有效地解决生产中出现的问题，在不违背原则的情况下调度工作要有一定的灵活性，这样才能因地制宜，机动灵活地解决日常生产活动中出现的问题。

（6）基层性。调度工作涉及每一位职工的日常生产活动，不应单纯依靠行政职权采取行政命令，必须深入基层，现场调查，掌握第一手材料，一切调度命令、指示或决议都要从基层中来，经过集中，再回到基层中去。

（7）科学性。调度工作人员必须防止脱离实际，脱离基层，应树立实事求是，按客观规律办事的作风。

B　生产调度工作制度

矿山生产部门一般均设两级调度，调度机构在同级单位生产负责人领导下，负责组织本单位生产调度工作。其工作制度主要有：

（1）值班制度。矿山生产是连续生产的单位，生产调度是对生产的全过程进行调度，所以必须建立昼夜值班制度，做到二十四小时指挥不断。

（2）报告制度。调度人员应定期或经常用书面或口头向上级调度部门和企业领导人汇报生产、设备运行、事故及其他意外情况。

（3）调度会议制度。根据各单位具体情况，可采用不同形式的调度会议。一般有每天早晨的生产碰头会，解决当日生产问题；每周召开一次生产调度会，检查上周计划执行情况，布置本周工作。此外应经常召开现场调度会或日常碰头会等，及时解决生产中的关键性的急需解决的问题。

（4）交接班制度。调度人员的工作是轮班作业，为了掌握生产的全过程，必须建立严格的交接班制度。

C　调度工作的指示图表

利用一定的指示图表组织指挥日常生产，是调度工作常用的方法之一。调度图表一般有下列几种：

（1）全矿的总平面和生产系统图。

（2）生产作业计划进度表。

（3）全矿区运输线路（包括铁路与公路）平面图。

（4）全矿区电、水、蒸汽、煤气、氧气及压缩空气等系统的布置和供应网路图。

（5）全矿主要设备运行情况示意图。

（6）主要设备大、中修理情况进度表等。

D　调度工具

随着现代化生产的发展，调度工具也在不断地发展，调度工具一般有下列几种：

（1）调度电话。包括专用的调度电话和无线电话机，可举行电话会议。无线电话便于在矿山企业指挥生产，特别是露天矿应用较方便，如每台电铲、电机车、自卸汽车等都设有无线电话，以便和调度加强联系。

（2）调度信号装置。如铁道机车运输时线路的信号装置。特别是在大型露天矿的三色显示的信号装置，提高了运输通过能力。

（3）利用工业电视、电子计算机进行调度工作等。

3.3 地下开采生产过程管理

3.3.1 循环的概念

通常采用地下开采的矿山，是以间接方法组织生产过程的。这也是由凿岩爆破本身的特点决定的，因为爆破之后要求对巷道进行通风，以排除放炮后产生的有害气体。

除此以外，回采和掘进工作地点的移动性，也要求不断建立新的工作地点。因此，也就出现同样工作程序，经过一定的时间顺次交替和有规律的重复。例如，在巷道掘进时，施工的顺序是以凿岩、装药、爆破、通风、装岩、支护顺序交替和重复。因此，也就产生了循环和循环工作组织的概念。

所谓循环，是指所有工作程序的总和，这些工作程序是按一定的顺序执行，经过一定时间，所有工作程序有规律地重复进行。

所谓循环工作组织，就是按照工作程序的顺次交替和重复来组织生产过程。

循环取决于下列三个因素：

（1）循环内容。即循环内的工作程序组成。循环中所包括的工作程序取决于自然条件和机械化程度以及工艺方法和作业条件等。例如，在坚硬岩石中掘进巷道可以不用支护，因此支护这道工作程序在循环中就不存在；在松软岩石中用掘进巷道机掘进时，就会使循环中包括的工作程序大大减少。再例如，天井掘进，当用吊罐法掘进时，每个循环中要有下放钢绳、提升吊罐等工作程序，凿岩装药后，还有下放吊罐、提升钢绳等工序；而普通掘进法就没有这些工序。

（2）循环进尺。是指采掘工作面每循环之后在空间上的位移量，即一个工作面每循环的推进长度。循环进尺的大小取决于地质、技术装备及组织等因素。循环进尺的大小直接影响各工作程序的工作量和技术经济效果。循环内容和循环进尺确定后，循环内各工作程序的工作量也就确定了。

（3）循环时间。即完成一个循环的延续时间。循环时间的长短取决于循环进尺的大小及各工序的工艺方法和作业方式。根据生产的特点，它可以用小时、轮班或日期来表示。循环时间的长短决定着每昼夜的循环次数。

3.3.2 循环工作组织图表的编制

运用图表管理是实现采掘工作生产过程合理组织的重要方法。

3.3.2.1 循环工作组织图表的编制原则

（1）贯彻安全生产的方针。安全生产是由地下开采的特点决定的。井下工作条件差，受自然因素影响多，因此，在安排工序时，一定要考虑工人的安全和健康。

（2）工作组织要简单。工作组织简单就会使每个工人都能了解工作是如何组织的，就能发挥他们的主动性和积极性。

（3）固定工艺制度。就是在一个循环中，把在什么时间执行什么工序固定下来，只有这样才能保证有节奏地进行工作，才能保证更好地和及时地准备好工作地点。

（4）固定循环中各道工序的工作量。工作量固定了才能使完成这些工作的工作组组成固定。

（5）前工序要为后工序准备好工作地点，同时应尽量提高各工序平行作业的程度。

（6）工作地点的劳动组织形式与生产组织形式相适应。在循环中各道工序密切联系，互为条件，若每一道工序的工作量较小，则宜采用综合工作队；若工序单一，工序之间联系不大，而每道工序的工作量大，则宜采用专业工作队。

正确运用上述原则建立工作条件，按正规循环组织生产，就能保证计划任务的完成。

3.3.2.2　循环工作组织图表的内容

A　循环工作组织图表的组成

循环工作组织图表，是指把一个循环内所有工序，以及它们在空间上的布置和完成它们的时间，用图表表示出来。

采掘工作面循环组织图表的组成内容如下：

（1）工作计划图表。它是根据技术经济指标表中所指明的矿山地质条件、技术条件等已知因素编制的。它的主要内容是说明循环中各工序在时间空间上的相互关系，从而也就说明工人在时间和空间上的分工关系。

（2）工人出勤指示图表。它表明完成工作计划所需要的劳动组织状况。即完成工作计划图表中各项工作需要配备的工人、工种，并表明该工作面上工作的起止时间。

（3）主要工序技术说明。如凿岩爆破说明、支架说明、顶板管理说明等。它是计算循环工作量的根据，也是计算技术经济指标的依据。

（4）设备、主要材料消耗及技术经济指标一览表。此表包括已知条件和工作要求两部分。已知条件是前几个图表制定的基础；工作要求表明前几个图表进行工作应达到的指标。

B　循环工作组织图表的分类

循环图表根据不同的用途、编制方法和图例符号等是多种多样的。按照不同的标志可分为下列几种：

（1）按图表的排列方法分为直线式和坐标式。直线式图表只表明循环中工序与时间之间的关系。因在图表中用直线表示各道工序的延续时间，所以称直线式图表。其特点是简单明了，常用于掘进工作面。

坐标式图表不仅表示各道工序与时间之间的关系，还表明工序在空间的布置。这种图表常用在回采工作面中，它比直线式图表复杂。

（2）按图表完成的标志分计划图表和执行图表。计划图表是在工作之前为指导工作顺利进行而编制的；执行图表是在工作之后编制的，它表明实际完成生产过程的时间消耗与计划时间的偏差，目的是为技术人员提供资料，积累实践经验，提高编制水平。

（3）按工序在图表中的布置分顺序的和平行的。顺序图表表示某道工序作完之后，才开始进行后一道工序；而平行图表表示有几道工序同时进行。

3.3.3　采掘工作组织

地下开采采掘工作有水平巷道的采掘、天井采掘、斜井的采掘、硐室的采掘。

3.3.3.1 平巷采掘工作的组织

掘进作业是指掘进各工序（包括凿岩、爆破、通风、出渣、临时支护、铺轨等）的周期性的重复。完成一个掘进循环所需的时间称为掘进循环时间。一个掘进循环工作面的进尺称为循环进尺。为使掘进循环计划化，必须编制表示循环中的各工序工作持续时间及其相互间在时间上的衔接关系的图表（掘进循环图表），作为指导生产的指示图表。

制定循环图表时，应考虑下面几方面的因素：

（1）在我国目前情况下，多数矿山应考虑尽可能的增长各工序的平行作业时间和多工序平行作业，但随着掘进机械化的提高，推行机械化作业线时，凿装作业应考虑顺序作业的方式。

（2）一个班的掘进循环次数，一般均应为整数，否则容易造成工序之间互不衔接，不能实现正常循环。因此，当求得的班循环次数非整数时，应调整为整数。

（3）在处理掘进循环次数和循环进尺的关系时，应在保证必要的循环进尺前提下提高循环次数。

掘进循环图表的编制方法如下：

（1）首先确定各工序作业时间。为此，应收集巷道地质条件、施工设备及其生产率等有关资料，作为编制的依据。

（2）将主要工序（如凿岩、装岩等）所占的单行作业时间连接起来，画在图表上，作为一个循环的主要部分；然后再结合其他因素，制定一个循环的总时间，确定循环次数、循环进尺。

（3）为了防止不可预见的事故及短时间的停工，打乱循环，应在主要工序中留有5%~10%的时间备用系数。

3.3.3.2 天井采掘工作的组织

普通法掘进天井的工艺过程是漏斗的掘进、凿岩工作台的架设、凿岩爆破工作、通风工作、支护工作、出渣工作、采取的工作组织形式为两班一循环；一班打眼放炮通风，另一班进行支护和出渣。

吊罐法掘进天井的工艺过程是上下硐室的开掘、中心钻孔的钻凿、凿岩爆破、通风除尘、出渣；采取的组织形式是设立准备工作队和掘进工作队，准备工作队负责打天井中心孔，开凿天井上下硐室，掘进工作队负责凿岩、管理吊罐、爆破和通风。

3.3.3.3 大断面硐室的施工经常采用的方法有全断面法和导坑法

全断面法分为直壁工作面和阶梯工作面。导坑法有上导坑、下导坑和侧导坑。采用的工艺过程为，首先形成导坑，而后挑顶、扩帮。多数矿山组织专门的工作队负责硐室的施工。

3.3.4 回采工作组织

回采的主要生产工艺有落矿、矿石运搬与地压管理。

落矿又称为崩矿，是将矿石从矿体上分离下来，并破碎成适于搬运的块度；运搬是将矿石从落矿地点（工作面）运到阶段运输水平，这一工艺包括放矿、二次破碎和装载；地压管理是为了采矿而控制或利用地压所采取的相应措施。目前广泛应用的落矿方法是凿岩爆破（可分为浅孔、中深孔、深孔及药室落矿）。评价落矿效果的主要指标是凿岩工劳动生产率、实际落矿范围与设计范围的差距、矿石的破碎质量。

运搬与运输的概念和任务不同，运输是指在阶段运输平巷中的矿石运送，而运搬则指将矿石从落矿地点运送到阶段运输巷道装载处。矿石的运搬方法分为重力运搬、爆力运搬、机械运搬、人力运搬以及联合运搬等。

在开采急倾斜矿体时，矿石从崩落地点运到运输巷道装载处通常要经过三个环节：

（1）矿石借自重从落矿地点下落到底部结构的二次破碎水平。

（2）在二次破碎水平进行二次破碎，然后用机械或自重运搬到装载处。

（3）在装载处经放矿闸门装入运输设备。

重力运搬是一种借助于矿石自重的运搬方法，其效率高且成本低。

机械运搬是采用某种机械（电耙、装载机、给矿机、铲运机）完成运搬矿石的任务，根据矿石运搬过程中受矿部分的形式，有漏斗受矿、堑沟受矿、平底受矿。

地压管理是指，在开采空间形成以前，可以认为在井田的小范围内，原岩体是连续的密实的，其内部应力（原岩应力）也是平衡的，采矿空间的形成，破坏了原岩应力平衡，产生次生应力场，围岩中出现局部应力集中升高、降低，拉压应力的转变，三向应力状态的转变，产生裂隙张开闭合、顶板下沉、冒落、底板隆起、侧面片帮，在矿井深部甚至可能发生岩石自爆。在地下采矿中为了安全和保持正常生产条件需采取一系列控制地压的综合措施，采用的方法有崩落围岩释放地压，利用矿柱、木柱、充填体支撑等方法管理地压。

在实际生产中回采除包括落矿、运搬、地压管理外，还有一些辅助工序。如移动设备、接风水管、运送材料、处理浮石、充填准备、充填。不同的采矿方法回采工艺过程不同，但回采是按一定的顺序循环进行的，为了协调、组织生产，需要编写回采工作循环图表。在编写过程中要尽量增加平行作业时间，缩短循环的总时间，提高采矿强度，获得较大的经济效益。

3.4 露天开采生产过程管理

3.4.1 露天开采工作的特点

露天开采与地下开采方法有根本的区别，这种区别表现在生产条件、工艺过程、使用设备的类型、劳动组织和一些露天矿固有的特点。

用露天方法开采时，采矿工作是在敞露的采矿和剥离工作面上进行的，即在阳光下和新鲜空气中进行的。因此，就避免了地下开采时潮湿并含有炮烟和粉尘的污浊空气，以及阴暗的环境对人身体的危害，尤其是可以减少矽尘病的危害。当然在冬季和雨季对生产也是会有一些影响的。

作为露天矿开采的另一个重要特征是，可以应用强大的具有高度生产能力的大型设备。例如在我国大、中露天矿，常采用容积为 $3 \sim 4 m^3$ 的电铲（挖掘机）；近些年来有的矿山已采用 $8 \sim 10 m^3$ 的电铲。穿孔设备由吊绳冲击钻机过渡到潜孔钻机和牙枪钻机，提高了穿孔速度，20世纪90年代以来，我国大型金属露天矿采用牙轮钻机后，迅速改变了穿孔落后的被动局面。实践证明，牙轮钻机是高效率的穿孔设备。电机车则采用80t、100t和150t的，重型自卸载重汽车有20t、27t、60t、108t和154t的，等等。总之露天矿的设备正向大型化发展。

除此之外，露天矿的生产区域大而分散，尤其是采用外部排土的大、中型露天矿更为明显。

3.4.2 剥离和采装工作组织

剥离和采装工作在工艺上是大致相似的，因此把它们合并在一起研究。

剥离和采装工作包括下列几项工作程序：穿孔、装药爆破、采装岩石和矿石。

3.4.2.1 穿孔爆破工作组织

露天矿的穿爆工作是保证采剥工作实现的先行工作。穿爆工作进行得及时与否和质量的好坏，对提高采装能力有着极大的影响。如何使穿爆工作顺利进行，除了技术措施外，组织工作亦是非常重要的。在进行穿爆工作组织时，应该明确对穿爆工作质量的要求：备有足够的爆破量，以保证采装工作顺利进行；爆破质量应满足采装的要求；提高穿爆效率，降低穿爆费用。

A 穿孔工作组织

穿孔工作的好坏直接影响爆破工作的质量。因此，必须抓好以下几项工作：

（1）合理布置孔眼位置及进行穿孔。为了加强责任制，应建立严格的交接班制度。在进行穿孔时，应按作业计划进行，同时要求钻机机司机要按事先布置好的孔位穿孔，不能轻易改换位置，以保证穿孔质量。因为设计好的位置一旦改动就会影响爆破的质量。

（2）加强穿孔的验收工作。验收工作对保证穿孔质量起着重要作用。验收工作可以组织专人进行或者作为交接班内容之一，由各班彼此验收。

B 爆破工作组织

爆破工作是影响穿爆质量的关键性工作。这项工作的组织方式如下：

（1）合理地配备爆破人员。露天矿爆破工作是一项工作量比较大的工作，一般按钻机配置人员，或按平盘配置，或全矿配置一个爆破工段（班组）负责全矿各阶段的爆破任务。

（2）组织爆破人员提高业务知识。应组织爆破人员学习爆破知识，特别是安全规程；更重要的是帮助他们重视爆破工作，不断地总结经验，改善爆破质量。

（3）建立和加强各项爆破规章制度。如安全作业、操作规程、使用药量、领取药量和爆破质量验收等规章制度。

3.4.2.2 采装工作组织

在采用露天方法开采时，采装工作是露天开采过程中极为重要的一个环节。我国大型金属露天矿所应用的采装工具，几乎全部是各种不同容积的单斗机械挖掘机。所以以挖掘机为例研究采装工作组织。

电铲的轮班生产率按下式计算：

$$Q = \frac{3600 \times T \times K_1 \times K_2 \times V}{t \times K_3}$$

式中　　T——工作班的延续时间，h；

　　　　K_1——每班内电铲在时间上的有效利用系数；

　　　　K_2——铲斗装满系数；

　　　　V——铲斗容积，m^3；

　　　　t——铲斗的每一循环延续时间，s；

　　　　K_3——矿岩松散系数。

　　从上式可见，当电铲类型、工作制度和岩石（矿石）物理机械性一定时，班工作时间、铲斗容积和矿岩松散系数是一定的；而电铲轮班生产率与电铲有效利用系数（K_1）和铲斗装满系数（K_2）成正比；与工作循环的时间（t）成反比。因此采装工作组织应提高 K_1 和 K_2，降低循环时间 t。

　　缩短铲斗采装循环时间的方法：

　　电铲铲斗采装循环包括下列各道工序：挖掘；收缩铲斗以使铲斗离开工作面；使铲斗转向卸载地点；停止铲斗以便卸载；卸载；收缩铲杆；转向工作面；下放铲斗以便挖掘。

　　缩短采装循环的时间，主要是靠提高电铲司机的操作水平。

　　（1）在挖掘和旋转时，提高提升和旋转的速度，缩短挖掘、转向卸载地点和转向工作面的时间。

　　（2）提高电铲司机的技术熟练程度，变顺序执行各道操作为平行执行各道操作，就能使电铲一次采装时间缩短。也就是要求电铲司机能做到边转向边升高铲斗。

　　（3）在工作面上正确地布置电铲，使电铲的回转角度尽量缩小，从而缩短每一循环的回转时间。

　　电铲每班在时间上的有效利用系数是电铲有效工作时间与工作轮班时间之比。

$$K_1 = \frac{T - T_1}{T}$$

式中　　K_1——电铲每班在时间上的有效利用系数；

　　　　T——每班工作时间，h；

　　　　T_1——电铲在班内总停歇时间，h。

3.4.3　运输工作组织

　　电铲能否充分地发挥其效能，在很大程度上取决于运输工作组织的好坏。所以必须对运输工作组织加以重视。运输工作的任务，就是保证及时并迅速地把大量采掘物从工作面转运到卸载地点。

　　我国金属露天矿采用的运输类型有铁路机车运输和汽车运输。

3.4.3.1　铁路运输工作组织

　　在进行铁道运输工作组织时，应使运输工作与电铲采装合理地配合，并按事先编制好的列车运行指示图表进行运输，否则就会影响电铲工作顺利进行。在实际工作中有下列三种电铲工作和运输工作结合的方式，即闭合循环、不闭合循环和综合循环。

A 闭合循环

这种组织方式的特点是在整个轮班中以一列或一列以上的列车固定于某一台电铲进行运输工作。

采用这种组织方式时，首先应计算出列车运行周期和保证不间断地供应电铲空车所需的列车数。然后根据计算出的数据编制列车运行图表。

列车运行周期可按下式计算：

$$T_0 = t_1 + t_2 + t_3 + t_4 + t_5$$

式中　t_1——电铲装车时间，min；

　　　t_2——列车往返运行的时间，min；

　　　t_3——列车卸载时间，min；

　　　t_4——列车在线路上调车和会让车的时间，min；

　　　t_5——列车在工作面上的入换时间，min。

为保证不间断供应电铲空车需要同时工作的列车数可用下式求出：

$$N = \frac{T_0}{t_1 + t_5}$$

当求出的 N 为整数或接近整数时，可考虑采用闭合循环工作组织方式，它是电铲工作和运行列车最简单和精确的组织形式。否则会造成电铲设备不能充分利用；或造成运输设备不能充分利用。这种运输方式的缺点是电铲和运输工作要严格地按图表进行，而在实际工作中往往由于种种原因很难做到这一点，所以这种方式在我国露天矿很少采用。

B 不闭合循环

这种组织方式的特点是列车不固定为某台电铲装运，而是根据调度命令为任一台电铲装运。

采用这种组织方式时，保证全矿电铲正常工作所需的列车数目，可按全矿电铲生产能力等于全矿机车生产能力的公式来确定，即电铲总的生产能力等于机车的生产能力。

每台机车的运输能力可按下式计算：

$$P = \frac{T - T_2}{t_{\rm cp}} \times nq$$

式中　T——工作轮班的延续时间；

　　　T_2——轮班列车停歇时间；

　　　$t_{\rm cp}$——列车平均运行周期时间；

　　　n——列车中自翻车的数目，辆；

　　　q——自翻车的容积，m^3。

在具体组织时可使运输能力略大于电铲生产能力为好，这样就能充分发挥电铲的采装工作能力，保证完成全矿的生产任务或超额完成生产任务。

这种组织方式的优点是，它具有很大的灵活性，并在任何条件下都可以采用。但它要求更完善的调度管理和比较复杂的运行图表。在这种情况下，调度员不仅仅监督列车按计划图表运行，而且还要在一个轮班中不间断地计划每一列车的工作。

C 综合循环

这种组织方式的特点是，部分列车按闭合循环工作，而另一部分列车按不闭合循环工作。即以上两种方式的结合运用。

3.4.3.2　汽车运输工作组织

汽车运输与铁路运输比较，其优点是机动灵活、入换时间短，如果组织得好，甚至可消除入换时间，因而能使电铲在时间上的利用系数得到很大的提高；道路的修筑和管理比较简单；并且具有克服陡坡的能力和每台电铲所需的工作线长度缩短。其缺点是在运输距离长时，经营费用高些。所以汽车运输在运距较短时应用才是合理的。

汽车运输的组织形式与电机车组织形式相同，也可分闭合、不闭合及综合循环的方式。

在我国露天矿山中多采用闭合循环方式，有的矿山曾将一个台阶上的电铲、汽车、钻机等联合，一起组成混合工作队，取得了一定的成效，提高了电铲、汽车及钻机的效率。但这种组织形式管理上较繁杂些。为此，目前大多数矿山都采用了每天调配给电铲足够的汽车，保证电铲充分发挥其采装效率，完成和超额完成采剥任务。这样既采用了闭合式循环方式，但又不是把汽车总固定在某台电铲上，可充分发挥出汽车运输机动、灵活的优越性。

3.4.3.3　排土工作组织

采用外部排土场的露天矿，排土的主要工序有排土、线路及架空线的移设和维护等工作。这些工序的组织要求，就是使各工序能够协调配合，使列车进入排土线，尽快翻车，减少占线时间，并及时排出。另外按排弃量，安排足够的排土线。一般的露天矿的排土线，有电铲排土线和排土犁排土线。这些排土线上进行各项工序的配合，以及各排土线的日常动态，应有计划地安排，并用图表反映出来。这种图表一般称为排土计划工艺指示图表，其编制步骤及内容如下：

（1）准备资料。上期计划工艺指示图表执行情况的分析，本期（月度）排土线的动态和排土能力；各主要排土设备检修计划（月度）和动态；本期计划排土量等。

（2）根据线路移设和排土设备的检修情况，确定各排土线的本期计划工作日数，根据昼夜排弃能力，计算各线的本期排弃能力，并验算是否满足排土任务。

（3）将各线各工作内容，用图表反映出来，作为计划组织的依据。

排土工作组织实例：设某排土场有电铲排土线2条，排土犁排土线4条，各线长度均为1000m，阶段高为12m；试编制排土场月度工艺指示图表。

（1）求移道间隔时间：

$$移道间隔时间 = \frac{移道一次排土线容纳能力}{昼夜排土能力}$$

$$移道一次排土线容纳能力 = 阶段高度 \times 移道距离 \times 有效排土线长度$$

$$= 12 \times 24 \times 800 = 230400 （m^3）$$

$$昼夜排土能力 = 昼夜平均翻车次数 \times 列车载重量$$

$$= 24 \times 270 = 6480 （m^3）$$

$$移道间隔时间 = 230400 \div 6480 = 35 （d）$$

（2）求各线月度计划排弃量：

1 号电铲排土线月计划排弃量 $=(30-5)\times24\times270$

$$=161000（m^3）$$

2 号电铲排土线月计划排弃量 $=(30-10)\times24\times270$

$$=129600（m^3）$$

式中，5 天和 10 天分别为电铲小修和中修时间。

电铲排土线移设时间，皆放在电铲检修时间内进行。

（3）排土犁排土线工序的安排：

求排土犁排土线移道间隔期：

$$移道间隔期=\frac{12\times3\times1000}{18\times270}\cong7（天）$$

求排土犁排土线月计划排土量：

$$月计划排土量=（30-3）\times18\times270=131220（m^3）$$

式中，3 天是移道时间，本月共移 $30\div7=4.5$ 次。

每次移道时间为 2 个班共 9 个班，即为 3 天。

（4）编制月度计划排土工艺指示图表：根据各排土线的月计划排土量的总和，验算是否能完成排土计划任务。如未能完成还需设置新排土线或提高既有排土线的能力。本例现有排土线足以完成任务。

此例有备用排土线两条，在电铲检修时应用。线路移设时间安排在电铲检修时间内进行。

另外对排土线的扫车工作组织亦很重要，因为这项工作进行的好坏，直接影响排土线的能力。一般组织方式是根据各排土线排弃量和粘车程度，安排扫车人员，如果粘车严重的土岩是集中运输，可以设专线排弃，加强扫车工作。如扫车量不大的排土线，可组织扫车人员兼管线路维修工作。

排土场的线路及架空线的移设和维护的工作量亦较大。其工作进行的好坏，对提高线路质量、避免运输事故和提高排弃列车次数有着重要影响。因此应特别加以重视，加强管理以便完成排土任务。

3.5 选矿生产过程的管理

3.5.1 选矿生产过程

A 选矿生产过程的概念

选矿生产过程就是生产工艺系统用以将原料（矿石）、材料、燃料、劳动力、机电设备、动力、资金等投入生产转换系统（如碎矿、磨选、精矿脱水、尾矿输送和保存、精矿出厂和销售等），直到产出符合市场要求的各种高质量精矿，获取较高的经济效益的全部管理过程。

B 选矿生产过程的分类

（1）按所处理的矿石类型、选别方法不同，可以分为重力选矿生产过程、磁力选矿生产过程、浮游选矿生产过程、化学选矿生产过程。

（2）按在选矿生产过程中所处的地位和作用不同，可以分为以下几种：

1）生产技术准备过程：包括从原矿石入厂到精矿出厂进行的一系列准备过程。

2）基本生产过程：是指对原矿石直接进行不同过程的加工，使其成为选矿产成品（精矿）的全部过程。主要包括：碎矿、磨矿、选别、精矿浓缩、过滤、干燥、包装、出厂等过程。

3）辅助生产过程：是指确保基本生产过程正常进行所从事的各项辅助生产活动。如选矿厂的供电、供水、供风；生产工具和备品备件的加工或制造；设备检修和维护等。

4）生产服务过程：它是指贯穿于基本生产过程和辅助生产过程之中，并为它们提供各种服务性活动的过程。如材料、燃料、工具、仪表、配件等的供应和保管；厂内运输和精矿销售；进厂的各种材料和选矿产成品的化学分析与物理性能检验及测试等工作。

（3）按其对选矿产品的作用不同，可以分为以下几种：

1）选矿工艺过程。它是选矿生产过程中最基本的组成部分。

2）检验过程。主要包括对工艺过程中主要环节的检验和控制，对入厂的燃料、材料、工具、仪表、备品备件等进行质量检验。

3）运输过程。选矿厂的各种规格皮带运输机、沟、管、槽、渠等。

4）储存过程。选矿厂的原矿仓、中间矿仓、粉矿仓、精矿仓、室外堆场等。

3.5.2　合理组织选矿生产过程的基本要求

所谓科学合理地组织选矿生产过程，就是通过组织工作，使生产的各个环节都能按照工艺顺序合理衔接，相互协调，紧密配合，正确处理人财物、产供销诸方面的关系，不断挖掘生产潜力，逐步提高劳动生产率，讲求经济效益。

选矿厂的日常生产活动，就是按照预定的生产目标，合理组织生产三要素（劳动力、劳动手段和劳动对象），这是选矿生产过程组织工作的核心；同时应保证均衡生产。

3.5.2.1　生产过程的连续性

所谓选矿生产过程的连续性，是指在选矿产品生产过程的各个阶段，各个工序的进行，在时间上是紧密衔接的、连续的、不发生或很少发生中断现象。选矿生产要求各作业之间必须一环扣一环地紧密衔接，如果其中一个环节发生中断，就会影响整个生产进程进行。

3.5.2.2　生产过程的比例性

选矿生产过程的比例性，又称作协调性。它是指选矿厂各工艺阶段、各工序之间在生产能力上和产品数量上的比例关系，也就是说在主体设备之间、主体与辅助之间、基本生产与辅助生产之间以及各生产环节之间，在生产能力上，必须根据选矿产品生产的要求，保持一定的比例关系。

要保证生产过程的比例性，首先必须正确确定生产过程的各个环节、各种机器设备在数量上和能力上的比例；其次，在日常的生产管理工作中，要做好平衡工作，克服薄弱环节，使每个生产作业的工人人数、设备数量、生产能力等，都互相协调、互相适应，保持各生产环节的比例性。

选矿生产过程的比例性并不是一成不变的。随着产品品种、数量和质量的变化，新技术、新工艺的采用，劳动组织的改革，工人熟练程度的提高，促使某些生产环节的生产能力发生变化，从而引起原有比例的变化。因此，选矿厂必须在新的情况下，采取有关技术组织措施，建立新的比例关系。

3.5.2.3　生产过程的均衡性

生产过程的均衡性，又叫做节奏性，它是指从原矿石入厂到精矿产品出厂，中间所经过的各个过程都要有节奏地进行。选矿厂的均衡生产，往往受到矿山（或坑口）的牵制，由于种种原因矿山（或坑口）很难做到均匀供矿，这就使选矿厂生产的均衡性受到影响，使选矿生产过程中各作业的技术条件不协调，造成精矿产品质量低劣、回收率上下波动较大，严重影响生产任务的完成，甚至造成选矿成本增高，因此，保持均衡有节奏的生产，是选矿生产组织中的一项不容忽视的工作。

为了实现生产过程的均衡性，除了客观的外界因素外，必须保证选矿厂内部生产过程的连续性和比例性，加强计划统计和调度工作，认真做好综合平衡，使工艺过程中的各个环节、各道工序相互配合；同时，要正确组织基本生产过程和生产技术准备过程，按照定额规定，及时供应原矿、主要材料、燃料、辅助材料和风、水、电等。

3.5.2.4　生产过程的平行性

它是指选矿生产过程的各个阶段、各个工序之间，平行地进行作业。不仅各主要环节如碎磨、选别和精矿脱水，而且一个生产环节中的基本生产环节和辅助生产环节也是在平行地进行工作。它们在时间上是连续的，在空间上是并存的，如果不按平行性组织生产，就会造成设备、工时的浪费，就不可能连续生产。

综上所述，选矿生产过程的连续性、比例性、平行性和均衡节奏性是合理组织生产过程的基本要求。而这些要求是互相联系、互相制约的，是相辅相成的整体。其中比例性和平行性是生产过程中的核心问题，是连续性的保证；而连续性、比例性和平行性又是实现均衡节奏性的前提条件。也就是说，只有选矿生产过程的比例性、平行性得到保证的前提下，生产过程的连续性才有条件得以实现；而保证各生产环节之间的比例性和连续性，就有可能实现均衡节奏生产。只有实现这些要求，才能充分发挥生产设备潜力，提高劳动生产率，保证生产过程获得良好的经济效果。而经济效果是衡量生产组织工作水平的重要标志。

选矿生产过程的连续性、比例性、平行性和均衡节奏性，不是绝对的而是相对的，不是静止的而是变化的，它们随着选矿生产技术条件、组织形式、设备的改进、工艺的革新、产品要求的改变、工人技术水平的变化而变化。因此，应该在它们的有机联系中，进行协调和组织新的平衡，保证选矿生产均衡地进行。

3.5.3　选矿生产过程的空间组织和时间组织

空间和时间是物质运动的客观形式，空间组织与时间组织是选矿厂生产管理的核心。为组织实现均衡有节奏的选矿生产，合理组织与安排生产中的三要素（劳动力、劳动手段、劳动对象），必须对生产过程的组织工作在空间和时间上的相互配合关系，从原理上予以探讨，以指导日常的、具体的生产实际组织工作。

3.5.3.1　选矿生产过程中的空间组织

选矿生产过程需要在一定的场所、一定的生产单位里进行，也就是说，需要在一定的空间内，通过许多相互联系的生产环节得以实现。生产过程的空间组织，就是研究和解决在选矿厂内部，应该设置哪些生产车间、工段和班组；这些单位如何设置，连接这些生产单位的运输线路（如沟、管、槽、渠、运输皮带等）应如何布置，等等。也就是要研究和解决、合理地确定生产单位在空间的位置，使选矿过程中的在制品或产成品在各生产单位之间流动时，有合理的运输线路，从而缩短生产周期，提高选矿经济效益。

车间、工段是选矿厂生产结构的基本单位，根据它们在生产中的作用和生产成品的不同，可以分为基本车间（工段）、辅助车间（工段）和生产服务部门。

（1）基本车间是指将原矿石直接加工成半成品、在制品和产成品的车间，也叫主体车间。如选矿厂的碎矿、磨选、精矿脱水等车间。

（3）辅助车间是指协助主要产品生产，为主体车间生产提供辅助产品，保证其正常生产所需要的辅助材料、金属加工件和动力等的车间。如机修车间、动力车间、运输车间等。

（3）生产服务部门是指为基本生产和辅助生产服务的单位。如选矿厂的供销、仓库、选矿试验室、技术检查站、化验室等。

选矿厂一般由上述部门组成，但由于选别方法不同、生产规模的大小、选矿产品的品种、生产工艺的类型及技术条件的差异等，各选矿厂的组成也不尽相同。

3.5.3.2　选矿生产过程中的时间组织

合理地组织选矿生产过程，不仅要求生产环节在空间上密切配合，而且要求在时间上紧密衔接，以实现有节奏的连续生产，达到劳动生产率和技术指标双提高。

A　生产过程中的时间构成

选矿生产过程的总时间，是由基本作业时间、多余的时间、无效时间三个部分组成。

（1）基本选矿作业时间是指从原矿石入厂到精矿产成品出厂，中间所经过的一系列工艺加工过程。它是选矿生产所必须消耗的劳动时间。包括碎矿、磨选、精矿脱水、尾矿处理等各个作业的必需工作时间。

（2）多余的作业时间是指由于设计和生产技术工艺等各方面的原因，在选矿生产过程中必须附加的部分多余时间。就一般选矿厂而言，通常有下述三种情况：1）由于工艺流程选择不当所增加的多余作业时间；2）由于设备选型不当，效率偏低或能力过小，造成的多余作业时间；3）由于材料、备品备件一时供应不上，增加的多余作业时间。

（3）无效作业时间这是由于生产计划、组织、调度工作不良以及现场工人的责任心不强等，造成生产中断、间隙等产生的无效时间。这部分时间对生产无益，必须采取有效措施，予以避免或减少。

B　选矿生产过程中的时间组织

选矿生产过程中的三要素（劳动力、劳动手段、劳动对象）相互作用的运动结果，最终必将体现在时间节约上。而时间的节约是最大的节约，因此，如何选择和确定节约时间最多的、最优化生产过程组织方案，是研究选矿生产过程中时间组织的核心问题。

生产周期也叫生产循环期，是指从原矿石入厂到精矿产成品出厂为止，中间所经过的时间。选矿产品生产周期的缩短，意味着提高了选矿厂的实物劳动生产率。缩短生产的途径很多，就选矿厂而言，大致有下述几种：

（1）改变原有工艺流程，缩短主流程的基本作业时间，使在相同的单位时间内，处理矿量增加；在回收率不变的情况下，单位时间内金属产量增多，就等于相对缩短了生产周期。

（2）采用先进的、高效率的生产设备，提高单位时间内原矿处理量和精矿产品数量。

（3）提高生产连续性水平，减少生产过程中不必要的停车时间，从而达到缩短生产周期的目的。

（4）加强设备维护保养，提高设备负荷运转率，消除或减少空运转时间。

（5）不断改进生产组织方法，加强计划性，做好日常生产调度工作，保证选矿生产过程正常进行。

3.6 矿山企业生产标准化建设

金属、非金属矿山安全生产标准化是我国为适应经济全球化的形势要求，通过国际合作，借鉴南非的经验，结合我国国情建立起来的一套通用安全生产管理模式。安全生产标准化通过建立安全生产责任制，制定安全管理制度和操作规程，排查治理隐患和监控重大危险源，建立预防机制，规范生产行为，使各生产环节符合有关安全生产法律法规和标准规范的要求，人、机、物、环处于良好的生产状态，并持续改进，不断加强企业安全生产规范化建设。

矿山在生产经营的全部活动中，要全面贯彻与执行国家、地方、行业的各项法律法规、规范、规章、规程及标准，按标准对各个生产环节进行持续改进与提高，并自我约束、自我完善。同时，依据上述标准，结合矿山实际建立内部技术标准、质量标准、工作标准，及其他各项基础管理制度，使企业每个人都有标准遵循，都在标准的指导和约束下进行工作，从而提高企业的安全绩效、经济效益和社会效益。

创建矿山安全标准化的目的是为企业安全生产和整体安全水平的提高提供组织、技术保障；建立结构合理、重点突出、符合企业实际的安全生产标准化标准体系和标准化系统，是为企业安全生产提供技术支撑。

矿山安全标准化建设实施的原则是安全标准化系统的建设，应注重科学性、规范性和系统性，立足于危险源辨识和风险评价，充分体现风险管理和事故预防的思想，并与企业其他方面的管理有机结合。安全标准化的创建，应确保全员参与，通过有效方式实现信息的交流和沟通，反映企业自身生产特点及安全绩效的持续改进和提高。

3.6.1 安全标准化系统的内容

安全标准化系统的内容包括安全生产方针和目标；安全生产法律法规与其他要求；安全生产组织保障；风险管理；安全教育培训；生产工艺系统安全管理；设备设施安全管理；作业现场安全管理；职业卫生管理；安全投入、安全科技与工伤保险；检查；应急管理；事故、事件调查与分析；绩效测量与评价。

3.6.2 创建安全标准化步骤

（1）安全标准化的创建过程包括准备、策划、实施与运行、监督与评价、改进与提高。

（2）准备阶段应确定企业安全标准化的目标，并对企业安全管理现状进行初始评估。

（3）策划阶段应根据初始评估的结果及相关实施指南的要求，确定建立安全标准化系统的内容。

（4）实施与运行阶段应根据策划结果，落实安全标准化系统的各项要求，提供有效运行的必要资源。

（5）监督与评价阶段应对安全标准化的实施情况进行监督、检查和内部评价，发现问题，找出差距，提出完善措施。

（6）改进与提高阶段应根据监督与评价的结果，改进安全标准化系统，不断提高安全标准化水平和安全绩效。

3.6.3 标准化评审程序

安全生产标准化等级评审定级程序为非煤矿山自评，评审组织单位组织评审，安全监管部门审核公告。

（1）非煤矿山自评。已取得安全生产许可证（尾矿库为正常库），建立标准化体系并良好运行6个月以上的非煤矿山，可成立自评组织机构，自评确定相应等级，形成安全生产标准化自评报告。

（2）申请评审。非煤矿山根据自评等级，向安全监管部门确定的评审组织单位提出书面评审申请。

（3）评审、报告。评审组织单位收到评审申请后，应从安全监管部门确定的评审单位中随机选择评审单位，委托其开展评审工作。评审完成后，评审组织单位应进行审核，认定其符合要求并确定等级后，向负责审核公告的安监部门提交评审报告表、评审报告等相关材料。

（4）审核、公告。安全监管部门对评审组织单位提交的评审报告材料进行审核，对符合条件的予以公告。

（5）颁发证书、牌匾。经安全监管部门公告后，由评审组织单位颁发非煤矿山安全生产标准化证书、牌匾。证书、牌匾由国家安全监管总局制作，按照相应等级统一编号。

复习思考题

3-1 什么是矿山企业的生产过程？

3-2 生产过程组织的实质是什么？

3-3 生产过程组织的基本要求是什么？

3-4 为什么要提高劳动生产率，提高劳动生产率的途径有哪些？

3-5 为什么要分别计算生产工人和全员劳动生产率，这对企业有何意义？

3-6 什么是劳动定额，它有何作用？

3-7 制定劳动定额有哪些方法，你认为哪种方法最好，为什么？

3-8 什么是专业生产队，它适用于什么样的条件？

3-9 什么是综合工作队，它适用于什么样的条件？

3-10 劳动定员的方法有几种，怎样确定？

3-11 什么是采矿循环组织，循环组织图表包括哪些内容？

3-12 如何编制掘进和回采工作循环组织图表，编制它有何意义？

4 矿山企业的成本管理

4.1 产品成本的概念

产品成本是以货币形式体现的。产品的生产过程同时也是生产资料的消费过程。制造任何产品都要耗费生产资料和生产者的劳动。在市场经济条件下，这两部分的总和就表现为产品的成本。

产品的成本是反映工业企业质量的综合指标，是评价工业企业生产经营活动经济效果的重要指标。特别是在市场经济条件下，产品的成本直接影响企业的经济效益。

4.1.1 矿山企业矿石成本

4.1.1.1 矿石成本的分类

A 按成本的组成项目分类

（1）原料及主要材料费：直接用于生产且能构成产品实体的一切外购原料和主要材料费。在计算采矿成本时，没有此项目费用；计算精矿成本时，矿石作为原材料。

（2）辅助材料费：直接用于生产但不能构成产品实体，有助于产品形成的一切外购辅助材料费，如矿山企业需要的木材、炸药、雷管等。

（3）燃料费：直接用于产品生产，有助于产品形成的一切外购固体、液体、气体燃料费用。

（4）动力费：用于产品生成的外购电力、压气、蒸汽等费用。

（5）工资：支付给工人的工资（基本工资和辅助工资）。基本工资包括计时工资、计件工资、奖金。

（6）附加工资：按工资总额的规定比例提取的有关劳动保险、医药卫生和生活福利等费用。

（7）车间经费：车间内发生的，为生产过程服务和与车间管理有关的各项费用。

（8）企业管理费：在企业内发生的各项管理费和经营费。

（9）非生产性费用：企业为销售产品而发生的各项费用。

B 按生产过程分类

（1）采矿准备费：为大规模回采创造条件时所作的开拓、采准、切割的费用。

（2）回采矿石费：大规模回采矿石时耗费的费用。

（3）提升运输费：完成矿石的地下运输和地面运输及提升所耗费的费用。

（4）通风费：矿山开采所耗费的通风费。

（5）供排水费：矿山开采消耗的供水排水费。

（6）其他费用：如压气、井下破碎、环境保护费用等。

C 按费用要素分类

（1）生产资料费：包括原料及主要材料费、辅助材料费、燃料费、动力费。

（2）固定资产费：固定资产的折旧费。

（3）工资：基本工资、辅助工资和附加费。

（4）其他费用：如销售费用、利息、税金、环境保护费等。

4.1.1.2 矿石成本的种类

（1）直接成本：由各项直接费组成，包括原料费、主要材料费、辅助材料费、燃料费、动力费、工资及附加费。

（2）车间成本：由直接成本加车间经费组成，如矿山的采矿车间（也称坑口）和选矿车间（也称选矿厂）。

（3）企业成本：由车间成本加上企业管理费组成。

（4）完全成本：由企业成本加上销售费组成。

矿石成本组成和成本种类的关系见表4-1。

表4-1 矿石成本组成与成本种类的关系

1	2	3	4	5、6	7	8	9
原料及主要材料	辅助材料	燃料	动力	工资及附加费	车间经费	企业管理费	销售费
采矿直接成本							
采矿车间成本							
企业成本（生产成本、工厂成本）							
完全成本（销售成本）							

4.1.1.3 矿山企业年经营费

（1）概念：在矿山生产过程中在计算年内生产中所消耗的生产资料和支付给职工的工资总额。

（2）经营费与年产品成本总额的区别：经营费不包括设备的折旧费。

（3）年经营费的计算方法：与成本的计算方法相同，包括材料费、动力燃料费、职工工资及附加费、非生产支出、车间及企业的经营管理费（扣除折旧部分）。

4.1.1.4 直接成本费的计算方法

A 辅助材料费的计算

矿山企业生产的环节包括开拓、采准、切割、回采、充填、提升、运输等环节。每个环节都需要消耗一定数量的辅助材料，主要有炸药、雷管、木材、导火索、导爆索、钎子钢、硬质合金、润滑油、汽油、闸瓦、柴油、内外轮胎、钢丝绳、皮带等。

表4-2为辅助材料费计算表。

在计算辅助材料费用时，要增加5%～10%的未预见材料费用作为消耗材料的支出费用计入成本。

表 4-2　辅助材料费计算表

序号	材料名称	消耗量	单　位	单　价	费　用	备　注
合计						

B　动力费的计算

矿山企业的动力有电力和压风两种。

（1）电力费的计算：

$$电力费＝消耗量×电价$$

消耗量是指直接参与开采环节所消耗的电力，根据电表实际总消耗电量来计算，一般均按实际消耗电量计算。

为了计算方便，耗电量的单位均为 $kW \cdot h/t$。矿山可以取上年实际消耗量与上年生产能力来计算，也可以根据上年矿山实际，参考类似矿山选取较先进的数值。

$$单位电价 = \frac{购买费 + 变电工资及附加费 + 变电材料费 + 变电设备折旧费 + 修机费}{计算期内总消耗电量}$$

（2）压风费：压风费的计算比较复杂，一般是按上年实际消耗费用及生产能力来计算。

$$压风费＝空压工人工资及附加费+电力费+材料费+折旧费+维修费$$

$$单位压风费（元/吨）= \frac{计算期内的压风费（元）}{计算期内矿石产量（t）}$$

4.1.1.5　间接成本费用计算法

A　车间经费的计算

（1）车间管理费：车间（坑口）全部辅助人员的工资及附加费、办公费、水电费、取暖费及燃料费。

（2）维修费：车间维修人员的工资及附加费、材料费、动力费及燃料费。

（3）折旧费：车间固定资产的折旧费。折旧费包括基本折旧费和大修理折旧费。

$$折旧费（元/吨）= \frac{原价值（元）× 综合折旧率}{年产量（t）}$$

B　企业管理费的计算

（1）行政管理费：行政人员的工资及附加费，行政管理的固定资产维修费、折旧费、办公费、差旅费等。

（2）一般管理费：包括采购费、劳保费、仓储费、消防费、警卫费等。

（3）其他管理费：包括干部培训费、试验研究费、各种罚金等。

C　销售费

销售费是指产品在销售过程中的包装费、运输费、宣传费、代销费、邮电费。

成本的计算是一个复杂的工程。涉及全矿各工艺过程，包括会计、设计、劳资等部门，不是单一采矿专业能完成的。在计算中注意不要出现重复计算，也不要有遗漏。

4.1.2 矿山企业选矿成本

选矿成本，通常是以处理 1t 原矿石所需的费用来表示。选矿厂的产成品（或劳务）成本是以货币形式表现的选矿生产和销售产品（劳务）的全部费用支出。

4.1.2.1 选矿成本的组成

选矿成本由原材料、燃料、动力、工资、废品损失、车间经费、企业管理费、精矿销售费等组成。

（1）原材料：直接用于选矿产成品生产的各种原材料，包括构成产成品实际的原料、主要材料以及有助于产品形成的辅助材料。对于选矿厂来说，原料就是各种矿石；主要材料包括选矿药剂、钢球、钢棒、滤布、各种型号的润滑油等；辅助材料包括助磨剂、助滤剂、絮凝剂以及各种机电设备所用的材料等。

（2）燃料和动力：直接用于选矿产品生产的各种外购的和自制的燃料和动力。选矿厂常用的燃料有煤、重油、柴油等；动力是指电、水和消耗动力获得的风、汽等。

（3）工资及附加费：直接参加选矿产成品生产过程的工人工资及按规定比例提取的工资附加费（补贴、津贴、保险等）。

（4）废品损失：在选矿生产过程中，因产生废品而发生的各种损失。发生废品的选矿产成品多属于精矿质量 达不到要求或者精矿中含有害元素过高、不符合冶炼要求等。

（5）车间经费：基本生产车间为管理和组织生产而发生的各种管理费用、业务费用和其他费用，如车间管理人员工资及附加费、办公费、折旧费、修理费、低值易耗品摊销、劳动保护费等。

（6）企业管理费：为管理和组织整个选矿厂生产而发生的属于全厂性的管理费用、业务费用和其他费用，如管理部门职工工资及附加费、办公费、差旅费、折旧费、修理费、低值易耗品摊销、仓库经费、文体宣传费、消防费、利息支出等。

（7）精矿销售费：产品在销售过程中发生的各项支出费用，如销售精矿运费、包装费、广告费、摊销费等。

4.1.2.2 选矿成本的分类

A 按成本内容划分

（1）直接作业费用：成本项目中（1）～（4）项是按处理量直接计算的，故叫做直接作业费用或直接作业成本。

（2）间接费用：（5）～（6）项是按费用发生的范围设置的，在计算成本时，这两种费用不能直接判明各种产品（对选矿成本来说，是各种矿种）应该负担的数量，必须用间接分摊法计算到各种原矿处理成本中去，所以叫做间接费用。

（3）车间成本：以上成本项目（1）～（5）项，发生于车间范围，形成车间成本。

（4）工厂成本：车间成本加企业管理费，构成工厂成本。

（5）单位成本：处理某种矿石的总成本除以该种矿石的数量，即为该种矿石的单位成本。

　　这样的成本项目既能按处理量计算，又能分清车间的成本责任；既便于对原矿处理量按生产过程计算成本，又便于考核车间的成绩。

　　B　按照经济性质划分

　　按照经济性质分类也就是按照费用的原始形态，把全部生产费用均分为若干费用要素。在每个费用要素中，都包括了该种性质的全部生产费用。

　　（1）原料及主要材料：选矿厂为进行生产而耗用的一切外购原料（矿石）和主要材料。

　　（2）辅助材料：选矿厂为进行生产而耗用的一切辅助材料、备品备件和低值易耗品等。

　　（3）外购燃料：选矿厂为进行生产而耗用的各种由厂外购进的燃料，如煤、柴油、汽油等。

　　（4）外购动力：选矿厂为进行生产而耗用的各种由厂外购进的动力，如水、电、风压等。

　　（5）工资及附加费：直接从事选矿产品生产的工人工资及按规定计算的工资附加费。

　　（6）折旧费：按照国家规定提取的固定资产折旧费。

　　（7）大修理基金：按照规定提取的计入生产费用的固定资产大修理费。

　　（8）其他费用：不属于以上各要素的各种费用支出，如邮电费、差旅费、租赁费、外部加工费和利息支出等。

　　C　按照经济用途划分

　　按照经济用途分类是按其在生产中的用途，将成本分为原材料（矿石及主要材料、辅助材料）、燃料和动力、工资及附加费、车间经费、企业管理费、销售费。

4.2　产品成本的目标管理

4.2.1　降低矿石成本的途径

　　降低矿石成本是矿山企业管理的一项重要工作。

　　由于影响成本的因素是多方面的，所以降低矿石成本的途径也是多方面的。企业要根据具体情况，从多方面加以寻求。一般来说在企业内部寻求降低矿石成本的途径主要有：

　　（1）节约材料、燃料、动力消耗。

　　（2）大力推行价值分析工作。

　　（3）提高劳动生产率。

　　（4）提高设备利用率。

　　（5）提高产品质量。

　　（6）增加产量。

　　（7）减少对流动资金的占用。

　　（8）实行科学的管理。

4.2.2　目标成本管理的作用

　　目标成本管理就是指把目标管理的原则，具体应用到成本管理中。它是根据企业经济效益的总目标，事先制定出目标成本及其管理体系，通过有效的成本控制和其他成本管理活动，以保证实现目标成本的管理工作。其目的是降低成本，提高企业的经济效益。

为了适应当前企业转轨变型的需要，迎接企业面临的挑战，企业成本管理工作必须进行改革。推行目标成本管理就是这种改革的一个重要步骤。根据一些企业的实践，推行目标成本管理有以下好处：

（1）推行目标成本管理可以促使企业全体职工参加民主管理，体现以提高经济效益为中心的要求。

（2）推行目标成本管理可以与贯彻经济责任制紧密结合，使经济责任制能够落到实处。

（3）推行目标成本管理，能更好地实行全面成本管理，使成本管理工作变被动为主动，变"事后算账"为"事前管理"。

（4）推行目标成本管理，可以促使企业加强各项基础性管理工作，促进上下左右之间协调配合，改善企业的组织工作。

总之，推行目标成本管理是企业提高素质，实现管理现代化，全面提高经济效益的必由之路。

4.2.3 目标成本的确定方法

4.2.3.1 目标成本的概念

按目标管理的原则，所谓目标成本是指企业在一定时期内的产品成本经过努力可以达到的目标，即应该达到的成本水平。

目标成本的计算公式如下：

$$目标成本=计划销售收入-应纳税金-计划利润目标$$

计划销售收入，是根据预测的销售量和售价确定的。计划利润目标是企业在计划期内要达到的目标值。从上述目标成本计算公式中可以看出，在计划销售收入确定的前提下，要想实现预计的利润目标，必须实现目标成本，而通过目标成本管理就保证了利润目标的实现。这样就一改传统的、消极的成本控制为积极的主动的控制，从而有利于企业降低成本，提高经济效益。

4.2.3.2 目标成本的确定过程

按上述公式计算出来的目标成本，还不是最终确定的目标成本。要把计算的目标成本下达至企业内各部门，各单位组织职工寻求降低成本的措施，提出进一步降低成本的数值（目标）和保证实现目标的程度，然后经成本预测和试算平衡，最后确定出目标成本。

4.2.3.3 成本预测和试算平衡

成本预测就是对提出的各种降低成本的措施可能实现的降低额进行预测。它要经过对措施方案的可行性研究和科学的计算，来预测比上年成本（定额）的降低额。试算平衡是指对预测的成本降低额与目标成本要求的降低额进行比较的，反复试算，直至达到平衡的过程。

目标成本计算出来之后，就要与上年预计平均单位成本进行比较，求出目标成本要求的降低额，即成本降低目标。计算公式如下：

$$目标成本降低额 = （前期预计平均单位成本-单位目标成本）×本期产量$$

$$目标成本降低率 = \frac{目标成本降低额}{前期预计平均单位成本×本期成本}×100\%$$

$$= \left(1-\frac{单位目标成本}{前期预计平均单位成本}\right)×100\%$$

预测采取各种措施后的成本降低率的方法，主要是将各项措施对产品成本各要素影响的降低率加以汇总，例如：

（1）由于产量增长，使固定费用相对节约而使成本降低。

$$成本降低率 = 固定费用占产品成本百分比×\left(1-\frac{1+固定费增长百分比}{1+产量增长百分比}\right)$$

（2）由于劳动生产率提高超过工资增长而使成本降低。

$$成本降低率 = 生产工人工资占产品成本百分比×\left(1-\frac{1+平均工资增长百分比}{1+劳动生产率增高百分比}\right)$$

（3）由于材料、燃料、动力等物资消耗的节约使成本降低。

$$成本降低率 = 材料燃料动力费占产品成本\%×材料、燃料、动力消耗降低\%$$

（4）由于节约管理费使成本降低。

$$成本降低率 = 管理费占产品成本\%×\left(1-\frac{1±管理费变动\%}{1+产量增长\%}\right)$$

将以上预测的成本降低率相加，再与目标成本要求的成本降低目标比较，进行试算平衡，如达到目标要求，即最后确定了目标成本。但必须指出，按影响成本各要素的降低率预测是比较粗略的，有时还要采取按降低额（绝对数）进行预测的方法，即将各项措施对产品成本要素绝对额的影响加以汇总，看看是否达到目标成本的要求。

4.2.4　目标成本控制

推行目标成本管理，不仅在于确定合适的目标成本，更重要的是要组织实现目标成本。为实现目标成本，达到目标成本管理的目的，必须进行目标成本的控制。

4.2.4.1　目标成本控制的基本程序

目标成本控制的基本程序为事前制定目标成本（提出目标、确定程序、健全组织、规划步骤），事中监督成本形成（实施控制、严格控制、进行对比、找出差异），事后查明偏差原因（分析原因、决定对策、筛选方案、检查结果）。

（1）确定目标成本控制标准。目标成本控制标准是各项费用开支和各种材料消耗的数量界限，是成本控制的准绳，也是对成本指标进行对比、检查、考核、评价的依据。成本控制标准包括各项费用的开支限额、各种定额等。目标成本控制标准要经常检查、定期修订，以免脱离实际。

（2）监督成本形成过程。就是建立经常的、系统的审核和监督工作，把发生的实际成本与目标成本控制标准进行对比，及时发现偏差。对比分析工作要保持经常化，并要突出重点。

（3）及时查明原因，提出措施，予以改正。当实际成本与目标成本控制标准发生偏差时，要及时查明原因，采取措施，及时纠正偏离目标的因素，使各项费用和各项物资消耗限制在目标成本控制标准之内。

4.2.4.2　目标成本控制的原则

A　目标成本分级归口的原则

就是要在企业内部建立分级归口、纵横交错的目标成本管理体系责任制，做到上下结合。

B　日常控制和定期检查相结合的原则

日常控制实际上就是对指标直接地、具体地监督和检查。而定期检查则是日常控制的深入，是比较系统和全面的。若把两者结合起来，就可以把成本控制的效果再向前推进一步。

C　单项控制和全面综合控制相结合的原则

单项指标控制是对成本组成中某一项内容的控制，可以反映具体的节约和浪费，但更主要是通过有关职能科室和车间把目标成本控制统一起来，做到上下结合、点面结合、条块结合，才能达到目标成本控制的目的。

D　普通控制和例外控制相结合的原则

目标成本控制就是要组织更多的职工参加控制，这就是普通控制。但在复杂的生产过程中，往往出现例外情况。如出现材料价格波动、改进工艺、使用新技术、消耗新型材料、非计划内的费用等。对例外情况，要与主管领导协商解决。

4.2.4.3　目标成本控制的对象

目标成本的控制对象，可以从以下两个方面进行。

（1）以矿石成本形成过程作为控制对象。即对开采计划、生产准备、采购材料、进行生产和销售等各环节，只要发生耗费或影响成本的地方，都要进行有效的控制。

（2）以部门、车间、工段、班组作为成本控制对象。生产费用的发生都同企业各个部门、车间、工段、班组有关。为此，应科学合理地划分部门、车间、工段、班组作为成本控制对象，以明确经济责任，便于考核。

4.2.4.4　目标成本控制的方法

矿石成本所包括的内容很多，但基本上可以概括为材料、动力、工资和一般费用三大部分。如果对这三部分都能加以严格控制，矿石实际成本就可以控制在目标成本之下。

A　材料、动力的控制

材料、动力消耗在矿石成本中约占50%左右。随着技术的进步、劳动生产率的提高，材料和动力消耗在矿石成本中的比重还会增加。所以，材料动力费用的节约和浪费，对于能否实现目标成本关系极大。

为了节约材料消耗，企业应当正确制定各项物资消耗定额，并据此控制物资耗用数量。改进生产技术，加强回收复用；积极利废代用，降低单位产品的材料费。矿山消耗的材料中，除了炸药、雷管等部分材料是一次性消耗外，其余许多材料，如坑木、电缆、钢绳、胶带等能在生产过程中重复使用。材料费中爆破材料约占材料费用30%~45%，因此，节约爆破材料是重要的一环。节约的主要方法是合理选择爆破参数，实行严格的控制，消除在供应、运输、保管中的浪费现象。

矿山中的动力包括电力和压风两种。降低电耗的措施有：正确选择电机的正常容量，提高功率因数，利用适当断面的电缆，保证电机正常负荷，不断地检查绝缘情况等。减少压风消耗量，主要是在凿岩过程中节约使用压风；其次要合理布置压风管路，加强管路的维护检修，减少损失。总之，无论对材料还是动力控制都要完善制度，同时要实行节约有奖、超支处罚的政策。

B　劳动消耗的控制

劳动消耗在产品成本中主要体现在职工总数和工资总额两个指标。过去企业在劳动力组织和使用上缺乏合理性和科学性，劳动力浪费较严重。实行劳动消耗控制，就是要节约劳动时间，提高劳动生产率。

在劳动消耗控制上，要注意使劳动生产率提高的幅度大于平均工资增长幅度。

目前，有的矿山企业把实行吨矿工资含量作为劳动消耗控制的工具，收到一定的效果，有进一步研究的必要。

C　一般费用的控制

凡不属于以上两项费用控制的费用，都属于一般费用控制。

目前企业通常使用预算审批，纳入计划，下达限制指标并与经济责任制挂钩，节约有奖、超计划不支等方法进行一般费用控制，收到了较好的效果。

除以上几项外，企业还要开展对产量和质量的控制以及企业内部横向联系共同控制，以保证目标成本的实现。

复习思考题

4-1　试述产品成本的概念及组成内容。

4-2　为什么说成本是一个综合指标？简述降低成本的途径。

4-3　矿石成本的种类有哪些，分别包含什么内容？

4-4　什么是目标成本，目标成本如何确定？

4-5　固定资金与流动资金有何区别？

4-6　经营费与产品成本总额的区别是什么？

矿山企业的全面质量管理

5.1 全面质量管理

5.1.1 质量管理概述

5.1.1.1 质量的概念

质量是指"一组固有特性满足要求的程度"。"固有特性"是指存在于某事或某物中的，尤其是那种永久的特性。质量的概念最初仅用于产品，以后逐渐扩展到服务、过程、体系和组织，以及以上几项的组合。目前国际上已普遍采用广义质量的概念。所谓广义质量，是相对于狭义质量（产品质量）而言的，是指"反映产品或服务满足明示的，隐含的或必须履行的需求或期望的能力的特征和特性的总和"。广义质量的控制客体（对象）既包括产品质量，又包括工作质量和服务质量。

A 产品质量

产品质量是指产品适合一定用途，满足社会和人们一定需要所必备的特性。它包括产品结构、性能、精度、纯度、物理性能和化学成分等内在的质量特性；也包括产品外观、形状、色泽、气味、包装等外在的质量特性；同时还包括经济特性（如成本、价格、使用费用、维修时间和费用等）、商业特性（如交货期、保修期等），以及其他方面的特性（如安全、环境、美观等）。

一般将产品质量特性应达到的要求规定在产品质量标准中。产品质量标准是指对产品品种、规格、质量的客观要求及其检验方法所做出的具体技术规定。它一般包括产品名称、用途和适用范围，产品的品种、类型、规格、结构和主要技术性能指标，产品的检验方法和工具，产品的包装、储运和保管准则，产品的操作说明等，按其颁发单位和适用范围不同，有国际标准、国家标准、部门标准和企业标准等。企业还可根据需要制定比国家标准和部门标准更先进的企业内控标准。产品质量标准是进行产品生产和质量检验的技术依据。

B 工作质量

工作质量是指企业为保证和提高产品质量，在经营管理和生产技术工作方面达到的水平。它可以通过企业各部门、各岗位的工作效率、工作成果、产品质量、经济效益等反映出来，并用合格品率、不合格品率、返修率、废品率等一系列工作质量指标来衡量。

C 服务质量

服务质量是服务产品所具有的内在特性，可以分为服务的时间性、功能性、安全性、经济性、舒适性和文明性六种类型。如服务等待时间的长短、服务设施的完好程度、服务用语的文明程度、报警器的正常工作率等。

产品质量、工作质量和服务质量之间有着非常密切的联系。产品质量取决于工作质量和服务质量；同时，产品质量是工作质量和服务质量的综合反映。人的工作质量和服务质量好坏，对保证和提高产品质量具有决定性的意义。

5.1.1.2　质量管理

所谓质量管理（quality management），是指导和控制组织的关于质量的相互协调的活动。通常包括制定质量方针和质量目标以及质量策划、质量控制、质量保证和质量改进。是为了保证和提高产品质量而进行的一系列技术、组织、计划、协调和控制等工作的总称。其重点是确定质量方针、目标和职责，并在质量体系中通过诸如质量策划、质量控制、质量保证、质量改进和实施的全部管理活动，即对确定和达到质量要求所必需的职能活动的管理。它是企业管理的重要组成部分，是企业管理的中心环节，对促进企业的发展，促进国民经济的发展具有重要意义。

5.1.2　质量管理的发展

质量管理的发展同科学技术的发展及管理科学化、现代化的发展密不可分。通常认为，质量管理的发展历程大体经历了三个阶段。

5.1.2.1　质量检验阶段

20 世纪以前，由于当时的产品相对简单，大都由操作人员自己制造，自行对产品质量进行检验和管理，因此称为"操作者的质量管理"。20 世纪初，泰罗主张把执行质量检验的责任由操作者转移给工长，称为"工长的质量管理"。随着对零件互换性和标准化的要求越来越高，许多企业都相继设置了专职检验人员和部门，负责全厂各生产部门的产品（零部件）质量的检验和管理工作，称为"检验员（部门）的质量管理"。此阶段主要依靠质量检验手段对产品进行事后检查，剔除废品，挑出次品，防止不合格产品流入下道工序或出厂，对保证产品质量起到了一定的作用。但也有明显的局限性和弊端，一方面，由于"事后检验把关"，即使查出了次品、废品，也已既成事实，无法在生产过程中起到预防、控制的作用；另一方面，由于采取百分之百"全数"检验的办法把关，使得检验费用大大增加，同时，在破坏性检验的情况下，难以保证产品质量；最后，设计、生产和检验三方面的员工缺乏协调配合，管理的作用相当薄弱，当出现质量问题时，容易相互推卸责任。

5.1.2.2　统计质量管理（SQC）阶段

从第二次世界大战开始至 20 世纪 50 年代末，质量管理处于统计质量控制阶段。它主要运用数理统计方法，通过抽样检验这一手段，从产品生产过程的质量波动中找出规律性，对产生波动的异常原因事先采取预防措施，从而达到在生产工序间进行质量控制的目的。统计质量控制（statistical quality control，SQC）的特征是将数理统计方法和质量管理相结合，此方法最早由美国贝尔研究所的休哈特（W. A. Shewhart）、道奇（U. F. Dodge）和罗米格（H. G. Romig）三位学者引入到质量管理领域。但是，由于 20 世纪30 年代世界资本主义经济危机的影响，这些科学的方法均未能在质量管理中发挥其应有的作用。第二次世界大战爆发后，美国大批生产民用品的公司转产军需品，由于军需品属于破坏性检验，事先无法控制不合格品，造成不能按期交货而贻误战机；同时，成品的低可靠性造成军火和装备经常发生事故，炮弹炸膛事件层出不穷，影响了战局。美国国防部为了解决这个难题，于1941～1942年先后制定和公布了"美国战时质量管理标准"，即《质量管理指南》、《数据分析用的控制图法》和《生产中质量管理用的控制图法》，强制要求生产军需品的各公司、企业实行统计质量管理，这三个标准是质量管理进程中最早的标准。

由于统计质量管理把"质量检验阶段"中的"事后把关"变成事先控制，预防为主，防控结合，使质量管理工作建立在科学的基础上，给厂商带来了巨额利润，战后许多公司相继采用，有效地推动了这一方法的使用和发展。但统计质量管理也存在着明显的缺陷，它过分强调数理统计方法，没有重视数理统计方法的普及工作，使得人们对质量管理产生了一种"高不可攀、望而生畏"的感觉，影响了数理统计方法的运用。

5.1.2.3　全面质量管理（TQC）阶段

这一阶段从20世纪60年代初开始一直延续至今。随着人们对产品的功能及技术服务的要求日益提高，仅靠质量控制的统计方法已不能满足人们日益增长的需要。为此，企业除了要对生产过程进行控制外，还需对产品的设计、准备、制造、销售、使用等环节，依据"系统"的概念和技术进行控制，把质量问题作为一个统一的有机整体进行综合的分析和研究。20世纪50年代末，美国通用电气公司的费根保姆和质量管理学家朱兰提出了全面质量控制（total quality control，TQC）的概念，经过30多年的实践和运用，至90年代，日本科学技术联盟将TQC改为TQM（total quality management）。

质量管理的三个发展阶段是一个相互联系的发展与提高的过程。质量检查至今仍是杜绝不合格产品流入下道工序和用户手中的不可缺少的质量管理环节，统计质量控制方法仍是生产过程质量控制的重要手段。

5.1.3　全面质量管理概述

5.1.3.1　全面质量管理的概念

全面质量管理（TQM）是指以质量为中心，以全员参与为基础，指导和控制组织各方面的相互协调的活动。其目的在于通过让顾客满意、让本组织所有成员及社会受益，达到企业长期成功的管理途径。与以往的质量管理相比，它有以下特点：

（1）全面的质量管理。它不仅管产品质量，同时也管产品质量赖以形成的工程质量、工作质量和服务质量，将各方面的综合作为管理控制的对象，用优质的工程质量、工作质量和服务质量来保证产品质量。要求保证质量、物美价廉，交货及时、服务周到，一切使用户满意。

（2）全过程的质量管理。产品质量始于设计，成于制造，终于使用。要保证产品质量，必须把产品质量形成全过程各个环节的有关因素都有效地控制起来，即对从市场调查、产品设计、试制、生产、检验、仓储、销售，到售后服务的各个环节都实行严格的质量管理，并形成一个综合的质量管理体系。

（3）全员参与的质量管理。产品质量是企业各方面工作的综合反映。产品质量好坏涉及企业的所有部门和所有人员。它要求树立"质量管理，人人有责"的观念，通过落实岗位质量目标责任制和对全体员工进行质量意识教育，把全体员工的积极性和创造性集中到参与质量管理的工作上。

（4）方法灵活多样的质量管理。随着人们对产品的性能、精度和可靠性等方面要求的日益提高，检验测试的工作量成倍增加。另外影响产品质量的因素又异常复杂，因而必须对质量管理提出新的要求，即要求企业在建立严密的质量保证体系的同时，充分地利用现代科学的一切成就，广泛灵活地运用现代化的管理方法、管理手段和技术手段，提高各部门的工作质量，找出产品质量存在的关键问题，控制设计和制造过程的工作质量，达到提高产品质量的目的。

5.1.3.2　全面质量管理的指导思想

全面质量管理的指导思想包含以下五个方面：

（1）质量第一。任何产品都必须达到顾客和社会所要求的质量水平，否则就没有或未完全实现其使用价值，就会给消费者、给社会带来损失。贯彻"质量第一"就是要求企业全体员工，特别是领导层，要有强烈的质量意识，要求企业在确定经营目标时，首先应根据用户或市场的需求科学地确定质量目标，并安排人力、物力、财力予以保证。当质量与数量、社会效益和企业效益、长远利益与眼前利益发生矛盾时，应把质量、社会效益和长远效益放在首位。

（2）用户至上。就是要树立以用户为中心、为用户服务的思想，树立"用户永远没有错"的全新理念。为用户服务就要使产品或服务尽量满足用户的要求，产品质量的好坏，最终应以用户的满意程度作为唯一的评价标准。这就要求在全体员工中牢固树立"用户第一"的思想，不仅要求做到质量达标，而且要服务周到。同时还要倡导"下道工序就是用户"的思想，不合格的零部件不能转给下道工序，否则，就是把不合格品卖给了用户。只有这样，用户才能买着放心，用着满意。

（3）质量是设计、制造出来的，而不是检验出来的。一个企业产品质量的好坏，主要在于产品的设计与制造，检验只能证实产品质量是否合乎质量标准。事实上，设计质量直接决定产品的质量水平，制造是实现设计质量的过程。因此，设计、制造出符合用户要求的产品是提高质量的关键。

（4）一切用数据说话。数据是客观事物的定量反映，用数据说话就是用事实说话。这就要求在质量管理工作中要有科学的作风，深入实际，掌握客观准确的情况，要对问题进行定量分析，要掌握质量的变化规律，以便采取真正有效的措施解决质量问题。

（5）一切以预防为主。要求把不合格的产品消灭在形成过程中，做到防检结合，以防为主。即要把管理工作重点从管事后的产品质量转到控制事前的生产过程质量上来，在生产过程的所有环节中加强质量管理，消除产生不合格品的种种隐患，做到"防患于未然"。

5.1.3.3　全面质量管理的过程

全面质量管理活动的全部过程，就是质量计划的制订和组织实施的过程。这个过程要按照 PDCA 管理循环，周而复始地运转。PDCA 是英文 plan（计划）、do（实施）、check

（检查）、action（处理）四个词的第一个字母的缩写组合。它是由美国质量管理专家戴明博士（W. E. Deming）首先提出的，所以也叫"戴明环"。它包括四个阶段、八个步骤。

A 计划阶段

计划阶段要确定质量目标、质量计划、管理项目和措施方案。这一阶段的工作分为四个步骤：

第一步，分析质量现状，找出存在的质量问题。在分析质量现状时，必须通过数据进行分析，并用数据说明存在的质量问题。

第二步，分析产生质量问题的各种原因或质量的影响因素。一般有人、机（设备、工具、工装）、料（材料、零配件）、法（工艺、方法）、检测、环境等因素。

第三步，从各种原因中找出影响质量的主要原因。这是解决质量问题的关键。

第四步，针对影响质量的主要原因制定对策，拟定管理、技术和组织措施，提出执行计划和预期效果。在制定措施和计划的过程中应明确为什么要制定这一措施和计划，预期达到什么目标，在哪里执行这个措施和计划，由哪个单位或谁来执行，什么时间开始执行，何时完成，怎样执行等，即5W、1H（Why, What, Where, When, Who, How）。

B 实施阶段

第五步，按预定计划、目标和措施，具体组织和实施。

C 检查阶段

第六步，把实施的结果和计划的要求相对比，检查计划的执行情况和实施的效果。

D 处理阶段

第七步，总结经验教训、巩固成绩并对出现的问题加以处理。就是把成功的经验和失败的教训都纳入相应的标准、制度或规定之中，以巩固已经取得的成绩，防止重复出现已发生过的问题。

第八步，把未解决的问题转入下一个管理循环，作为下一个阶段的计划目标。

PDCA管理循环的特点是：

（1）大环套小环、小环保大环，互相促进。即整个企业的质量管理体系构成一个大的PDCA管理循环，而各个部门各级单位直到每个人又都有各自的PDCA管理循环，依次又有更小的PDCA管理循环，从而形成一个"大环套小环，一环扣一环，小环保大环，从而推动大循环"的综合管理体系。

（2）循环上升。PDCA管理循环是螺旋式上升的，如同爬楼梯一样，每循环一次就前进、提高一步，循环往复，永无止境，质量问题不断解决，工作质量、管理水平和产品质量就不断提高。

（3）处理阶段是关键。在这一阶段要总结经验，巩固成绩，纠正错误，吸取教训，并使质量管理工作制度化、标准化，使每经过一个工作循环，质量水平就能稳定到一个新的水平上。通过不断研究解决质量问题的措施，推动产品质量的提高。

5.1.3.4 全面质量管理保证体系

质量保证体系是全面质量管理的核心和落脚点。它是系统工程的理论、方法在质量管理中的具体运用，是现代化企业生产的要求，也是质量管理一个新的突破。

所谓质量保证体系，是指企业以保证和提高产品质量为目标，运用系统工程的概念和方法，把质量管理各阶段、各环节的质量管理职能组织起来，形成一个有明确任务、职责、权限、互相协调、互相促进的有机整体，使各项质量管理工作有条不紊，做到程序化、标准化、高效化的组织体系。

质量保证体系的核心就是依靠人的积极性和创造性，依靠科学技术的力量，使产品质量得到切实的保障，其实质就是严格的责任制和分明的奖惩，具体体现就是一系列的手册、汇编、图表等。

企业建立质量保证体系的目的，在于长期、稳定地保证和提高产品质量。根据系统工程的思想和理论，这样的质量保证体系主要包括思想、组织等方面的保证体系。思想保证体系就是不断加强"质量第一"和"一切为了用户"的宗旨教育，提高职工的质量意识，明确企业的质量方针和质量目标，从思想上不断保证质量；组织保证体系即建立以厂（矿）长为首的厂（矿）质量管理的各级组织机构，明确职责、权限和任务，保证对全厂（矿）统一的质量管理工作的领导；生产、工作活动方面的保证体系，即规定各部门、各环节和人员的职责、任务、要求和权限并使之标准化。

建立健全质量保证体系，还要求有一套高效灵敏的质量信息反馈系统，以实现质量信息的传递畅通无阻，准确、及时地搜集和处理厂（矿）内外各种质量信息，为保证和改进质量提供信息依据。

为保证这个体系的运行，各环节（车间、科室）还要建立自身的保证体系，及产品、零部件的质量保证体系，这是整个企业质量保证体系的基础。只有实现各零部件的质量保证，企业质量保证体系才真正有了保证。

有了这样一个完整健全的质量保证体系，才能把全体职工发动起来，把企业各部门各环节的质量管理活动纳入统一的质量管理体系，才能使各项质量管理工作繁而不乱，管而不死，也才能做到制度化、经常化、标准化、数据化和信息化，从而有效地保证企业长期稳定地生产出用户满意的优质产品。

5.1.3.5　全面质量管理基础工作

工业企业开展全面质量管理工作必须具备一定的基本条件、基本手段和基本制度，也就是说要具备一些基础工作，其中最直接，也是最重要的基础工作是质量教育工作、标准化工作、计量工作、质量责任制工作、质量信息工作等，只有做好了这些基础工作，全面质量管理工作才能顺利开展。

A　质量教育工作

质量教育工作是开展全面质量管理的重要基础工作。因为开展全面质量管理，全体职工必须有较高的生产技术和企业管理水平，掌握必备的全面质量管理的理论知识和统计方法。根据质量教育工作的任务，质量教育工作包括两个方面的内容：一方面是专业技术教育培训；另一方面是质量管理基本知识的教育。

B　标准化工作

标准化是指在现代化大工业生产中工业产品品种质量、规格的简化和统一化。所谓标准，一方面是衡量产品质量以及各项工作质量的尺度，另一方面它又是企业组织生产、技术管理工作的依据。一句话，产品质量标准化就是产品质量要合乎技术规定标准。产品系列化，零部件标准化、通用化是标准化的主要内容。

标准化是质量管理的基础，而质量管理是贯彻执行标准化的保证。因此，推行全面质量管理自始至终都必须以标准化为工作依据，故必须切实抓好标准化工作。

C 计量工作

计量工作（包括测试、化验、分析等工作）是企业开展全面质量管理的一项重要的基础工作，是保证产品质量的重要手段和方法。

计量工作的重要任务是按国家的统一计量单位制度，组织量值传递，保证量值的统一。没有单位制度的统一和量值的统一，工艺过程就不能正常控制，生产也无法进行，制定和贯彻国家标准，提高产品质量就成了一句空话。

计量工作的主要要求是，必要的性能稳定可靠的量具和化验、分析仪器等测试工具和手段，必须齐备，不可疏漏，一旦发生故障，必须及时修复，以保证计量工作的正常运行。

D 质量责任制

建立质量责任制，是企业建立经济责任制的首要环节。这个制度要明确规定企业的每一个人在质量工作中的具体任务、责任和权力，以便做到质量工作人人有专责，事事有人管，办事有标准，工作有检查，并严格考核。以此把同质量直接有关的成千上万项工作和广大职工的积极性结合起来、组织起来，形成一个严密的质量管理工作系统。产品质量一旦出了问题，才能迅速地查清责任，及时采取补救措施；同时抓住时机，总结正反两方面的经验，以杜绝质量事故的发生，更好地保证和提高产品质量。实践证明，只有实行严格的质量责任制，才能建立正常的生产技术工作秩序，才能加强设备、工业安装、原材料和技术工作的管理，才能统一工艺操作，才能保证产品质量的稳定与提高。

E 质量信息工作

质量信息是指反映产品质量和产供销各个环节工作质量的基本数据、原始记录以及产品使用过程中反映出来的各种情报资料。质量信息是质量管理的耳目。

整个企业管理活动，从本质上来讲，就是信息管理的过程。企业中管理活动的对象是人、财、物和各种原始记录数据，而管理活动的职能则是计划、组织和调节（调度），所谓调节，实质就是信息的反馈与控制作用。搞好质量管理，提高产品质量，关键要对来自各方面的影响因素有清楚的认识，时刻掌握产品质量的动态状况，做到心中有数。

随着电子技术在企业管理中的开发应用，大量的质量信息将通过电子计算机进行迅速而准确的处理，这必将给全面质量管理工作带来新的生机。

5.2 矿山企业产品质量

5.2.1 产品的特点

矿山企业的主要产品为矿石和精矿，对采矿来说产品为矿石，对选矿而言产品为精矿，同其他加工行业和产品制造的产品相比，矿山企业的这些产品有显著的特点：

（1）产品为不要求外形的原料产品。

（2）产品不要求外观等指标，只对其化学成分有要求。

（3）产品的化学成分要求稳定，含量均匀，有害杂质控制在一定的范围内。

（4）产品虽不要求外形，但对于其块度、颗粒有一定的要求。

（5）产品不需要进行包装，不怕挤压、振荡、运输安全方便。

（6）产品不合格无法进行第二次加工处理。

（7）采矿原材料为一次性，不能再生。

5.2.2　产品质量的意义

工业产品的质量是指产品具有一定的用途，能够满足用户所需要的哪些特性及达到这些特性所付出的技术工作、组织工作和管理工作。

5.2.2.1　产品的适应性

产品的适应性是指产品的物理性能和化学成分以及使用性能、维修和外形美观等。对矿山企业的产品而言，具体是指（采矿）矿石的块度、品位及（选矿）精矿的品位、有害杂质含量及相关的化学、物理性能达到冶炼的要求。

5.2.2.2　产品的可靠性

产品的可靠性是指产品在规定的期限和条件下生产产品的稳定可靠安全性能以及产品的物理化学指标（品位、粒度、杂质含量）的稳定性。

5.2.2.3　产品的经济性

产品的经济性是指产品的设计、制造、使用等各方面所付出或所消耗成本的程度。同时，亦包含其可获得经济利益的程度，即投入与产出的效益能力。

5.2.2.4　工作质量

工作质量是反映生产该产品所付出的技术工作、组织工作和管理工作的总称。工作质量是保证产品质量的前提条件，工作质量的内涵及外延更广泛，工作质量难以定量衡量，工作质量靠产品质量表现。

工作质量和产品质量是两个既有联系又有区别的概念，工作的对象为产品的产生过程，工作质量的对象为工作，产品的质量对象为产品。正确区分产品质量和工作质量两个概念，有利于重视产品质量的形成过程。而优质的产品是靠劳动生产产出的，而不是靠检验检出来的，但检验手段的优劣，检验工作的组织管理能促进生产过程管理，两者不可或缺。

5.2.3　产品质量指标

矿山企业的生产过程及产品都有其独特的特点和特殊性，矿山企业的质量指标应能具体反映矿山企业管理的水平。

矿山企业的质量指标是指产品质量、数量方面的指标，应该包括产品的质量指标、工程施工的质量指标、生产过程的质量指标。具体而言应该有平均品位、主要有害成分平均含量、有用有害成分的标准离差、采矿贫化率、岩石混入率、矿石回采率、选矿回收率、各种工程的合格率、矿石最低工业品位、最低开采品位等。

5.2.4 产品质量主要指标的确定

5.2.4.1 最低工业品位的确定

确定最低工业品位比较好的方法是价格法,其实质是根据从矿石中提取 1t 最终产品(精矿或金属产品)的矿石开采与加工成本不超过该产品的价格的原则,来确定最低工业品位。根据这个原理,1t 矿石的开采与加工成本和从中提取产品的价格关系,用下式表示:

$$\frac{\alpha(1-\rho)\varepsilon P}{\beta} \geq c$$

当产品成本等于产品价格时,该品位为最低工业品位,则

$$\alpha_w = \frac{C\beta}{P(1-\rho)\varepsilon}$$

式中　α——矿石地质品位,%;

　　α_w——最低工业品位,%;

　　C——1t 矿石的开采与加工(采矿、运矿、选矿冶炼等)成本,元/吨;

　　P——最终产品(精矿或金属产品)价格,元/吨;

　　ε——选矿(或选冶)回收率,%;

　　β——最终产品(精矿或金属)品位,%;

　　ρ——矿石贫化率,%。

由上式可以看出,按价格法确定的最低工业品位,在其他条件一定的情况下,与产品成本和产品质量有直接关系。

5.2.4.2 开采工业品位的确定

开采工业品位可由下式确定。

$$\alpha_d = \frac{C\beta}{P(1-\rho)\varepsilon}(1+f)$$

式中　α_d——开采工业品位,%;

　　f——最低利润系数,%。

其他符号意义同前。

5.2.5 产品质量的管理

5.2.5.1 矿山企业产品质量管理的特殊性

(1)在地下矿山中工作的职工需要有新鲜空气和充足的照明,同时还受到顶板围岩、水灾、火灾的威胁,如果对这些重大灾害预防管理不善,不讲究科学,不但不能进行正常生产,而且还会造成财产和资源损失,更重要的是对工作人员的安全与健康不利。

(2)矿山生产特点之一是采掘工作地点的移动性。地质构造、水文、矿石品位及其可选性都是变化的,处于建设、生产、报废的运动过程中,必须讲究各个环节的工程质量,才能保障安全生产。

（3）矿山生产是多环节、多工序、战线长。井下采区一般分散，相距较远，而且往往是多水平生产。地下矿有采、掘、运、提、装等主要环节；露天矿有穿孔、爆破、采装、运输、排土等环节，任一环节的工作质量不好都会造成全矿或采区生产停滞。因此，只有协调行动，才能正常生产。

（4）采矿的产品是矿石，矿石是自然生成的，通过管理可减少废石混入提高质量。有的矿山矿石贫化率高达 20%~25%，这种大量的废石搬运要消耗很多人力、物力和财力，也给选矿生产造成困难。

（5）矿山企业对环境的污染、破坏非常严重，要加强环保意识，处理好废水、废气和尾矿。

由上可以看出，矿山企业的质量管理不仅关系到产品质量，而且关系安全及经济效益。

5.2.5.2　产品质量管理的任务

矿山企业质量管理的任务是加强企业管理，采取有效措施，最大限度地减少生产过程混入的岩石及其他杂质；改进工艺，搞好各采区的探矿，实行合理配采，以保证矿石品位的稳定；按照国家技术操作标准，完成产品质量指标的检验任务，并积累资料，利用数理统计方法，分析研究，找出问题。根据以上任务，矿山企业全面质量管理的范围，大致有如下几方面：

（1）工程质量。工程质量是指井巷工程质量、地面工业建筑质量、设备和安装的质量。采掘工作面是采矿生产第一工作场所，它的工程质量好坏，直接关系到安全、生产、消耗、成品和产品质量。

（2）机电设备维修质量。由于矿山生产战线长、环节多，移动性设备多，设备管理的好坏直接关系到安全生产和经济效果的好坏。

（3）矿石（精矿）质量。在全面质量管理中，要加强生产管理，最大限度地提高矿石（精矿）质量，按计划要求满足用户的需要。

（4）质量管理组织的质量。矿山企业应建立质量管理领导机构（质量管理委员会或质量管理处等），作为企业推行质量管理的组织保证。同时，还应把质量管理同经济责任制挂钩。

5.3　矿山企业产品质量管理

5.3.1　采矿生产过程的质量管理

5.3.1.1　矿石的质量标准

矿石质量标准是矿石生产和选冶厂使用原料的技术依据。但是，矿石产品与其他工业产品质量特性有着明显的不同，因为它在很大程度上受矿山地质形成条件和开采条件的制约。所以，在制定矿石质量标准时，既要考虑选冶厂的特殊要求，又要考虑矿山开采时受矿床赋存条件制约的特点。

合理的矿石质量标准应符合下列原则：

（1）矿石质量必须满足选矿、冶炼的基本要求，能够保证生产的正常进行。

（2）符合保护及合理利用国家资源的原则。对某些能够综合利用的资源（如含稀土或钒钛等元素的铁矿石），应合理利用。

（3）要贯彻"贫富兼采，剥离先行"的采掘技术方针。

（4）长远和近期计划应综合考虑，尽可能使矿山生产有一个稳定的工作条件。

（5）采用可靠的新技术、新工艺、新设备和其他技术组织措施，提高矿石品位，合理利用资源。不能把未经实践检验的新技术、新措施作为提高矿石质量标准的依据。

（6）明确规定对选冶工艺有影响的废石的允许混入量。

（7）地下开采的矿山制定质量标准时，应考虑采矿方法对矿石贫化的影响。

在一定的技术、工艺条件下，矿石的品位受矿山赋存条件限制。但是，矿石品位的波动范围却与矿山的质量管理有着直接的关系。

5.3.1.2 采矿生产的工艺流程

有用矿物的开采方法大体上分为露天开采和井下开采。开采方法是在矿山的开采设计中经过详细的技术经济分析比较之后确定的。目前，我国黑色金属矿山用露天方法开采的占多数。这是因为露天开采具有许多优点，如生产能力高并易于扩大，便于采用大型采装和运输设备，有用矿物的回采率高等。

露天开采的主要生产工艺流程为地质勘探、矿床开拓、穿孔爆破、采装运输、排水排土。

地下开采主要生产工艺流程为矿床开拓、采准、切割、矿石回采、危害处理。

在采矿生产工艺过程中，穿孔爆破、电铲采装、矿石破碎、成品矿石输出等工序，是进行矿石质量管理的重要环节。

5.3.1.3 生产过程中的质量控制

A 矿石质量管理中的地质工作

矿石质量管理中的地质工作，主要是为制订矿石质量中和计划提供地质资料。

地质工作是矿石质量管理中的重要组成部分，它是矿山进行生产、编制质量计划的依据；同时对合理利用国家资源，提高原矿和成品矿石质量，减少贫化、损失等都起着重要作用。

在原矿的质量管理中，首先要解决的问题是原矿的质量鉴定。在原矿质量鉴定的基础上，将各品级的地质界线在现场做出标志，给生产提供依据。

矿山地质部门在原矿质量管理过程中应认真审核质量计划的合理性，并对采掘方针、技术政策的贯彻进行监督，及时提出意见。同时，应不断审核、校对为生产和编制各类矿石质量中和计划提供的各种图纸、资料以及有关矿石质量信息的准确性，以便及时进行修改。为便于矿石质量管理的信息反馈，地质部门在爆破作业的穿孔过程中进行岩粉取样，爆破后还要在爆堆上取样，同时应以最后取样化验结果作为质量计算依据。穿孔和爆堆取样应按矿山的技术规程进行。

在质量管理以及组织矿石生产过程中，地质部门和其他生产技术指挥部门要紧密配合。

B　穿孔爆破的质量控制

在穿孔前必须进行爆破设计，其技术依据是地质部门提供的开采地段的爆破素描图。根据该图确定爆区的穿孔范围、地点，该区与其他爆区在采装过程中能够进行质量中和的能力和条件。这些因素都必须在爆破设计中予以考虑。爆破设计中规定的爆破量和矿石品级还应与矿石质量计划一致。穿孔能力不足的矿山，爆破设计的实现往往受到穿孔设备临时事故的干扰，造成爆区少，能供给采装和进行质量中和的掌子面减少，给质量控制带来困难。

分爆分采的方法是对矿石质量控制的有效措施。分爆的前提是分穿，即按不同质量的矿石（岩石）组成爆区，尽可能避免在爆破作业中矿岩混合，以保持品种的单一。但在实际生产中，特别是对于矿床赋存条件复杂的矿山来说，这是一项较为困难的工作。

C　采装过程中的质量控制

采装过程中质量控制的实质是质量中和。露天矿山同时供给电铲采掘的掌子面数量是由多种因素决定的，如可以开动的电铲台数、穿孔设备台数、工作面数、生产量、运输设备等。但有些矿山为达到配比出矿的要求，必须多准备一、二个工作面，这就是采装过程中矿石质量中和的条件。

矿石质量中和时不是所有的低品位矿石都能参与配比出矿的。按国家规定，不能参与配矿的，除低于工业边界品位的以外，还包括下列几种矿石：

（1）目前选矿技术尚不能处理的难选矿石。

（2）混合矿中，可选矿石的品位低于工业边界品位的矿石。

（3）与现行选冶工艺不对口的矿石。

在采装过程中，矿石质量控制容易受到干扰的主要因素是电铲的临时故障。当计划中的某台作业电铲发生故障时，全部质量中和计划将被打乱，因而不能按原定的配矿比继续进行生产。这是矿山生产经常遇到的实际问题。在有条件的矿山，虽可采取备用掌子面或备用电铲的方法来应急解决，但一般矿山多采用及时调整配矿比的方法继续进行生产。

对于翻斗车或汽车，在改变装运矿石（岩石）种类前，应仔细将车底清洗干净。当泥岩易粘车时，应采用专车专斗的方法，以降低矿石贫化。

原矿的质量中和工作，要求准确地按计划执行，因为中和计划的基础是按各种矿石的品位以"数量"来计算配矿比的。这就要求原矿在电铲装车过程中能达到斗车、汽车的标准装载吨位。电铲装车时，在数量上难免出现偏差。因此，必须建立计量点，利用全检或抽检方式控制其波动范围。目前，大部分矿山因无此能力而采用对高品位的矿石允许有正偏差，低品位的矿石允许有负偏差的做法，以保证原矿的品位，但难以准确控制矿石品位的波动。所以，有的矿山已开始在中央站设置衡器，以准确地掌握原矿的装车数量。这种方法可行，应加以推广。

D　矿石破碎过程中的质量控制

不同品位（类型）的矿石经翻斗车或汽车运至矿山所在的破碎场（中央站）或直送选矿厂进行破碎时，在其进入破碎机前应按质量中和计划配矿翻车。配矿的依据是由生产指挥部门下达的配矿比（或质量计划）。有的矿山在中央站备有专供质量中和用的列车，其目的是保证配矿的精确性。在某一品种矿石破碎后、另一品种矿石开始进入破碎机前，必须认真清理破碎机的下料口，将破碎机转空，以免混矿。经过破碎的矿石应按不同的品位、种类分别贮存在不同的矿仓内等待输出。

E　矿石运输过程中的质量控制

不同品位按事先算好的比例配矿装车，并应保证输出矿石的质量符合技术标准。

为保证矿石质量（特别是品位）的稳定，矿石在转入下道工序前应采用平铺直取法进行中和混匀。

采用地下开采的矿山，在选择采矿方法时，应充分考虑生产工艺流程中的矿石质量控制手段。在选用那些对矿石质量控制较难的采矿方法（如崩落法）时，应制定出切实可行的在生产流程中能够控制矿石质量的技术组织措施，并应综合考虑矿石的合格率、贫化率、损失率三者的有机结合。

5.3.1.4　矿石质量检验

矿石质量检验是鉴别矿石质量的手段，目前国内主要是采用肉眼鉴定和化学分析两种方法。

A　肉眼鉴定

矿石质量的肉眼鉴定是一种简单的方法，质量检查员靠经验来鉴别。这种方法缺乏科学根据，不能准确判定原矿质量是否符合要求，特别是矿石中的有害成分用肉眼难以鉴别。因此，这种方法在实际生产中只能作为质疑检查员的辅助检查手段。

B　矿石的化学分析

矿石的化验包括对原矿和成品矿石的化验。某些矿石的化学成分比较复杂，而冶炼对矿石质量的要求又比较严格，对这类矿石的质量中和的配矿比和采区原矿各成分的含量均要求比较精确。为此，要在穿孔作业时从钻孔岩粉中取样化验，以此来核对所提供块段地质资料的准确程度。当钻孔起爆后，还需在爆堆上按规定的规程取样化验。两次化验的信息都要求及时反馈，以便最后确定待采区的真实矿石质量，从而制订配矿比。

当原矿列车进入破碎中央站以后，还需根据采装工作的质量变化预报，在原矿列车上进行取样化验，并将化验结果及时报送生产科，据此调整配矿比。成品矿石的取样化验是最后确定输出矿石质量的阶段，一般常用四点取样法取样。取样、化验及其随机误差等均需按规程进行控制。

成品矿石装车后，应将该批矿石的成分化验结果及时送交用户（选矿厂或冶炼厂），以便厂家据此投入使用。

综上所述，矿山的矿石质量管理主要是在各工序间，按管理点以质量计划为依据进行控制。各管理点得到的质量信息及时反馈是十分重要的，因为质量计划的完成情况与地质部门提供的原始资料有密切的关系。因此，要想把矿石质量管理工作抓好，还必须从各项基础工作抓起，这样才能收到预期的效果。

5.3.2　选矿生产过程的质量管理

5.3.2.1　选矿生产的任务和工艺流程

A　选矿生产的任务

选矿生产的任务是：

（1）把矿石中的有用金属矿物同脉石矿物分开，使矿石品位提高，同时把尾矿的金属含量降到最低限度，提高金属回收率，经济合理地利用国家矿产资源。

（2）除去矿石中的有害杂质，使有害杂质的含量减少到符合冶炼的要求。

（3）对多金属矿石，必须全面考虑，综合利用一切有用成分。

B　选矿工艺流程

选矿过程是由选前的矿石准备工作、选别工作和选后的产品处理作业组成的连续生产过程，其主要工序包括破碎筛分、磨矿分级、选别、精矿脱水和尾矿处理。

根据流程图标记的内容不同，选矿流程又可分为数量流程图、质量流程图、矿浆流程图以及机械流程图。只反映流程主要作业的流程图为原则流程图。

5.3.2.2　选矿工艺过程的质量控制

选矿工艺过程的质量控制，主要是对各工序的工艺参数的优化选择及控制方法的确定。选矿场必须相应建立完善的规章制度（包括劳动、设备、能源、原料等）、操作规程、检验制度（包括检验、取样、化验等），保证工艺参数及其影响因素得到有效控制，使工序处于稳定状态，并按着 PDCA 方法不断提高工序能力，保证最终产品质量稳定。

选矿工艺过程中的主要控制参数，一般是在选矿厂建厂前通过可选性试验和设计计算来确定的。

在选矿厂投产并技术过关以后，应对生产流程作一次较全面的考查和标定，根据生产的要求制定出更加切合实际的工艺控制参数和质量控制标准。

A　破碎筛分作业的质量控制

矿石的破碎一般包括粗碎、中碎、细碎三种作业。各破碎作业都要严格控制破碎机排放口的尺寸，由专人负责定期进行检查、调整、测定。

对闭路破碎流程，严禁"走开路"、放粗粒度，任意改变生产工艺流程。

对筛分机的筛孔要定期检查，以保证入磨的矿石粒度合格率。

B　磨矿分级作业的质量控制

对一、二次磨矿和分级，要均衡控制台时给矿量，确保磨矿浓度。为此，严禁"跑粗"或"放粗粒度"（即把粗粒矿石放入下工序）。一次返砂量一般控制在 20%~30%，二次返砂量控制在 30%~50%。

由操作者负责每小时测定一次分级溢流浓度，并根据测定结果绘制单值控制图。由专人按时（例如每小时）测定分级粒度，并将筛析结果通知生产操作者，据此调整操作。根据筛析数据绘制单值控制图。必要时，还对磨矿浓度和粒度进行相关分析。

C　磁化焙烧作业的质量控制

铁矿石的磁化焙烧是磁选前的辅助作业，目的在于使弱磁性以至非磁性的铁矿石经过焙烧后转变成磁铁矿，以便采用生产能力高、选别指标好和成本低的弱磁场磁选机进行选别。不论是采用竖炉焙烧，还是采用回转窑焙烧，都要按规定控制入炉矿石的成分和粒度。对竖炉要控制排矿速度，对转炉要控制给矿量和窑体回转速度。

在矿石焙烧过程中，还应按规程控制燃料的热值、流量和压力，以保证矿石的还原度完全合格，并降低燃料的消耗。

D　选别作业的质量控制

（1）磁选。磁选作业主要控制给矿量、给矿浓度和精矿、尾矿品位。给矿浓度一般控制在 35%±5%。精矿和尾矿由专检人员取样、制样后送化验室分析铁品位，据此调整操作，并防止金属流失。技术部门应根据化验数据以及物相分析结果，分析磁化铁回收率，提出改进措施。

细筛主要是控制给矿浓度、筛下粒度和品位。给矿浓度一般控制在 35%~45%。筛下产品的粒度，筛析一般是每 8h 进行一次。品位分析一般是每 2h 取样化验一次。根据粒度筛析和品位化验结果调整操作。

（2）浮选。浮选过程比较复杂，它受很多因素的影响。除严格控制浮选药剂的加入量、药剂浓度、给矿浓度及矿浆的 pH 等参数外，对浮选机的给矿量、矿浆的充气量和搅拌时间、浮选时间等，也必须按规程进行控制。

（3）重选。在控制设备参数条件下，主要控制给矿量、给矿粒度、给矿浓度和一定的上升水流量。定时检测粒度组成并取样化验分析精矿、中矿和尾矿品位，以便及时调整操作。

E　浓缩过滤作业的质量控制

浓缩过滤是选矿产品进行脱水的主要方法，其主要控制精矿的水分、沉砂浓度和溢流浊度，对磁选产品一般控制在 10%以下，对浮选产品一般控制在 11%~13%。

F　原、精、尾矿的质量控制

原、精、尾矿一般由专检人员定时（每小时一次）、定点取样进行化验分析。根据矿石成分的不同，一般对硫、磷和其他有害成分低的原矿，主要化验 TFe、SiO_2 和 FeO 等；对精矿和尾矿主要化验 TFe。化验结果应及时报告有关部门。各操作班应据此作控制图，按期开展 PDCA 循环活动。

铁精矿品位的波动应控制在±1%以内。

各岗位的单值控制图等统计图表应按日送交车间，据此按班和岗位分别做出技术分析和操作质量评价。厂部每月开展一次 PDCA 循环活动。

复习思考题

5-1　什么是产品质量、工序质量、工作质量和服务质量？

5-2　全面质量管理与质量检验、统计质量管理有哪些区别，三者的关系如何？

5-3　如何理解全面质量管理的含义？

5-4　什么是全面质量管理，矿山企业产品有什么特点，全面质量管理需要做哪些基础工作？

5-5　试回答全面质量管理的四个阶段和八个步骤，正态分布曲线的特点是什么，如何判断和分析直方图？

5-6　合理的矿石质量标准应符合哪些原则？简述穿孔爆破和采装过程中的质量控制。

5-7　试回答选别作业的质量控制。合理精矿品位的基本含义是什么，确定合理精矿品位应考虑哪些原则？

5-8　损失贫化造成的经济损失应包括哪些方面？

6 矿山企业的劳动管理

6.1 劳动法律法规

6.1.1 国家法律

6.1.1.1 《劳动法》

《劳动法》于 1994 年 7 月 5 日，第八届全国人民代表大会常务委员会第八次会议通过，自 1995 年 1 月 1 日起施行。

该法的相关内容如下：

（1）劳动者享有平等就业和选择职业的权利、取得劳动报酬的权利、休息休假的权利、获得劳动安全卫生保护的权利、接受职业技能培训的权利、享受社会保险和福利的权利、提请劳动争议处理的权利以及法律规定的其他劳动权利。劳动者应当完成劳动任务，提高职业技能，执行劳动安全卫生规程，遵守劳动纪律和职业道德。

（2）用人单位应当依法建立和完善规章制度，保障劳动者享有劳动权利和履行劳动义务。

（3）劳动合同是劳动者与用人单位确立劳动关系、明确双方权利和义务的协议。建立劳动关系应当订立劳动合同。

（4）国家实行劳动者每日工作时间不超过八小时、平均每周工作时间不超过四十四小时的工时制度。

（5）工资分配应当遵循按劳分配原则，实行同工同酬。工资水平在经济发展的基础上逐步提高。国家对工资总量实行宏观调控。

（6）用人单位必须建立、健全劳动安全卫生制度，严格执行国家劳动安全卫生规程和标准，对劳动者进行劳动安全卫生教育，防止劳动过程中的事故，减少职业危害。

（7）劳动安全卫生设施必须符合国家规定的标准。新建、改建、扩建工程的劳动安全卫生设施必须与主体同时设计、同时施工、同时投入生产和使用。

（8）用人单位必须为劳动者提供符合国家规定的劳动安全卫生条件和必要的劳动防护用品，对从事有职业危害作业的劳动者应当定期进行健康检查。

（9）国家对女职工和未成年工实行特殊劳动保护。

（10）用人单位应当建立职业培训制度，按照国家规定提取和使用职业培训经费。根据本单位实际，有计划地对劳动者进行职业培训。从事技术工种的劳动者，上岗前必须经过培训。

（11）用人单位与劳动者发生劳动争议，当事人可以依法申请调解、仲裁、提起诉讼，也可以协商解决。调解原则适用于仲裁和诉讼程序。

（12）用人单位有下列侵害劳动者合法权益情形之一的，由劳动行政部门责令支付劳动者的工资报酬、经济补偿，并可以责令支付赔偿金：

1）克扣或者无故拖欠劳动者工资的；

2）拒不支付劳动者延长工作时间工资报酬的；

3）低于当地最低工资标准支付劳动者工资的；

4）解除劳动合同后，未依照本法规定给予劳动者经济补偿的。

6.1.1.2 《中华人民共和国劳动合同法》

《中华人民共和国劳动合同法》由中华人民共和国第十届全国人民代表大会常务委员会第二十八次会议于 2007 年 6 月 29 日通过，自 2008 年 1 月 1 日起施行。

该法的相关内容如下：

（1）用人单位应当依法建立和完善劳动规章制度，保障劳动者享有劳动权利、履行劳动义务。

（2）用人单位招用劳动者时，应当如实告知劳动者工作内容、工作条件、工作地点、职业危害、安全生产状况、劳动报酬，以及劳动者要求了解的其他情况；用人单位有权了解劳动者与劳动合同直接相关的基本情况，劳动者应当如实说明。

（3）劳动者有下列情形之一的，用人单位可以解除劳动合同：

1）在试用期间被证明不符合录用条件的；

2）严重违反用人单位的规章制度的；

3）严重失职，营私舞弊，给用人单位造成重大损害的；

4）劳动者同时与其他用人单位建立劳动关系，对完成本单位的工作任务造成严重影响，或者经用人单位提出，拒不改正的；

5）因本法第二十六条第一款第一项规定的情形致使劳动合同无效的；

6）被依法追究刑事责任的。

（4）劳动合同期限三个月以上不满一年的，试用期不得超过一个月；劳动合同期限一年以上不满三年的，试用期不得超过二个月；三年以上固定期限和无固定期限的劳动合同，试用期不得超过六个月。

（5）劳动者在试用期的工资不得低于本单位相同岗位最低档工资或者劳动合同约定工资的百分之八十，并不得低于用人单位所在地的最低工资标准。

（6）用人单位应当严格执行劳动定额标准，不得强迫或者变相强迫劳动者加班。用人单位安排加班的，应当按照国家有关规定向劳动者支付加班费。

（7）劳动者拒绝用人单位管理人员违章指挥、强令冒险作业的，不视为违反劳动合同。劳动者对危害生命安全和身体健康的劳动条件，有权对用人单位提出批评、检举和控告。

6.1.1.3 《职业病防治法》

《职业病防治法》由中华人民共和国第九届全国人民代表大会常务委员会第二十四次会议于 2001 年 10 月 27 日通过，自 2002 年 5 月 1 日起施行。

该法对劳动过程中职业病的防治与管理、职业病的诊断与治疗及保障有以下规定：

（1）对从事有职业病危害的作业的劳动者，用人单位应当按照国务院卫生行政部门的规定组织上岗前、在岗期间和离岗时的职业健康检查，并将检查结果如实告知劳动者。职业健康检查费用由用人单位承担。

（2）用人单位应当为劳动者建立职业健康监护档案，并按照规定的期限妥善保存。劳动者离开用人单位时，有权索取本人职业健康监护档案复印件，用人单位应当如实、无偿提供，并在所提供的复印件上签章。

（3）发生或者可能发生急性职业病危害事故时，用人单位应当立即采取应急救援和控制措施，并及时报告所在地卫生行政部门和有关部门。对遭受或者可能遭受急性职业病危害的劳动者，用人单位应当及时组织救治、进行健康检查和医学观察，所需费用由用人单位承担。

（4）用人单位不得安排未成年工从事接触职业病危害的作业；不得安排孕期、哺乳期的女职工从事对本人和胎儿、婴儿有危害的作业。

（5）劳动者享有下列职业卫生保护权利：

1）获得职业卫生教育、培训。

2）获得职业健康检查、职业病诊疗及康复等职业病防治服务。

3）了解工作场所产生或者可能产生的职业病危害因素、危害后果和应当采取的职业病防护措施。

4）要求用人单位提供符合防治职业病要求的职业病防护设施和个人使用的职业病防护用品，改善工作条件。

5）对违反职业病防治法律与法规以及危及生命健康的行为提出批评、检举和控告。

6）拒绝违章指挥和强令进行没有职业病防护措施的作业。

7）参与用人单位职业卫生工作的民主管理，对职业病防治工作提出意见和建议。

用人单位应当保障劳动者行使上述所列权利。因劳动者依法行使正当权利而降低其工资、福利等待遇或者解除、终止与其订立的劳动合同的，其行为无效。

（6）医疗卫生机构发现疑似职业病病人时，应当告知劳动者本人并及时通知用人单位。

（7）职业病病人依法享受国家规定的职业病待遇。用人单位应当按照国家有关规定，安排职业病病人进行治疗、康复和定期检查。

（8）劳动者被诊断患有职业病，但用人单位没有依法参加工伤社会保险的，其医疗和生活保障由最后的用人单位承担；最后的用人单位有证据证明该职业病是先前用人单位的职业病危害造成的，由先前的用人单位承担。

6.1.1.4 《中华人民共和国工会法》

1992 年 4 月 3 日第七届全国人民代表大会第五次会议通过《中华人民共和国工会法》。根据 2001 年 10 月 27 日第九届全国人民代表大会常务委员会第二十四次会议《关于修改〈中华人民共和国工会法〉的决定》修正。

相关规定如下：

（1）工会组织和教育职工依照宪法和法律的规定行使民主权利，发挥国家主人翁的作用，通过各种途径和形式，参与管理国家事务、管理经济和文化事业、管理社会事务；协助人民政府开展工作，维护工人阶级领导的、以工农联盟为基础的人民民主专政的社会主义国家政权。

（2）维护职工合法权益是工会的基本职责。工会在维护全国人民总体利益的同时，代表和维护职工的合法权益。

1）工会通过平等协商和集体合同制度，协调劳动关系，维护企业职工劳动权益。

2）工会依照法律规定通过职工代表大会或者其他形式，组织职工参与本单位的民主决策、民主管理和民主监督。

3）工会必须密切联系职工，听取和反映职工的意见和要求，关心职工的生活，帮助职工解决困难，全心全意为职工服务。

（3）企业、事业单位违反职工代表大会制度和其他民主管理制度，工会有权要求纠正，保障职工依法行使民主管理的权利。法律、法规规定应当提交职工大会或者职工代表大会审议、通过、决定的事项，企业、事业单位应当依法办理。

（4）企业、事业单位处分职工，工会认为不适当的，有权提出意见。

（5）工会发现企业违章指挥、强令工人冒险作业，或者生产过程中发现明显重大事故隐患和职业危害，有权提出解决的建议，企业应当及时研究答复；发现危及职工生命安全的情况时，工会有权向企业建议组织职工撤离危险现场，企业必须及时作出处理决定。

6.1.2 行政法规

6.1.2.1 《民用爆炸物品安全管理条例》

《民用爆炸物品安全管理条例》于 2006 年 5 月 10 日以国务院令第 466 号发布，自 2006 年 9 月 1 日起施行。

该条例对民用爆炸物品的生产、销售、购买、进出口、运输、爆破作业和储存以及硝酸铵的销售、购买等作出了具体的规定。

该法与矿山相关内容如下：

（1）国家对民用爆炸物品的生产、销售、购买、运输和爆破作业实行许可证制度。未经许可，任何单位或者个人不得生产、销售、购买、运输民用爆炸物品，不得从事爆破作业。严禁转让、出借、转借、抵押、赠送、私藏或者非法持有民用爆炸物品。

（2）民用爆炸物品生产、销售、购买、运输和爆破作业单位（以下称民用爆炸物品从业单位）的主要负责人是本单位民用爆炸物品安全管理责任人，对本单位的民用爆炸物品安全管理工作全面负责。民用爆炸物品从业单位应当建立安全管理制度、岗位安全责任制度，制订安全防范措施和事故应急预案，设置安全管理机构或者配备专职安全管理人员。

（3）无民事行为能力人、限制民事行为能力人或者曾因犯罪受过刑事处罚的人，不得从事民用爆炸物品的生产、销售、购买、运输和爆破作业。民用爆炸物品从业单位应当加强对本单位从业人员的安全教育、法制教育和岗位技术培训，从业人员经考核合格的，方可上岗作业；对有资格要求的岗位，应当配备具有相应资格的人员。

（4）任何单位或者个人都有权举报违反民用爆炸物品安全管理规定的行为。

（5）民用爆炸物品使用单位申请购买民用爆炸物品的，应当向所在地县级人民政府公安机关提出购买申请，并提交有关材料。

（6）运输民用爆炸物品，收货单位应当向运达地县级人民政府公安机关提出申请，并提交有关材料。

（7）申请从事爆破作业的单位，应当具备下列条件：

1）爆破作业属于合法的生产活动；

2）有符合国家有关标准和规范的民用爆炸物品专用仓库；

3）有具备相应资格的安全管理人员、仓库管理人员和具备国家规定执业资格的爆破作业人员；

4）有健全的安全管理制度、岗位安全责任制度；

5）有符合国家标准、行业标准的爆破作业专用设备；

6）法律、行政法规规定的其他条件。

（8）实施爆破作业，应当遵守国家有关标准和规范，在安全距离以外设置警示标志并安排警戒人员，防止无关人员进入；爆破作业结束后应当及时检查、排除未引爆的民用爆炸物品。

6.1.2.2   《工伤保险条例》

《工伤保险条例》于 2003 年 4 月 16 日国务院第 5 次常务会议讨论通过，以国务院令第 375 号公布，根据 2010 年 12 月 20 日《国务院关于修改〈工伤保险条例〉的决定》进行修订，新修订的《工伤保险条例》自 2011 年 1 月 1 日起施行。

新修订的《工伤保险条例》共 8 章 67 条，其立法目的是为了保障因工作遭受事故伤害或者患职业病的职工获得医疗救治和经济补偿，促进工伤预防和职业康复，分散用人单位的工伤风险。

新修订的《工伤保险条例》对从业人员应享有的工伤保险权利有如下规定：

（1）中华人民共和国境内的企业、事业单位、社会团体、民办非企业单位、基金会、律师事务所、会计师事务所等组织和有雇工的个体工商户（以下称用人单位）应当依照本条例规定参加工伤保险，为本单位全部职工或者雇工（以下称职工）缴纳工伤保险费。

中华人民共和国境内的企业、事业单位、社会团体、民办非企业单位、基金会、律师事务所、会计师事务所等组织的职工和个体工商户的雇工，均有依照本条例的规定享受工伤保险待遇的权利。

（2）用人单位和职工应当遵守有关安全生产和职业病防治的法律法规，执行安全卫生规程和标准，预防工伤事故发生，避免和减少职业病危害。职工发生工伤时，用人单位应当采取措施使工伤职工得到及时救治。

（3）用人单位应当按时缴纳工伤保险费。职工个人不缴纳工伤保险费。

（4）职工有下列情形之一的，应当认定为工伤：

1）在工作时间和工作场所内，因工作原因受到事故伤害的；

2）工作时间前后在工作场所内，从事与工作有关的预备性或者收尾性工作受到事故伤害的；

3）在工作时间和工作场所内，因履行工作职责受到暴力等意外伤害的；

4）患职业病的；

5) 因工外出期间，由于工作原因受到伤害或者发生事故下落不明的；

6) 在上下班途中，受到非本人主要责任的交通事故或者城市轨道交通、客运轮渡、火车事故伤害的；

7) 法律、行政法规规定应当认定为工伤的其他情形。

（5）职工有下列情形之一的，视同工伤：

1) 在工作时间和工作岗位，突发疾病死亡或者在 48 小时之内经抢救无效死亡的；

2) 在抢险救灾等维护国家利益、公共利益活动中受到伤害的；

3) 职工原在军队服役，因战、因公负伤致残，已取得革命伤残军人证，到用人单位后旧伤复发的。

职工有前述第 1)、第 2) 情形的，按照本条例的有关规定享受工伤保险待遇；职工有前述第 3) 情形的，按照本条例的有关规定享受除一次性伤残补助金以外的工伤保险待遇。

（6）职工发生工伤，经治疗伤情相对稳定后存在残疾、影响劳动能力的，应当进行劳动能力鉴定。

（7）职工因工作遭受事故伤害或者患职业病进行治疗，享受工伤医疗待遇。职工治疗工伤应当在签订服务协议的医疗机构就医，情况紧急时可以先到就近的医疗机构急救。

（8）职工因工作遭受事故伤害或者患职业病需要暂停工作接受工伤医疗的，在停工留薪期内，原工资福利待遇不变，由所在单位按月支付。

（9）工伤职工已经评定伤残等级并经劳动能力鉴定委员会确认需要生活护理的，从工伤保险基金按月支付生活护理费。

（10）职工因工死亡，其近亲属按照下列规定从工伤保险基金领取丧葬补助金、供养亲属抚恤金和一次性工亡补助金：

1) 丧葬补助金为 6 个月的统筹地区上年度职工月平均工资。

2) 供养亲属抚恤金按照职工本人工资的一定比例发给由因工死亡职工生前提供主要生活来源、无劳动能力的亲属。标准为：配偶每月 40%，其他亲属每人每月 30%，孤寡老人或者孤儿每人每月在上述标准的基础上增加 10%。核定的各供养亲属的抚恤金之和不应高于因工死亡职工生前的工资。供养亲属的具体范围由国务院社会保险行政部门规定。

3) 一次性工亡补助金标准为上一年度全国城镇居民人均可支配收入的 20 倍。

6.1.2.3 《安全生产许可证条例》

《安全生产许可证条例》已经 2004 年 1 月 7 日国务院第 34 次常务会议通过，以国务院令第 397 号发布，自公布之日起施行。

该条例与矿山相关内容如下：

（1）国家对矿山企业、建筑施工企业和危险化学品、烟花爆竹、民用爆破器材生产企业（以下统称企业）实行安全生产许可制度。企业未取得安全生产许可证的，不得从事生产活动。

（2）企业取得安全生产许可证，应当具备下列安全生产条件：

1) 建立、健全安全生产责任制，制定完备的安全生产规章制度和操作规程；

2) 安全投入符合安全生产要求；

3）设置安全生产管理机构，配备专职安全生产管理人员；

4）主要负责人和安全生产管理人员经考核合格；

5）特种作业人员经有关业务主管部门考核合格，取得特种作业操作资格证书；

6）从业人员经安全生产教育和培训合格；

7）依法参加工伤保险，为从业人员缴纳保险费；

8）厂房、作业场所和安全设施、设备、工艺符合有关安全生产法律、法规、标准和规程的要求；

9）有职业危害防治措施，并为从业人员配备符合国家标准或者行业标准的劳动防护用品；

10）依法进行安全评价；

11）有重大危险源检测、评估、监控措施和应急预案；

12）有生产安全事故应急救援预案、应急救援组织或者应急救援人员，配备必要的应急救援器材、设备；

13）法律、法规规定的其他条件。

（3）企业进行生产前，应当依照本条例的规定向安全生产许可证颁发管理机关申请领取安全生产许可证，并提供规定的相关文件、资料。安全生产许可证颁发管理机关应当自收到申请之日起 45 日内审查完毕，经审查符合本条例规定的安全生产条件的，颁发安全生产许可证；不符合本条例规定的安全生产条件的，不予颁发安全生产许可证，书面通知企业并说明理由。

（4）安全生产许可证的有效期为 3 年。安全生产许可证有效期满需要延期的，企业应当于期满前 3 个月向原安全生产许可证颁发管理机关办理延期手续。

企业在安全生产许可证有效期内，严格遵守有关安全生产的法律法规，未发生死亡事故的，安全生产许可证有效期届满时，经原安全生产许可证颁发管理机关同意，不再审查，安全生产许可证有效期延期 3 年。

（5）企业不得转让、冒用安全生产许可证或者使用伪造的安全生产许可证。

（6）企业取得安全生产许可证后，不得降低安全生产条件，并应当加强日常安全生产管理，接受安全生产许可证颁发管理机关的监督检查。安全生产许可证颁发管理机关应当加强对取得安全生产许可证的企业的监督检查，发现其不再具备本条例规定的安全生产条件的，应当暂扣或者吊销安全生产许可证。

6.1.2.4 《生产安全事故报告和调查处理条例》

2007 年 3 月 28 日，国务院第 172 次常务会议通过《生产安全事故报告和调查处理条例》，该条例以国务院令第 493 号公布，自 2007 年 6 月 1 日起施行。制定该条例的目的是为了规范生产安全事故的报告和调查处理，落实生产安全事故责任追究制度，防止和减少生产安全事故。

该条例相关规定如下：

（1）事故发生后，事故现场有关人员应当立即向本单位负责人报告；单位负责人接到报告后，应当于 1 小时内向事故发生地县级以上人民政府安全生产监督管理部门和负有安全生产监督管理职责的有关部门报告。

情况紧急时，事故现场有关人员可以直接向事故发生地县级以上人民政府安全生产监督管理部门和负有安全生产监督管理职责的有关部门报告。

（2）报告事故应当包括：事故发生单位概况，事故发生的时间、地点以及事故现场情况，事故的简要经过，事故已经造成或者可能造成的伤亡人数，已经采取的措施等。

（3）事故报告应当及时、准确、完整，任何单位和个人对事故不得迟报、漏报、谎报或者瞒报。任何单位和个人不得阻挠和干涉对事故的报告和依法调查处理。

（4）对事故报告和调查处理中的违法行为，任何单位和个人有权向安全生产监督管理部门、监察机关或者其他有关部门举报。

事故发生后，有关单位和人员应当妥善保护事故现场以及相关证据，任何单位和个人不得破坏事故现场、毁灭相关证据。

（5）事故发生单位应当按照负责事故调查的人民政府的批复，对本单位负有事故责任的人员进行处理。负有事故责任的人员涉嫌犯罪的，依法追究刑事责任。

（6）事故发生单位对事故发生负有责任的，由有关部门依法暂扣或者吊销其有关证照；对事故发生单位负有事故责任的有关人员，依法暂停或者撤销其与安全生产有关的执业资格、岗位证书。

6.1.3 部门规章及相关技术标准

6.1.3.1 《非煤矿矿山企业安全生产许可证实施办法》

新修订的《非煤矿矿山企业安全生产许可证实施办法》已经 2009 年 4 月 30 日国家安全生产监督管理总局局长办公会议审议通过，以国家安全生产监督管理总局令第 20 号发布，自公布之日起施行。原国家安全生产监督管理局（国家煤矿安全监察局）2004 年 5 月 17 日公布的《非煤矿矿山企业安全生产许可证实施办法》同时废止。

该办法的相关规定如下：

（1）非煤矿矿山企业必须依照本实施办法的规定取得安全生产许可证。未取得安全生产许可证的，不得从事生产活动。

（2）安全生产许可证的有效期为 3 年。安全生产许可证有效期满后需要延期的，非煤矿矿山企业应当在安全生产许可证有效期届满前 3 个月向原安全生产许可证颁发管理机关申请办理延期手续，并提交相关文件资料。

（3）非煤矿矿山企业不得转让、冒用、买卖、出租、出借或者使用伪造的安全生产许可证。

（4）非煤矿矿山企业隐瞒有关情况或者提供虚假材料申请安全生产许可证的，安全生产许可证颁发管理机关不予受理，该企业在 1 年内不得再次申请安全生产许可证。

非煤矿矿山企业以欺骗、贿赂等不正当手段取得安全生产许可证后被依法予以撤销的，该企业 3 年内不得再次申请安全生产许可证。

6.1.3.2 《金属非金属地下矿山企业领导带班下井及监督检查暂行规定》

《金属非金属地下矿山企业领导带班下井及监督检查暂行规定》已经 2010 年 10 月 9 日国家安全生产监督管理总局局长办公会议审议通过，以国家安全生产监督管理总局令第

34 号发布，自 2010 年 11 月 15 日起施行。

该暂行规定的相关内容如下：

（1）本规定所称的矿山企业，是指金属非金属地下矿山生产企业及其所属各独立生产系统的矿井和新建、改建、扩建、技术改造等建设矿井。本规定所称的矿山企业领导，是指矿山企业的主要负责人、领导班子成员和副总工程师。

（2）矿山企业是落实领导带班下井制度的责任主体，必须确保每个班次至少有 1 名领导在井下现场带班，并与工人同时下井、同时升井。矿山企业的主要负责人对落实领导带班下井制度全面负责。

（3）任何单位和个人发现矿山企业领导未按照规定执行带班下井制度或者弄虚作假的，均有权向安全生产监督管理部门举报和报告。

（4）矿山企业应当建立健全领导带班下井制度，制定领导带班下井考核奖惩办法和月度计划，建立和完善领导带班下井档案。领导带班下井制度应当按照矿山企业的隶属关系报所在地县级以上安全生产监督管理部门备案。

（5）矿山企业领导带班下井时，应当履行下列职责：

1）加强对井下重点部位、关键环节的安全检查及检查巡视，全面掌握井下的安全生产情况；

2）及时发现和组织消除事故隐患和险情，及时制止违章违纪行为，严禁违章指挥，严禁超能力组织生产；

3）遇到险情时，立即下达停产撤人命令，组织涉险区域人员及时、有序撤离到安全地点。

（6）矿山企业未按照规定建立健全领导带班下井制度或者未制定领导带班下井月度计划的，给予警告，并处 3 万元的罚款；对其主要负责人给予警告，并处 1 万元的罚款；情节严重的，依法暂扣其安全生产许可证，责令停产整顿。

6.1.3.3　《特种作业人员安全技术培训考核管理规定》

《特种作业人员安全技术培训考核管理规定》已经 2010 年 1 月 26 日国家安全生产监督管理总局局长办公会议审议通过，以国家安全生产监督管理总局令第 30 号发布，自 2010 年 7 月 1 日起施行。

该规定共 7 章 44 条，包括总则、培训、考核发证、复审、监督管理、罚则、附则。

《特种作业人员安全技术培训考核管理规定》指出：

（1）本规定所称特种作业，是指容易发生事故，对操作者本人、他人的安全健康及设备、设施的安全可能造成重大危害的作业。特种作业的范围由特种作业目录规定。本规定所称特种作业人员，是指直接从事特种作业的从业人员。

（2）特种作业人员必须经专门的安全技术培训并考核合格。取得《中华人民共和国特种作业操作证》（以下简称特种作业操作证）后，方可上岗作业。

（3）离开特种作业岗位 6 个月以上的特种作业人员，应当重新进行实际操作考试，确认合格后方可上岗作业。

（4）生产经营单位应当加强对本单位特种作业人员的管理，建立健全特种作业人员培训、复审档案，做好申报、培训、考核、复审的组织工作和日常的检查工作。

（5）生产经营单位不得印制、伪造、倒卖特种作业操作证，或者使用非法印制、伪造、倒卖的特种作业操作证，特种作业人员不得伪造、涂改、转借、转让、冒用特种作业操作证或者使用伪造的特种作业操作证。

（6）生产经营单位未建立健全特种作业人员档案的，给予警告，并处 1 万元以下的罚款。

（7）生产经营单位使用未取得特种作业操作证的特种作业人员上岗作业的，责令限期改正；逾期未改正的，责令停产停业整顿，可以并处 2 万元以下的罚款。

（8）生产经营单位非法印制、伪造、倒卖特种作业操作证，或者使用非法印制、伪造、倒卖的特种作业操作证的，给予警告。并处 1 万元以上 3 万元以下的罚款；构成犯罪的，依法追究刑事责任。

（9）金属非金属矿山安全生产特种作业包括：金属非金属矿井通风作业、尾矿作业、金属非金属矿山安全检查作业、金属非金属矿山提升机操作作业、金属非金属矿山支柱作业、金属非金属矿山井下电气作业、金属非金属矿山排水作业、金属非金属矿山爆破作业。

6.1.3.4　《作业场所职业健康监督管理暂行规定》

《作业场所职业健康监督管理暂行规定》于 2009 年 6 月 15 日，国家安全生产监督管理总局审议通过，以国家安全生产监督管理总局令第 23 号公布，自 2009 年 9 月 1 日起施行。

该暂行规定的相关内容如下：

（1）生产经营单位应当加强作业场所的职业危害防治工作，为从业人员提供符合法律、法规、规章和国家标准、行业标准的工作环境和条件，采取有效措施，保障从业人员的职业健康。

（2）任何单位和个人均有权向安全生产监督管理部门举报生产经营单位违反本规定的行为和职业危害事故。

（3）生产经营单位应当对从业人员进行上岗前的职业健康培训和在岗期间的定期职业健康培训，普及职业健康知识，督促从业人员遵守职业危害防治的法律、法规、规章、国家标准、行业标准和操作规程。

（4）生产经营单位必须为从业人员提供符合国家标准、行业标准的职业危害防护用品，并督促、教育、指导从业人员按照使用规则正确佩戴、使用，不得发放钱物替代发放职业危害防护用品。

（5）任何单位和个人不得将产生职业危害的作业转移给不具备职业危害防护条件的单位和个人。不具备职业危害防护条件的单位和个人不得接受产生职业危害的作业。

（6）生产经营单位应当优先采用有利于防治职业危害和保护从业人员健康的新技术、新工艺、新材料、新设备，逐步替代产生职业危害的技术、工艺、材料、设备。

（7）生产经营单位与从业人员订立劳动合同（含聘用合同）时，应当将工作过程中可能产生的职业危害及其后果、职业危害防护措施和待遇等如实告知从业人员，并在劳动合同中写明，不得隐瞒或者欺骗。生产经营单位应当依法为从业人员办理工伤保险，缴纳保险费。

（8）对接触职业危害的从业人员，生产经营单位应当按照国家有关规定组织上岗前、在岗期间和离岗时的职业健康检查，并将检查结果如实告知从业人员。职业健康检查费用由生产经营单位承担。

（9）生产经营单位应当为从业人员建立职业健康监护档案，并按照规定的期限妥善保存。

（10）生产经营单位不得安排未成年工从事接触职业危害的作业；不得安排孕期、哺乳期的女职工从事对本人和胎儿、婴儿有危害的作业。

（11）生产经营单位发生职业危害事故，应当及时向所在地安全生产监督管理部门和有关部门报告，并采取有效措施，减少或者消除职业危害因素，防止事故扩大。对遭受职业危害的从业人员，及时组织救治，并承担所需费用。生产经营单位及其从业人员不得迟报、漏报、谎报或者瞒报职业危害事故。

6.1.3.5 《劳动防护用品监督管理规定》

《劳动防护用品监督管理规定》于2005年7月22日，以国家安全生产监督管理总局令第1号的形式公布，自2005年9月1日起施行。

该规定的相关内容如下：

（1）生产经营单位应当按照《劳动防护用品选用规则》（GB 11651）和国家颁发的劳动防护用品配备标准以及有关规定，为从业人员配备劳动防护用品。

（2）生产经营单位不得以货币或者其他物品替代应当按规定配备的劳动防护用品，所提供的劳动防护用品，必须符合国家标准或者行业标准，不得超过使用期限；并且生产经营单位应当督促、教育从业人员正确佩戴和使用劳动防护用品。

（3）从业人员在作业过程中，必须按照安全生产规章制度和劳动防护用品使用规则，正确佩戴和使用劳动防护用品；未按规定佩戴和使用劳动防护用品的，不得上岗作业。

（4）生产经营单位的从业人员有权依法向本单位提出配备所需劳动防护用品的要求；有权对本单位劳动防护用品管理的违法行为提出批评、检举、控告。

6.2 矿山企业劳动关系管理

6.2.1 劳动关系管理概述

6.2.1.1 劳动管理的内容、任务与特点

A 劳动管理的内容

（1）制定劳动定额和定员，做好定额、定员的管理工作。

（2）负责劳动力的分配、调动、调剂、补充和招收。招收新职工一般是由公司（矿务局或矿山企业）劳资处（科）负责，按照矿山企业劳动计划给予分配。

（3）改进劳动组织、做好节约挖潜，负责矿山企业机构设置、劳动工资计划的编制和劳动统计工作。

（4）认真贯彻执行国家劳动工资政策、法令，做好按劳分配工作，要把奖金、升职与劳动态度、贡献大小、经济效益高低挂钩。

（5）做好工人的技术培训、技术考核和工资晋级工作。

（6）做好日常劳动考勤工作，坚持对职工进行劳动纪律教育，严格执行奖惩制度，对奖惩人员按照政策规定，提出书面意见，报请厂领导或上级有关部门审批。

（7）负责办理职工探亲、退职、退休、离休以及有关劳动保险和生活福利等工作。

（8）根据生产的需要，和厂工会密切合作，组织好劳动竞赛、对手赛、表演赛等工作，既达到优质、高产、低耗的目的，又促进职工操作技术水平（或业务能力）不断提高。

B 劳动管理的任务

从广义的观点来讲，劳动管理的主要任务是调动劳动者的生产积极性和充分发挥劳动组织的作用，达到提高劳动生产率的目的；对于一个矿山企业来讲，劳动管理的任务就是把各车间、各工段、各个生产环节以及各个人的活动，按照采矿产品的生产过程和机电设备运检的客观规律，有机地组织起来，使管理人员、生产人员、机修人员和后勤服务人员相互协调、密切配合，保证选矿生产过程的正常进行，全面完成和超额完成国家生产经营计划。

劳动管理工作，在矿山企业的全部管理工作中占有重要的地位。其他各项管理工作，诸如设备管理、技术管理、生产管理、质量管理、财务管理等都是要由劳动管理决定的，否则，这些管理工作便无法进行，更难以达到预定的目的。从这个意义上来说，劳动管理工作，在极大程度上决定着其他各项管理工作的正常进行以及能否取得预期的成果。

矿山企业的劳动管理尤为重要。因为矿山企业的广大工人、工程技术人员、管理人员，即全体劳动者都是企业的主人。为了把矿山企业的工作搞得更好，一方面要求全体劳动者发挥主人翁责任感；另一方面，也要通过合理的劳动管理工作调动他们的积极性，保证同时兼顾国家、企业与职工三者的利益，从而充分发挥职工的作用。

C 劳动管理的特点

劳动管理工作的内容多、任务重、涉及范围广，因此也就带来了一些鲜明的特点。这些特点大致如下：

（1）鲜明的政策性：劳动管理的各项工作必须遵循党的方针政策，并以此作为唯一的依据。特别是对待诸如工资、奖励、津贴、退休、探亲等这样一些工作，尤其要严格按照党的方针政策办事。因为这些工作涉及按劳分配的社会主义经济规律和劳动保护，它直接关系广大职工的切身利益，关系到能否调动职工生产积极性的问题。所以，劳动管理工作具有很强的政策性，必须严格贯彻执行党的方针政策。

（2）复杂的技术性和业务性：劳动管理中的定员与定额等编制工作，都必须符合矿山企业的技术工艺条件，都必须适应矿山企业生产过程的特点与要求。为此，在进行这些工作时，就必须对各种采矿机电设备的性能，矿石的性质，设备维修的程序、技术工艺以及劳动者本身等，进行大量的调查研究、技术测定与组织工作，使定员与定额能够适应技术工艺与采矿生产过程以及劳动者本身的要求。因此，劳动管理工作中包含着大量的技术与业务，这就要求劳资人员要有比较丰富的生产技术和管理知识，懂得采矿工艺和设备性能，同时还要具备实事求是、工作踏实、作风正派、关心工人疾苦的良好工作作风。

（3）广泛的群众性：一般说来矿山企业都有几百个职工，劳动管理工作的内容就包括这些职工的岗位定员、生产与劳动定额、生产与劳动的职责、工资奖励的形式与核算等问题，也就是说，劳动管理涉及全体职工的劳动与工作负荷，劳动与工作效率，工资与奖励、收入等一系列的问题。同时，所有有关劳动方面的调查研究、技术标定等，往往又都涉及全厂职工，因此，这项工作必须依靠全体职工进行。所以说劳动管理工作具有鲜明的群众性。

上述劳动管理中的这些特性，都会体现在矿山企业的劳动工资计划与组织工作中，劳动管理工作也只有体现这样一些特性，才能符合党的方针政策，符合矿山企业生产技术条件与要求，符合广大职工的切身利益，才能不断提高劳动生产率和技术经济指标，促进采矿生产的发展。

6.2.1.2　劳动生产率

劳动生产率是一项综合性的技术指标，是指人们在劳动中的生产效率或者说是劳动者的生产效果或能力。可用单位时间内所生产某种产品的数量来表示，也可用生产产品的劳动时间表示，矿山企业通常用单位时间内人均处理的原矿量来表示。劳动生产率同单位时间内所生产的产品数量成正比，同单位产品所包含的劳动量成反比。单位时间内生产的产品越多，单位产品所包含的劳动量越少，劳动生产率越高；反之，则越低。决定劳动生产率水平的主要因素有劳动者劳动的熟练程度、科学和技术的发展水平和它在采矿工艺上应用的程度、生产组织和劳动组织的形式、生产规模（如日处理原矿的能力）和设备效能以及自然条件等。

A　提高劳动生产率的意义

矿山企业要以较少的人力、物力、财力夺取更高的产量，获取最大的经济效益，就必须从提高劳动生产率入手。矿山企业提高劳动生产率的重要意义，可以概括为以下几个方面：

（1）是完成和提前完成国家计划的保证。年生产计划下达后，矿山企业年开采的原矿量也就基本确定了，提高工人实物劳动生产率，就意味着提高单位时间内的采矿量。这样在开采同样多的矿石情况下，无疑缩短了总的工作时间，从而可以保证国家计划提前完成。

（2）是增加经济效益、降低选矿成本的保证。实物劳动生产率的提高，意味着在同样的时间内，在不增加人力，不增加设备，基本上不增加财力、物力的情况下，提高了原矿开采量，从而使采矿成本有较明显的下降，增加了矿山企业的经济效益。

（3）是搞好职工生活福利、增加收入的保证。实物劳动生产率的提高，必然会增加矿山企业的经营收入，根据国家、集体、个人三者利益兼顾的原则，上缴利润增多，矿山企业的利润留成也必然增多，用于职工的生活福利费和各种奖金费（如节能奖、安全奖、超产奖等）也要相应增多。这就为提高职工收入、改善职工的生活待遇创造了条件。

（4）是加速现代化建设的保证。矿山企业劳动生产率或价值劳动生产率的提高，不仅有重大的经济意义，而且有重大的政治意义。矿山企业劳动生产率的不断提高，上缴利润将不断增长，为国家创造了更多财富，使国家用于扩大再生产的资金越来越多，从而加速了现代化建设。

B　提高矿山企业劳动生产率的途径

劳动生产率是矿山企业的一个综合性指标，它的水平高低，受生产活动许多因素的影响，而人是这些因素中的主要因素。从劳动管理角度而言，提高劳动生产率，主要是如何发挥劳动者的劳动积极性和劳动技能及更有效地形成组织力量。而要发挥人的积极性就必须对人有科学的认识，一般地说人是物质的，有生命的，能思维的，同时又是社会的人。

个人的积极性是很重要的，也是难能可贵的。但在现代采矿生产中个人的积极性不一定都能得到发挥，因此，还要按采矿生产系统的需要，将劳动力有机地、协调地组织起来，这就是合理地、有效地劳动组织工作。

鉴于上述条件，结合矿山企业的具体情况，提高采矿劳动生产率的主要途径有：

（1）大力开展技术革新、技术革命。这是提高劳动生产率的重要方法。它包括引进新技术、新工艺，改进机械设备和工具，提高生产过程的机械化、自动化程度，采用先进的操作方法等。

（2）改进劳动组织，挖掘生产潜力，合理安排多余人员。采用和推广先进的、合理的劳动组织，使每个职工人尽其才，使矿山企业生产有条不紊地协调进行。

各矿山企业的生产实践证明，在一定的采矿技术条件下，合理地改进生产组织是提高劳动生产率的重要方法之一。如各生产环节的协调配合，辅助生产人员的有力支援，组织专业化有节奏的流水生产，提高设备运转率、利用率等。

（3）实行先进合理的劳动定员和定额定员。这是指为矿山企业各部门、各生产环节确定合理的人员，也就是为矿山企业内部各级组织配备一定数量和质量的生产工人、技术人员、行政管理人员、政工人员和服务人员。人员的配备必须实事求是、因地而异，根据工作的性质与工作量大小而定，力求做到各类人员配备比例合理。

先进合理的劳动定额是劳动组织工作的基础，对每个职工而言，它构成工作标准，通过定额考核人们的工作，促使人人赶超先进，从而提高劳动生产率。不少矿山企业把劳动定额列入全面质量管理之中，有些矿山企业把劳动定额分解成小指标，规定出具体分值，通过开生产运动会的形式，促进产量和质量的提高，不断刷新定额，向更高的劳动定额奋进。

（4）加强技术培训，提高职工文化技术水平和操作熟练程度。

（5）贯彻按劳分配，开展劳动竞赛，充分调动广大职工的生产积极性。正确贯彻按劳分配、奖勤罚懒的原则，可以促进职工的个人利益、矿山企业和国家利益结合起来，有利于做到三者兼顾，合理的工资制度和奖励制度无疑能提高职工的生产积极性，促进劳动生产率的不断提高。

（6）做好思想政治工作。矿山企业应当按照党的政治工作原则，以多种形式、多种渠道开展政治思想工作，使广大职工进行创造性的劳动，促进矿山企业多快好省地发展生产。

此外，改善劳动条件，做好劳动保护工作，加强劳动纪律，促进安全生产，做好生活福利等工作，对提高劳动生产率也有重要影响，千万不可疏忽大意，必须认真做好。

C 劳动生产率计划的编制

劳动生产率是矿山企业八大技术经济指标之一，是生产计划和劳动计划的重要组成部分，矿山企业编制劳动生产计划的依据是：

（1）上级主管部门根据国家计划发出的指示或下达的指标（指令）；

（2）计划期间的开采原矿总量或总产值；

（3）计划期的平均职工人数；

（4）报告期全员或工人劳动生产率的预计完成情况。

矿山企业编制劳动生产率计划的过程，实际上就是一个广泛发动群众，挖潜力、提措施，调动一切积极因素，不断促进劳动生产率提高的过程。这一过程，不单是改进工艺技术，改善劳动组织和生产组织，健全劳动管理制度的问题，而且要做大量的思想政治工作，动员群众自觉地为提高劳动生产率而努力。

矿山企业提高劳动生产率的主要措施大体有以下几个方面：

（1）改进工时利用情况，减少班内工时损失，尽量提高设备负荷运转率。这方面的措施主要有：建立适合本矿山企业具体情况的劳动管理制度和设备维护保养制度；加强对职工的劳动纪律教育；力争做到两个杜绝——杜绝重大设备事故和人身事故；制定行之有效的岗位责任制和经济责任制，把班间的各种违章及不良现象与经济责任制挂钩，奖惩严明。

（2）减少非生产人员，增加直接生产人员比重，减少辅助工人，充实生产工人。这方面的主要措施有：严格控制编制定员，提高工作效率，清除机构重叠、人浮于事等现象。

（3）依靠技术进步求发展。根据本矿山企业的具体情况和可能，不断引进新技术、新工艺、新设备，提高机械化、自动化、自动控制水平。技术上没有大的突破，劳动生产率就不可能有大的提高。

6.2.1.3　劳动关系管理

通过规范化、制度化的管理，使劳动关系双方（企业与员工）的行为得到规范，权益得到保障，维护稳定和谐的劳动关系，促使企业经营稳定运行。

企业劳动关系主要指企业所有者、经营管理者、普通员工和工会组织之间在企业的生产经营活动中形成的各种责、权、利关系。

A　劳动关系管理的基本原则

（1）兼顾各方利益原则。

（2）协商解决争议原则。

（3）以法律为准绳的原则。

（4）劳动争议以预防为主的原则。

B　劳动关系管理的基本要求

（1）规范化——合法性、统一性（全体员工执行的统一，在同一时期内的统一）。

（2）制度化——明确性（明确职责、权限、标准）、协调性（随企业的发展进行阶段性调整）。

C　正确处理与不断改善劳动关系的意义

（1）保障企业与员工的互择权，通过适当的流动实现生产要素的优化组合。

（2）保障企业内部各方面的正当权益，开发资源潜力，充分调动积极性。

（3）改善企业内部劳动关系，尊重、信任、合作，创造心情舒畅的工作环境。

D　改善劳动关系的途径

（1）依法制定相应的劳动关系管理规章制度，进行法制宣传教育，明确全体员工各自的责、权、利。

（2）培训经营管理人员。提高其业务知识与法律意识，树立良好的管理作风，增强经营管理人员的劳动关系管理意识，掌握相关的原则与技巧。

（3）提高员工的工作生活质量，进行员工职业生涯设计，使其价值观与企业的价值观重合，这是改善劳动关系的根本途径。

（4）员工参与民主管理。企业的重大决策，尤其涉及员工切身利益的决定，在员工的参与下，可以更好地兼顾员工的利益。

（5）发挥企业党组织、工会或职代会的积极作用。通过这些组织协调企业与员工之间的关系，避免矛盾激化。

劳动关系管理主要包括以下几方面内容：劳动合同的签订与解除；集体合同的协商与履行；劳动争议处理；员工沟通系统；职业安全卫生管理，拟订劳动关系管理制度等六个方面。

6.2.2　矿山企业劳动定额

6.2.2.1　劳动定额的概念

劳动定额是在一定的生产技术和生产组织的条件下，为生产一定量的产品或完成一定量的工作所规定的必要劳动消耗量的标准。

劳动定额也可理解为企业根据具体的劳动条件，对工人规定的劳动生产率方面应达到的标准。

工人实际劳动生产率与劳动定额之间的比例关系，叫做定额完成率（K）。

$$K = \frac{实际劳动生产率}{产量定额}$$

定额完成率反映工人的劳动生产率是否达到了规定的标准。

6.2.2.2　劳动定额的种类

劳动定额的种类按其表现形式不同，可以分为下列三类。

A　工时定额

由于工时定额是以时间表示的劳动定额，因此又称时间定额。它是指在一定生产条件下，生产单位产品或完成某项工作所规定消耗的必要劳动时间，可用下式表示：

$$H_1 = \frac{T}{Q}$$

式中　　H_1——工时定额；

T——生产 Q 产品所耗的工时，h；

Q——在 T 时间内所生产的产品量。

矿山企业的机修车间（工段），车、钳、锻、铆、焊、刨等工种，在设备检修、备品备件加工制造时，检修项目和产品经常变换，有的一件需要做十几天，有的一天就可以做几十件，若用产量定额计算，不仅在计算单位上无法统一，而且计算起来也极为困难，所以常采用时间定额，无论是单独作业或联合作业，其时间定额的表示单位，都是以 s、min、h（即工时）、或工日来表示；产品单位以个、件、kg、t 等来表示。

B　产量定额

产量定额是指在一定生产条件下，单位劳动时间内规定应完成的合格产品数量。其计算公式如下：

$$H_2 = \frac{Q}{T}$$

式中　H_2——产量定额；

其余符号意义同上。

矿山企业的各生产车间（工段）为有机的流水作业，产品比较定型，计算单位统一，所以都采用产量定额。由于单位时间的不同，可分为小时、工作班、月产量定额。又因为产量定额是设备能力的集中表现，所以因设备不同而有很多种类。

从上述两式中可以看出，$H_1 = \dfrac{1}{H_2}$，即时间定额和产量定额在数值上成反比关系，生产单位产品所需的时间越少，单位劳动时间内的产量越大，反之亦真。产量定额是在工时定额的基础上计算出来的。

C　看管定额

看管定额是指一个工人或一组工人同时所能看管的机器设备的数目，或机器设备上所需要的操作岗位的数目。如矿山企业的水泵、砂泵、空压机、皮带运输机等看守性岗位，都采取看管定额的形式。

上述三种劳动定额，适用于不同的生产条件。如品种变化较大的产品一般采用工时定额的形式；品种变化较小的产品通常采用产量定额的形式。在一个矿山企业内，应当按照不同的生产条件和特点，以及各个工种和各项工作的不同性质，根据需要采取不同形式的劳动定额。既可采用一种定额形式，也可同时采用几种定额形式。但作为一个工种来说，只能采用一种定额形式。

由于矿山企业岗位多、工种繁杂，有些工作就不一定需要制定劳动定额。例如值班维护工作、勤杂人员、治安保卫以及职能科（组）室管理工作等，这些是无法计算数量，下达劳动定额的，但要制定岗位责任或办事细则；再如保证安全供电的变电、配电工作之类的工种，对他们的要求主要是提高工作质量、安全运行，规定数量标准并没有实际意义。因此，也就不需要制定劳动定额。又如工人的劳动消耗量与产品数量没有直接关系的工作，工人的主要任务就是执行工艺规程、进行调节控制和看管生产过程，如皮带运输机岗位工、水泵工、吊车工等，就不必制定劳动定额。但上述这些工作都应根据劳动的具体情况定出标准，或采用看管定额、服务定额、办事细则等其他形式的工作定额，使劳动者工作有考核标准，充分发挥其工作效率。

6.2.2.3　劳动定额的作用

实行劳动定额是组织生产、管理生产的科学方法，是矿山企业管理的一项基础性工作。劳动定额的作用大致有以下几点：

（1）组织和动员矿山企业广大职工努力提高劳动效率和各项技术经济指标的有效手段。以劳动定额的形式，把提高劳动生产率的任务具体落实到各工作岗位、个人，促进人们尽量挖掘生产潜力，充分利用工时，不断提高劳动生产率。

（2）劳动定额是矿山企业编制计划工作的基础。矿山企业的生产计划、财务计划、劳动工资计划、物资供应和储备计划的编制，都要以劳动定额作为重要依据之一。而这些计划的圆满实现又必须以达到或超过劳动定额做保证。所以劳动定额是否先进合理，直接影响计划工作的质量和计划任务的完成。

（3）劳动定额是开展劳动竞赛的有效工具。通过推行劳动定额，可以推广先进经验，扩大技术革新成果，鼓励广大职工努力学习技术，不断提高文化技术水平和熟练程度。

（4）劳动定额是合理组织劳动，正确调配人力的重要依据。有了先进合理的劳动定额，就可以合理地配备劳动力，把每个人的劳动和每个工序、每个工作有机地组织起来，保证矿山企业生产过程连续地、协调地进行。

（5）劳动定额是合理组织计件工资和奖励工作的依据，也是正确贯彻执行社会主义按劳分配原则的重要依据。劳动定额是否准确，直接影响工资水平是否合理。劳动定额是考核工人劳动成绩、分配劳动报酬的重要依据。有了劳动定额，就能通过考核工人完成劳动定额的情况，把工人劳动的多少、好坏同工资奖励紧密结合起来，体现按劳分配原则，调动工人的劳动积极性。

（6）劳动定额是实行经济核算和计算采选成本及车间（工段）成本的重要依据。经济核算的开展要用劳动定额来考核，产品中的人工费用要用劳动定额来计算，产品成本的高低和定额有直接的关系。

（7）劳动定额是确定劳动定员的重要依据。合理的劳动定员，必须要有合理的劳动定额作依据，因为劳动定额是衡量每个工人劳动效率的尺度。有了劳动定额就可以根据生产任务和平均每个工人全年的工作日数，计算出实际生产所需要的工人人数，并可以严格实行定员制度，大力压缩非生产人员。

6.2.2.4 制定劳动定额的方法

矿山企业制定劳动定额有以下几种方法：

（1）经验法。指由老工人、技术人员和定额员（或领导），根据自己的实际经验，结合工种、工程地质条件、施工设备制定定额的方法。这种方法的优点是简便易行、工作量较小，有一定的群众基础，特别适合矿山企业应用。缺点是由于对构成劳动定额的各种因素缺乏仔细的分析和计算，技术依据不足，因而制定出来的定额准确性不够，可能有一定的偏差，适应范围小。

（2）统计分析法。它是根据一定时期该工种多人、多种施工条件，长时间工时原始记录资料，通过一定的整理加工、分析研究，并结合当前生产条件的变化，制定定额的方法。比较简便易行，工作量也较小，而且比经验法有较多的资料依据。可是，它也不是建立在对构成工时定额的各种因素进行仔细分析计算的基础上的，容易受过去平均统计数字的影响。

（3）技术测定法。它是根据生产技术条件、生产组织条件和工艺方法，在充分挖掘生产潜力的基础上，对工作时间的各个组成部分，通过测定、分析和计算测定定额的方法。用这种方法制定的定额叫做技术定额。技术定额法是企业管理中的一种科学的调查研究工作方法。运用这种方法，可以系统研究生产组织和劳动组织是否合理，劳动效率和设备能力是否充分发挥，工时利用情况如何，为制定先进合理的劳动定额提供科学依据。用这种方法制定出来的定额，有比较科学的技术依据，定额水平比较准确。但也存在一定的缺点，如测定和计算的工作量大，制定过程比较复杂，不易做到及时。一般在大量生产条件中采用。

上述几种方法各有其优缺点，究竟哪种方法比较合适，各矿山企业应根据需要和可能条件自行确定。矿山企业主要采用经验统计法，并辅以重点专题的技术测定法制定劳动定额（矿山一般叫做查定工作）。

6.2.2.5　工时消耗分类与劳动定额的时间组成

为了制定先进合理的劳动定额，必须对工人或设备在生产中的全部工时消耗进行分类。分类有以下两种基本形式：以劳动者为工时消耗的分析对象，叫做工人工时消耗分类；以机器设备为工时消耗的分析对象，叫做机器设备工时消耗分类。不论是工人工时消耗分类，还是机器设备的工时消耗分类，它在生产中的全部时间消耗基本上分为定额时间和非定额时间两大类。

A　定额时间

定额时间是工人为完成某项工作所必需消耗的劳动时间。它由以下四类时间组成。

（1）作业时间。指直接用于完成生产任务、实现工艺过程所消耗的时间。它是定额时间中最主要的组成部分。作业时间按其作用可以分为基本作业时间和辅助作业时间。

基本作业时间是指直接完成基本工艺过程所消耗的时间，也就是使劳动对象直接发生变化消耗的时间。如凿岩工序中开门子和打眼就属于这类作业时间。

辅助作业时间是指为了保证实现基本工艺过程进行的各种辅助工作消耗的时间。如凿岩工序中的换钎子、吹洗炮眼、打眼中机器注油等时间。辅助作业时间还可以分为与基本作业时间交叉进行的和不与基本作业时间交叉进行的两类。这样分类的目的，是为了避免把与基本作业时间交叉进行的辅助作业时间，重复计算到工时定额中去。

（2）布置工作地时间。指为了保证生产正常进行工人用于照管工作地，使工作地经常保持正常工作状态消耗的时间。它又可分为技术性布置工作地时间和组织性布置工作地时间两类。前者是由于技术上的需要用于照管工作地时间；后者是指用于班前班后的准备工作和交接班等工作消耗的时间。矿山企业由于工作环境的特殊性，应特别重视布置工作地时间，保证生产的安全。

（3）休息与生理需要的时间。指工人休息、吃饭、喝水、上厕所等消耗的时间。

（4）准备和结束时间。指工人执行一项工作事前需要进行准备，事后需要结束工作消耗的时间。

B　非定额时间

非定额时间是指那些不是为了完成某项工作所必需消耗的时间。

6.2.2.6　设备检修定额制度

A　划分定额项目

可根据检修记录和备品备件更换的难易程度，采用类推比较法和"三结合"的方法，制定检修单项定额。先把单机设备进行解剖，分出需要定期更换的易损、易磨件，然后再根据这些部件更换或修复的工作量，定出工时消耗。比如选矿厂常用的 6PH 砂泵，它的易损、易磨件有叶轮（又称水轮）、泵胆、护板、引水套、轴套等，根据检修记录和历史统计资料，适当参考同类选矿厂使用同类设备对上述部件的工时消耗，用类推比较法制定出更换上述每个部件的工时消耗定额。此定额为单项检修定额，并随着检修机械化水平和工人熟练程度的提高，不断修订定额数据。

B 制定单台设备检修综合定额

实践证明，仅有零散的单项检修定额，不但管理不便，容易产生不注意检修质量、单纯追求数量的弄虚作假现象；而且还会使工人只注意完成部件修理的单项定额，很少关心整台设备的检修质量以及检修工期是否按期或提前完成。因此，必须在制定单项定额的基础上，根据设备配套的检修的要求，制定出检修一台设备的综合定额。

要制定出切实可行的综合定额，首先要根据设备检修的性质和工作量的大小来确定检修类别：凡对设备进行局部修理，或更换和修复少量的磨损件，或调整间隙，或对机件进行清洗处理的，统划为小修；凡是更换和修复设备的主要零部件或数量较多的其他磨损件，并校正设备的基准，使其能够恢复和达到应有的标准和技术要求，划为中修；凡对设备进行全面修理，更换和修复全部的磨损件，使其恢复近似于新设备所具有的精度和性能，划为大修。

根据单项定额测算出每一台设备一次大、中、小修的综合定额，其计算公式如下：

综合定额 = $\sum$（每次检修项目单项定额×更换数量）

根据综合定额与年耗总工时，可以求出年需设备检修的定员人数，其计算公式如下：

单台年耗工时 = 单台检修次数（中修+小修）×单台综合定额（中修+小修）

年耗总工时 = 单台年耗工时×开动台数

年需设备检修定员人数 = 年耗总工时/306 天×8 小时×作业率80%×出勤率95%×超额率

上述这种经过深入调查研究、广泛地收集资料，把设备零、部件进行分类比较，找出检修规律，最后进行综合确定的定额，既有单项定额，又有综合定额；既为工资奖励服务，又为检修定员服务；既有技术根据、统计数据，又有群众意见，改变了过去由少数人估工的现象，很受工人欢迎。

6.2.2.7 劳动定额水平的确定

定额水平是矿山企业在一定时期内，在一定的物质条件下，管理水平、技术水平以及职工政治觉悟、文化技术水平和熟练程度的综合反映。只有先进合理的定额，才能在生产中发挥积极作用，才能保证计划的正确性，才能体现"按劳分配，奖勤罚懒"的原则。所谓先进合理的定额水平，应当是在正常的条件下，大多数人经过努力能够达到，部分人可以超过，少数人能够接近的定额水平。这样的定额水平既是先进的，又是切实可行的。

所谓定额的先进性，就是要考虑到改进操作方法，推广先进采选工艺，改进设备，实行全面质量管理和技术条件等预计劳动生产率可达到的水平；主要是采取降低劳动消耗的方法，而不是用加强劳动消耗的方法来使定额达到比较先进的水平。所谓定额的合理性，就是从矿山企业的实际情况出发，充分考虑大多数工人的技术水平、机电设备状况和生产经营管理的客观条件，使多数工人经过努力可以达到，甚至超过。

平均先进定额的计算方法，是先计算出一般水平的平均数（总平均数），然后从高于平均数的那一部分中，再算出一个平均数，就是先进的平均数。这一数据是制定平均先进定额的重要依据。

用加权平均法计算平均先进定额的公式如下：

$$H = \frac{2H_{max} + H_c + H_{min}}{4}$$

式中　　H——平均先进定额；

　　　H_{max}——最高完成数；

　　　H_c——中间完成数；

　　　H_{min}——最低完成数。

在最高完成数上加权——乘2，使定额偏于先进。

要使矿山企业的各种定额水平做到先进合理，就必须做好定额水平的平衡工作，它包括以下一些内容：

（1）要全面考虑各类定额之间的关系，进行综合平衡。因为矿山企业各种定额之间存在着相互促进相互制约的关系，因此劳动定额水平必须从矿山企业生产经营活动的整体出发，以保证各类定额最合理的结合。

（2）劳动定额水平要在不同工种之间进行全面比较、反复平衡。这是因为不同工种、不同操作项目以及各产品的定额水平，如果偏高或偏低，会使工人不能反映出真正的生产成绩，使评比考核失去了可靠的依据，同时会扩大矛盾，影响工人之间的团结。如精矿脱水车间的过滤和干燥两作业，一般说来，过滤能力偏大，如果给过滤作业下达一个平均先进产量定额，虽然反映了过滤机的真正生产成绩，但干燥作业经最大努力也达不到这个产量定额，如要强制达到，势必增加干燥产品的水分。这样就使干燥作业完不成产量定额或干燥精矿对水分的要求，给评比考核带来困难。因此，要对过滤、干燥这两个不同工种进行全面比较，反复平衡，制定一个合理的、使两个作业经过努力都能达到的定额。

（3）正确处理全企业范围内各个车间（工段）之间、工序之间的定额水平的平衡，以便正确处理同一产品在不同车间（工段）之间，以及在同一车间（工段）内各个产品之间的定额水平的平衡。众所周知，在其他条件不变的情况下，降低碎矿粒度无疑可以提高磨矿台效。因此，在下达磨矿产量定额时，一方面要考虑到给矿粒度降低这个因素，另一方面又要考虑到碎矿粒度降低对碎矿车间（工段）的产量有一定的影响。也就是说，在提高磨矿产量定额的同时，应适当降低碎矿产量，使磨矿和碎矿车间（工段）产品之间的定额水平保持相对平衡。

（4）矿山企业的各车间（工段）、工种、岗位，要根据自己的具体情况，正确规定产品合理的定额压缩系数（即在上期完成的基础上，产量定额提高和消耗定额下降的压缩系数）。先在压缩系数上进行平衡，并在加强政治思想工作，发扬民主的基础上，组织"三结合"定额平衡审查会议，通过讨论、分析、对比、核算平衡定额水平。

6.2.3　矿山企业劳动定员

6.2.3.1　劳动定员的概念与作用

矿山企业定员工作是指根据企业既定的年产量、生产规模、生产技术条件，本着节约用人、增加生产和提高工作效率的精神，规定企业必须配备的各类人员的数量。定员是一种科学的用人标准，是企业配备人员数量的界限。矿山企业定员的范围，包括规定编制内的所有职工，按照他们工作性质、劳动分工的特点和所处的岗位，将企业人员划分为以下几类：

（1）生产工人：直接从事生产的人员。它又可分为基本生产工人和辅助生产工人。

（2）实习人员：在生产工人指导下，学习生产技术，并享受一定待遇的人员。

（3）工程技术人员：包括从事各种技术工作的工程师、技术员、科研人员。

（4）管理人员：企业中从事组织领导与经营管理生产的人员，包括在企业各职能机构从事行政、生产、经济、技术管理工作的人员。

（5）服务人员：间接服务于生产或服务于职工生活的人员，如勤杂人员、警卫、消防人员、物业管理、维修和生活福利机构中的工作人员等。

（6）其他人员：由于特殊原因离开企业劳动岗位，仍由原企业支付工资的人员。包括全部病、伤假人员，长期学习人员等。

上述各类人员在企业定员总数中所占的比例称为定员结构。

按职工同生产的关系，可将职工按其是否直接参加工业生产活动划分为下列两大类：

（1）直接生产人员。包括生产工人、实习人员、直接从事生产活动的其他人员。

（2）非直接生产人员。包括不直接从事生产活动的工程技术人员、管理人员、服务人员及脱离生产岗位从事非生产活动的其他人员等。

编制定员具有重要的作用。有了定员，可以做到心中有"数"，为合理配备各类人员和编制职工需要量提供重要的依据；可合理安排和使用劳动力，既保证需要又避免人员的浪费；可促进劳动组织的不断改善和劳动纪律的巩固，充分调动职工的积极性，促进劳动竞赛、技术创新运动的开展。总之，有利于不断提高劳动生产率，获得较好的经济效益。

企业的定员应当先进合理，也就是在条件相同的同类企业中，各类人员的比例要适当，用比较少的人员配备，以较高的工作效率完成既定的生产任务。为此，首先要合理安排直接生产人员和非直接生产人员的比例，降低非直接生产人员的比例；其次，要正确处理好基本工人和辅助工人的比例关系。

6.2.3.2 编制劳动定员的原则

劳动定员是一项牵涉面广、政策性强的工作，在编制劳动定员时必须遵循以下几个基本原则：

（1）在保证国家生产计划完成和超额完成的前提下，矿山企业根据自己的生产条件以及有关方面的方针政策来编制定员。定员水平务求先进合理，使每个人要有充分的工作量，既要保证采选生产的正常需要，又要避免人员的浪费。

（2）必须实行"精兵简政"，以达到精简、统一、效能、节约和克服官僚主义的目的。要合理地安排直接生产人员和非生产人员的比例关系。应该看到，矿山企业在进行物质生产时，管理人员和后勤服务人员都是不可缺少的。矿山企业在保证生产（工作）任务完成的条件下，应该合理地提高直接生产人员、技术人员的比重，降低行政管理人员和服务人员的比重。做到一线满员，二线精干。

（3）定员标准既应保持相对稳定，又应随客观情况的变化和工人技术熟练程度的提高而不断修改。定员标准就是稳定的象征，其具体标准一般是由公司人力资源部门根据设计规定会同有关人员根据具体情况进行制定。但是随着采选生产任务的变动、技术革新的开展、生产组织和劳动组织的改善、操作方法的改进、工人技术水平的提高等，定员标准也必须加以调整。实际上定员绝不是固定不变的，在通常的情况下，矿山企业一般在每年编制劳动计划之前，以生产任务和设备情况为依据，结合其他条件制定和修改一次定员。

（4）基本工人与辅助工人的比例要适当。基本工人（指直接从事采选生产的工人）与辅助工人（指为采选生产间接服务的工人，如机修工、电工、钳工等）都是直接从事物质生产的人员，都是矿山企业生产中不可缺少的。由于基本生产工人的岗位直接关系到产品的生产，因此，保证基本生产工人的人数并使其处于所在的岗位，这是保证完成矿山企业生产任务的关键。同时，也必须有一定比例的辅助工人，如果辅助工人数量不足或配备不当，就会造成采选生产混乱或停工停产。

（5）要划分好岗位。岗位就是人的位置，矿山企业必须坚持以岗位定人，而不能以人定岗位。确定岗位是以人为主体，而不是以物为主体，因此，设备和人的关系，视岗位工作量的需要而定。划分岗位时，每个岗位要有明确的工作内容和责任，并且要有具体的经济责任制，要有足够的工作量，保证班间工时的充分利用，以便在合理分工协作的基础上，充分发挥工人的技术专长。

（6）必须坚持在劳动计划内定员。矿山企业的劳动计划是根据生产经营计划和先进的编 制定员标准编制的。劳动计划和编制定员是有区别的，这是因为劳动计划还要考虑各方面劳动力的因素，如劳动力的来源和平衡调剂问题，所以按照编制定员标准配备人员的时候，不应该超过劳动计划指标。

6.2.3.3　编制劳动定员的范围 ‘

矿山企业编制劳动定员的范围一般包括固定工与临时工两种。按照他们的工作性质、所处的工作岗位和劳动分工的特点，大体可以划分为六大类：

（1）生产工人：在基本车间（工段）或附属、辅助生产单位中，直接从事生产及辅助生产的工人。基本生产工人是直接从事采选产品生产的工人，它是矿山企业职工中最主要的部分，通常称为一线工人；辅助工人是为采选生产或基本生产工人服务，完成辅助生产工作的工人，如搬运工、修理工、库管工、房屋建筑维修人员等，通常称为二线工人。

（2）学徒工：在熟练工人指导下，在生产劳动中学习生产技术、领取学徒生活津贴待遇的人员，属于后备的生产工人。

（3）管理人员：矿山企业党、政、工、团的领导人员，各职能科室（股室）及在各生产车间与辅助车间从事行政、生产技术、经营管理和政治工作的人员。

（4）工程技术人员：具有一定技术职称的人员，担负工程技术工作或采选试验研究，或技术管理工作。

（5）服务人员：服务于职工生活或间接服务于生产的人员，如炊事员、锅炉工、勤杂工、清洁工等。

（6）其他人员：老、弱、病、残、长休半年以上的人员，借出矿山企业半年以上的人员，出国、脱产学习半年以上的人员等。

6.2.3.4　编制劳动定员的方法

由于矿山企业生产活动的复杂性，人们在生产过程中所从事的工作性质也极不相同，因此，其定员的方法也不一样。一般有下面几种方法。

A 按劳动效率定员（也叫做定额工人定员）

它是根据工作量（或产量）和劳动定额来计算定员的人数。其计算公式是：

$$定员人数 = \frac{每一轮班的工作量 \times 日轮班数}{个人劳动效率 \times 出勤率}$$

B 按设备定员

按设备定员即根据机器设备的数量、工人看管定额、设备开动班次和出勤率等因素来计算定员人数。

按设备定员一般有两种，即单机设备定员和多设备（机台）看管定员。

（1）单机设备定员。所谓单机设备，一般指的是工人单独操作的设备。例如，各种型号的吊车、电铲、钻机、推土机、汽车等。这类设备的定员按以下三个步骤进行。

首先，根据全年生产任务或工作量和单机设备效率计算设备开动台数。

$$设备数量 = \frac{年生产任务工作量}{设备台年效率}$$

其次，确定单机设备的台班定员。根据设备的生产能力、工作时间（作业率）、劳动强度、作业环境、技术复杂程度及安全生产要求计算单机设备的台班定员。

最后，根据单机设备的台班定员，设备开动台数和轮班数，轮休、补缺勤等因素确定全部定员。

$$基本定员 = 台班定员 \times 同时工作设备数量 \times 轮班数$$
$$全部定员 = 基本定员 + 轮休、补缺人数$$

（2）多设备（机台）看管定员。计算公式是：

$$定员人数 = \frac{同时工作设备数 \times 设备工作班次}{看管定额 \times 出勤率}$$

这种定员方法主要适用于以机械操作为主的工种。例如，企业的空压机、水泵、液压设备、选矿等设备的定员就采用这种定员方法。

C 按工作岗位定员

它是根据工作岗位多少来计算定员人数，在确定这类人员时，应该根据设备的构造和工艺决定工作岗位的数目及每个岗位的工作量，根据工人的劳动效率，开动班次和出勤率等多方面因素计算定员人数。

D 按比例定员

它是按照职工总数或某一类人员总数的比例来确定定员人数，这种方法通常适用于计算服务人员的定员人数。

E 按组织机构、职责范围和业务分工定员

它主要用于确定企业工程技术人员、管理人员以及其他人员的定员人数。

上述五种方法，在企业计算定员编制时，可以根据工作性质的不同，区别各类人员的不同情况，把几种方法结合起来灵活应用。同时还要注意人员的素质，制定经济责任制，把责、权、利结合起来。

6.2.3.5 劳动定员的贯彻与管理

矿山企业的劳动定员经主管部门批准后就必须严格遵照执行。在贯彻实现定员编制方面，主要应做好以下几项工作。

A　建立严格的劳动力管理制度

当前有些矿山企业，由于劳动力管理制度不健全和用人控制不严，造成人力浪费，突破定员编制。因此，必须建立和健全一系列有利于生产的用人制度、劳动计划管理制度、工资基金管理制度以及对职工的招收、录用、调动、退职、退休和劳动力的临时调配等严格的制度。新工人进厂一定要坚持安全教育和劳动纪律教育，进厂前务必要经过严格的考试，实行择优录取的办法，等等。这些都要做出统一的规定，这是贯彻实现编制定员的重要保证。

B　有计划有步骤地处理多余人员

当矿山企业出现超编人员时，要及时处理，否则，定员就会流于形式。但是对于多余人员的处理要持慎重态度，不能草率行事，如果安排不当，也会挫伤群众的积极性。因此，要从实际出发，做好思想工作，及时、正确地安排多余人员。安排多余人员的出路，目前有以下一些办法：

（1）在矿山企业内部进行调整，调到急需用人的单位去。

（2）组织文化学习和技术培训。

（3）组织老弱病残职工搞修旧利废，综合利用。

（4）搞文明生产，种花、栽树、修路，绿化厂区和周围环境。

（5）和有关单位联系，带指标调出两地生活的职工。

（6）支援大集体或青年点，扶植大集体和青年点的发展。

（7）搞农副业生产基地，尽量做到人尽其才，各得其所。

C　做好劳动力的日常平衡调剂工作

随着采选生产的发展，或者由于生产任务的调整，以及劳动效率的提高，都会引起各个环节人员的余缺。及时做好矿山企业内部劳动力的调剂工作，对于保证生产的顺利进行，消除窝工浪费现象，使编制定员保持先进合理的水平有着重要的作用。

D　采取技术组织措施

如精简机构、减少层次，总结推广先进经验，开展技术革新等，保证合理定员的贯彻执行。

E　采用经济手段

矿山企业在贯彻定员编制时，要研究实行有奖有罚的制度，对创造先进定员的班组要有奖励，长期达不到定员标准的就少发奖金或不发奖金。对那些长期完 不成定额、完不成工作任务、出工不出力的要进行经济制裁，这不但是贯彻按劳分配的原则，而且也是保证实现编制定员的重要条件。

6.2.4　矿山企业劳动组织

劳动组织，在企业里就是科学地组织人们进行合理的劳动，以保证不断提高劳动生产率，获得较好的经济效益。它是企业劳动管理的一个重要内容。矿山企业劳动组织工作的内容十分丰富，本书主要讨论以下几个问题。

6.2.4.1　矿山企业的劳动分工与协作

矿山企业的产品是由很多人共同协作完成的，每个人完成的只是产品生产过程的一小部分，在这种现代化大规模的集体劳动过程中，如果没有科学的劳动分工与协作是不可想象的。因此，科学地组织劳动分工与协作，是现代化矿山企业集体劳动的客观需要，是合理利用劳动力和提高劳动生产率的重要方法。

A　劳动分工与配备工人

劳动分工与配备工人是企业劳动组织工作的基本内容。所谓劳动分工，就是把生产工作按工种、技术等级和工艺过程的特点进行科学的分工。所谓配备工人，就是根据生产工作的需要，按照每一组成部分划分的专业内容配备适当工种、适当等级和适当数量的工人，使每个工人各得其所，各展所长，彼此互相配合，共同完成生产任务。

科学的劳动分工必须根据以下三个主要条件来进行：

（1）按照技术内容进行分工。即把整个生产工作中技术内容不同的工作划分为许多部分，由具有不同专业技术和不同熟练程度的工人来分别担任。

（2）根据工作量的大小进行分工。即在按照技术内容分工的前提下，应该保证每个工人有充分的劳动负荷。

（3）按照工人单独完成工作的可能性进行分工。根据生产的需要，在可能的情况下，使每项工作尽可能由一名工人单独完成，这样在配备工人时，能使每个工人都有明确的责任，便于建立岗位责任制，真正做到事事有人管、人人有专责、工作有标准，避免发生职责不清和责任不明的现象。

B　协作

分工和协作是紧密联系的，有分工就有协作。协作以分工为前提，分工以协作为条件，在集体生产劳动中，每个人所分担的局部工作都是整体中的有机组成部分，它们既相互联系，又相互制约。因此，要树立全局观点，分工不分活，在明确分工的基础上有效地组织协作，可以缩短生产周期、提高产品质量、节约资源消耗、提高劳动生产率和降低成本。

6.2.4.2　工作组织（工作队）的组织

在现代化的矿山企业中，劳动者在生产过程中的分工与协作是通过一定的劳动组织形式实现的。工作队就是企业劳动组织的一种基本形式。

矿山企业一般根据工作队内劳动分工的情况，分为以下两种形式：

（1）专业工作队。专业工作队是由同一工种工人或多种相近工种工人组成，在执行工作时，工人只做本工种的专业工作，不管其他工种的工作。专业工作队的优点是，由于分工明确、责任到人，有利于提高工人的技术水平；但是由于按工种分配任务，所以工人不够关心工种之间的协作，难以培养团队、协作精神。另外在工种工作量不足或因故工作中断时，易造成劳动力的浪费。

（2）综合工作队。是由若干工种工人组成。队内工人在进行工作时，除了完成本工种的工作外，还要协助队内其他工种完成任务。综合工作队的特点是培养了工人的整体观念和团队精神，可以使工人掌握多种技术；由于工种是协作配合的，所以能充分利用工时，避免劳动力浪费。但是这种组织难以明确责任，容易造成负责不清的现象。

根据生产工作队在时间组织上的关系，可组成轮班工作和圆班工作队：

（1）轮班工作队。轮班工作队只包括一个班的工种工人，工作量验收和工资计算都是分班进行。轮班工作队的优点是工人相互了解，共同关心本班的工作成果；其缺点是班与班之间协作关系差，当交班制和责任制不严时往往上班为下班准备条件差，影响整个生产工作的顺利进行。

（2）圆班工作队。圆班工作队包括昼夜三个轮班的工种工人。工作量验收和工资计算是以三个班为依据。其优点是各班工人关心三班共同完成的任务，班与班协作强，班与班互相创造良好的工作条件，加强三个班的相互关心和团结；其缺点是各班易产生依赖现象，工资分配易产生平均主义现象，容易出现责任不清的现象。

综合以上工作队的组织形式可组成以下四种工作队的形式：轮班专业工作队；轮班综合工作队；圆班专业工作队；圆班综合工作队。

对工作队形式的选择，必须要结合工作地点、工作性质、工作环境的具体情况，进行分析。主要分析的因素，有工作地点的自然条件、工序或作业进行的顺序及其工作量大小、开采方式、机械化水平及工人技术水平，等等。依据这些因素，哪一种工作队形式能充分发挥人力和设备的效率，就应该选择哪一种。

在现代化露天矿中，工序内的作业单一化、工作量大，各作业的地点分散，并可以同时进行，因此多采用专业工作队的形式。

6.3 矿山企业劳动保护

6.3.1 劳动保护概述

劳动保护是国家和企业为了保护劳动者在生产过程中的安全和健康所采取的各种措施和制度。其主要内容包括以下几方面：

（1）安全技术措施。安全技术措施是在生产过程中，为了防止和消除伤亡事故，保护职工安全和减轻繁重的体力劳动负担而采取的各种技术组织措施的总和，包括机器设备的安全、电器设备的安全、动力锅炉的安全、厂房建筑物的安全、井下作业和高空作业的安全等方面的措施。

（2）工业卫生。工业卫生是工业企业在生产过程中，为了改善劳动条件，保护职工健康，防止职工中毒和职业病的发生而采取的技术组织措施的总和。

（3）劳动保护制度。劳动保护制度是为保护劳动者在生产过程中健康和安全所制定的规程和法规的总和。它包括两方面的内容：一是属于生产行政管理的制度，如安全生产责任制度、安全教育制度、卫生保健制度和劳保用品发放制度等。二是属于生产技术管理的制度，如设备维修制度和安全操作规程等。企业劳动保护应以实现安全生产为重点，认真组织好全面安全管理，即对安全生产工作实行全过程、全员参加和全部工作的管理。

6.3.2 安全生产技术

6.3.2.1 发生事故的直接原因

（1）机械性作用。常见的是各类机械设备或工具的伤害。如：机械设备旋转部分（轴、皮带、齿轮、飞轮）的绞碾；手动工具（锤、钳）或重物的碰、砸；车辆碰、撞、挤压引起的伤害；起重设备伤害；堆置物、建筑物倒塌引起的伤害等。

（2）电的作用。人体与带电物体接触受到电击和电伤。

（3）爆炸作用。如火药、炸药在运输和贮藏过程中的爆炸，锅炉及压力容器爆炸，化学物质的爆炸等。

（4）化学物质作用。化学物质（如铅、汞、砷、磷等物质及其化合物，强酸、强碱、沥青、苯等有机溶剂，一氧化碳、二氧化硫、氰化物等气态物质，苯胺、硝基苯等）作用于人体的皮肤、黏膜、中枢神经、呼吸器官、血液等引起的中毒和伤害。

（5）温度作用。直接接触高温物体（如火焰、火花、炽热物、熔融金属、热蒸汽等）引起的灼伤、烫伤；接触超低温物体（如液氮）引起的冻伤、裂伤等。

（6）与地面位置差的作用。如井下作业、高空作业都容易发生不安全伤害事故。井下作业常发生冒顶、片帮、瓦斯和粉尘爆炸，炮烟或其他有害气体引起中毒和窒息，以及涌水灾害等；高空作业则易发生坠落、落物打伤等事故。

此外，还有照明不足、噪声、震动、作业场所条件不良等因素，也会危害人体健康或造成伤亡事故。

6.3.2.2 预防伤害事故的技术措施

（1）加强生产设备的安全防护。生产设备是劳动者的主要接触物，对其进行安全防护是预防和消除工伤事故的主要措施。

1）隔离装置。对各种带有危险性的机器设备采用屏护的办法，使人体与生产过程正在运转的设备隔离，如金属防护网、挡板等。

2）保护装置。使设备在出现危险状况时自动启动从而消除危险，保证安全生产。如电力系统中的继电保护装置，化工企业中的各种安全阀、限制器等。

3）警告装置。当危险状况可能发生时，该装置便自动发出警告信号，提醒操作人员预防或及时消除危险。例如发出音响信号、颜色信号、仪表指示等。

4）在生产现场容易发生事故处设置标志牌。用安全色、图形、符号传递特定的安全或危险信息，引起工作人员对不安全因素的注意。

5）改善劳动环境与条件。劳动环境与条件指劳动场所的建筑、采光、照明、温度、湿度、通风条件、噪声、整洁度、粉尘含量，等等，改善这些因素有助于提高劳动生产率，也是确保安全的必要条件。例如，建筑物必须符合机器设备生产时的要求；照明需符合视力卫生；工作中产生的噪声必须控制在安全的范围内，或对劳动者采取特殊的隔音保护，等等。如果不能给员工创造一个良好的劳动环境，员工便很容易疲劳、烦躁，就不能保证工作质量，同时更加容易发生各种意想不到的事故，给个人、企业、国家造成不该发生的损失。

6）劳动者要采取个人防护措施。坚持使用个人防护用品，如电焊工的面罩、在有毒场所作业使用的防毒面具、防电离辐射的防护服装等，其作用相当重要。

（2）改进生产工艺，使操作简易化，减少操作人员的紧张，防止疲劳。对于机器设备运转中存在的危险作业，应加大技术改造力度，进行工艺改革，谋求机器设备性能提高，提高自动化程度，从而达到降低危险性的目的。

同时，要注意工作场所的合理布局和整洁。合理的标准是：符合操作顺序、工艺流程；搬运路线要短，通道要畅，距离适当；物质摆放要整齐、稳固、清洁。

（3）加强设备管理。机器设备在使用过程中应按照有关安全标准的要求和规定进行预防性试用，合格后才准予使用，同时应做好机器设备的维护保养与计划检修，防止因设备老化发生意外事故。

在安全生产技术的改进过程中，应从整个工作的所有方面加以考察，不断发现薄弱环节，以消除、提高工作整体的安全性。

6.3.3　劳动卫生

在生产过程中，某些有毒、有害物质会影响劳动者的健康，扰乱或破坏人体正常生理功能，造成人体组织器官发生暂时或永久性病变，甚至危及生命。因此企业应采取各种措施，改善劳动条件和控制职业危害。

6.3.3.1　职业危害与职业病

A　职业危害

在生产劳动过程中，劳动者的身体健康状况会受到劳动过程、生产环境中各种不良因素的影响。由于长期从事某种职业劳动，对于这些不良因素若未能消除或预防，就会对劳动者的健康产生一定的危害。这种在生产劳动过程中对劳动者的健康产生危害的因素，称为职业危害因素。

B　职业危害因素的分类

职业危害因素按其来源和性质可分为三大类：与生产过程有关的职业危害因素；与劳动过程有关职业危害因素；与作业场所卫生技术条件不良或生产工艺设备缺陷有关的职业危害因素。

（1）与生产过程有关的职业危害因素有以下几种：

化学因素：包括生产性毒物（如铅、汞、苯、氯气有机磷农药等），生产性粉尘（如砂尘、石棉尘、煤尘、水泥尘、棉尘、金属粉尘）等。化学因素是引起职业性疾病最为多见的生产性有害因素。

物理因素：包括不良的气象条件（如高气温、高气湿、热辐射、高气压、低气压等），电离辐射（如 X 射线及 α、β、γ 射线等），非电离辐射（如高频电磁场、微波、红外线、紫外线、激光等），生产性噪声，振动，等等。

生物因素：某些病原微生物或致病寄生虫。如炭疽杆菌、布氏杆菌、森林脑炎病毒等。

（2）与劳动过程有关的职业危害因素有：劳动组织或制度不合理，如劳动时间过长或劳动休息制度不合理等；劳动强度过大或劳动安排不当，如安排的作业与劳动者的健康或生理状态不相适应等；长时间处于某种不良体位或使用不合理的工具，个别器官或系统过度紧张。

（3）与作业场所卫生技术条件不良或生产工艺设备缺陷有关的职业危害因素有：生产场所设计不符合工业卫生标准和要求，如厂房狭小、车间布置不合理等；缺乏必要的卫生技术措施，如通风、照明不良等；缺乏防尘、防毒、防暑降温等设备或设备不完善，其他安全防护或个体防护用品不足或有缺陷。

职业危害因素只有在一定的条件下才会对人体造成危害，主要是：

（1）有害因素的强度（剂量）；

（2）人体接触有害因素的机会和程度；

（3）人体因素和环境因素。

在不同类型的作业及不同的场所里职业危害因素对人体造成的不良影响是不同的。

C 职业病

劳动者在生产劳动中，由于接触职业性有害因素（即生产性有害因素）引起的疾病，均称为职业病。我国卫生部规定的职业病共分为九大类，它们是：

（1）职业中毒：如铅及其化合物中毒、汞及其化合物中毒等。

（2）尘肺：如硅肺、煤工尘肺、石墨尘肺、炭墨尘肺等。

（3）物理因素职业病：如中暑、放射性疾病等。

（4）职业性传染病。

（5）职业性皮肤病。

（6）职业性眼病。

（7）职业性耳鼻喉疾病。

（8）职业性肿瘤。

（9）其他职业病。

职业病是可以预防的。只要采取有效的预防措施，就可防止或减少职业病的发生。

6.3.3.2 尘毒危害

在工业生产中对劳动者有害的化学因素包括生产性粉尘和生产性毒物，其产生的危害称为尘毒危害。

有害物质危害劳动者健康的途径有三条：

（1）通过呼吸道吸入空气中的有害物质。

（2）皮肤接触有害物质。

（3）由消化道进入人体。

要预防尘毒物质的危害，最根本的措施是从原料、工艺、设备方面减少尘毒污染源，降低有害物质在空气中的含量以及减少劳动者与尘毒物质直接接触的机会。控制作业环境中尘毒物质危害的防护措施有以下几种。

A 工艺技术措施

（1）采用无毒物质代替有毒物质，或以低毒物质代替高毒物质的工艺技术措施。

（2）改变工艺过程，消除或减少有害物质的散发，保护劳动者健康。

B 设备技术措施

（1）采用密闭的生产设备可以防止有毒气体和有害粉尘外逸，使人体免受损害。

（2）增设通风设备可以消除或减少作业环境中有害物质对人体的危害，在尘毒物质无法完全消除或封闭的情况下，应根据工作场所的条件分别采取自然通风或机械通风设备措施。

C 个体防护措施

在生产技术条件有限，即对有害物质无法从工艺、设备措施上加以控制时，为保证工人的身体不受损害，往往需采取人体防护这一辅助性措施。

　　所谓人体防护指工人在劳动场所中佩戴使用各种劳动防护器具，防止外界有害物质侵入危害人体。人体防护按其防护部位不同可分为头部、面部、呼吸道、耳朵、躯干及肢体的防护。根据有害物质主要通过呼吸道和皮肤侵入人体这一特点，常用的人体防护器有防尘（毒）口罩、防尘（毒）面具、空（氧）气呼吸器等。

6.4　矿山企业劳动保险

6.4.1　工伤保险

6.4.1.1　《工伤保险条例》

　　《工伤保险条例》于 2003 年 4 月 16 日国务院第 5 次常务会议讨论通过，以国务院令第 375 号公布，根据 2010 年 12 月 20 日《国务院关于修改〈工伤保险条例〉的决定》进行修订，新修订的《工伤保险条例》自 2011 年 1 月 1 日起施行。

　　新修订的《工伤保险条例》共 8 章 67 条，其立法目的是为了保障因工作遭受事故伤害或者患职业病的职工获得医疗救治和经济补偿，促进工伤预防和职业康复，分散用人单位的工伤风险。

　　截至 2007 年底，全国参加工伤保险人数达到 12173 万人，参保人数已成仅次于养老保险和医疗保险的第三大社会保险险种，全国享受工伤保险待遇人数也达到 96 万人。据人力资源和社会保障部工伤保险司司长陈刚介绍，近年工伤保险基金收入稳步增长。

6.4.1.2　工伤保险制度存在的问题

　　（1）法律法规建设滞后，可操作性不强，覆盖的职工人数少。工伤保险的立法层次低。《工伤保险条例》是行政法规，权威性不够，可操作性不强，虽做出了原则性规定，但具体实施过程中相配套的法规不健全。有些法律、法规比较模糊，甚至相互冲突，缺少明确、权威、统一的规定。工伤责任制度不完善，地方矿山逃保、漏保现象时有发生，矿山老工伤人员的保障问题尚待妥善解决。工伤商业保险制度尚未成熟。国外将工伤商业保险制度视为社会保险制度的补充，以工伤社会保险为主，雇主责任保险为辅。例如，日本政府规定雇主投保法定的工伤保险，再由商业保险公司开办雇主责任保险。

　　（2）工伤保险费率机制不科学，未能充分发挥经济杠杆作用，影响投保积极性。我国工伤保险费率实行的是差别费率基础上的浮动费率。根据工伤风险程度，将行业划分为 3 个类别，其中矿山采选业被划分为第三类，即风险较大的行业。同时，差别费率档次少，浮动费率机制没有完全形成，未能充分发挥工伤保险对矿山安全生产、减少事故、工伤预防的经济杠杆作用。

　　（3）赔付水平低、不规范。由于我国工伤保险属基本保险，赔付水平较低，仅规定了基本待遇项目和标准，未规定各种特殊情况下的补助制度。因而，矿山现行的工伤保险赔付数额过低，与矿山井下作业条件的高风险性形成巨大反差。同时，工伤保险赔付随意性大，在处理工伤赔付时不规范。不同的区域赔付标准相差很大，矿井生产条件和经济状况好坏对受伤（亡）职工的赔付金额也有很大的影响。

　　（4）对工伤预防重视不够，工伤事故和职业病预防机制尚不成熟。工伤保险的首要作用是工伤事故和职业病的预防，这已经为世界各国所认可。但是，我国工伤保险的发展历史较短，普遍以地市级为统筹单位，统筹层次低，一些地区工伤保险基金过高，在工伤预防上支出不足；工伤保险工作仍以工伤赔偿为主，被动地受理工伤认定、支付伤亡待遇；有重工伤赔偿，轻工伤预防的倾向。另外，一些小矿由于利益驱动，安全投入不足，事故和职业病发生率较高。在工伤事故和职业病预防机制上，工伤保险与矿山安全生产跨部门管理，工伤保险的主管部门和矿山安全生产监督管理部门尚未形成一套成熟的配合机制以促进工伤预防。

（5）工伤康复制度起步较晚，职业康复工作进展缓慢。工伤康复的目的是让工伤伤残职工回归社会或重返工作岗位，提高其生活质量，是对人力资源的尊重和有效保护。但是，我国工伤康复制度起步较晚，工伤康复保障水平还比较低，工伤保险仍侧重于工伤救治和赔偿，大约80%工伤保险基金用于治疗；而在德国，70%工伤保险基金用于康复。工伤康复还没有完全被社会所接受，很多人认为工伤康复同于医疗的康复，其实工伤康复还包括工伤辅助技术康复、工伤职业康复和工伤社会康复。2001年我国建立了第一个工伤康复机构——广州工伤康复中心（现在的广东工伤康复中心），其他各省市也相继开展工伤康复工作，但与现代意义的康复仍有很大距离。与发达国家相比，仍存在经验不足、人才缺乏、技术设备落后、职业康复工作进展缓慢等问题。

6.4.2 养老保险

6.4.2.1 基本养老保险的概念

基本养老保险是指劳动者在达到法定退休年龄退休后，从政府和社会得到一定的经济补偿、物质帮助和服务的一项社会保险制度。我国基本养老保险实行社会统筹与个人账户相结合的模式，通过建立基本养老保险基金，保障劳动者退休后的基本生活。

6.4.2.2 基本养老保险的特征

养老保险是社会保险体系的核心组成部分，除了具备社会保险强制性、互济性和普遍性等共同特征外，还具有以下主要特征。

A 参加保险与享受待遇的一致性

其他社会保险项目的参加者不一定都能享受相应的待遇，而养老保险待遇的享受人群是最确定、最普遍、最完整的。因为几乎人人都会进入老年，都需要养老。参加养老保险的特定人群一旦进入老年，都可以享受养老保险待遇。

B 享受待遇的长期性

参加养老保险的人员一旦达到享受待遇的条件或取得享受待遇的资格，就可以长期享受待遇直至死亡。其待遇水平通常是逐步提高的，不会下降。

6.4.2.3 基本养老保险的原则

A 保障基本生活

基本养老保险的目的是对劳动者退出劳动领域后的基本生活给予保障。这一原则更多地强调社会公平，有利于低收入阶层。

B　权利与义务相对应

目前大多数国家在基本养老保险制度中都实行权利与义务相对应的原则，即要求参保人员只有履行规定的义务，才能享受规定的养老保险待遇。这些义务主要包括：依法参加基本养老保险；依法缴纳基本养老保险费并达到规定的最低缴费年限。基本养老保险待遇以养老保险缴费为条件，并与缴费时间长短和数额多少直接相关。

C　分享社会经济发展成果

在社会消费水平普遍提高的情况下，退休人员的实际生活水平有时可能相对下降。因此，建立基本养老金正常调整机制，使退休人员的养老金水平随着社会经济的发展和在职职工工资水平的提高而不断提高，以分享社会经济发展的成果。

6.4.2.4　职工领取基本养老金的条件

职工按月领取基本养老金必须具备三个条件：

（1）达到法定退休年龄，并已办理退休手续。

（2）所在单位和个人依法参加养老保险并履行了缴费义务。

（3）累计缴费年限至少满 15 年（包括视同缴费年限）。

目前企业职工法定退休年龄为：男职工 60 周岁；女职工工人 50 周岁，管理技术人员 55 周岁。

6.4.3　失业保险

失业保险是指劳动者由于非本人原因暂时失去工作，致使工资收入中断，从而失去维持生计来源，并在重新寻找新的就业机会时，从国家或社会获得物质帮助以保障其基本生活的一种社会保险制度。

6.4.3.1　《失业保险条例》有关规定

《失业保险条例》所指失业人员只限定为，在法定劳动年龄内有劳动能力的就业转失业的人员。根据有关规定，我国目前的法定劳动年龄是 16~60 岁，体育、文艺和特种工艺单位按照国家规定履行审批程序后可以招用未满 16 周岁的未成年人。对企业中男年满 60 周岁、女年满 50 周岁的职工和机关事业单位中男年满 60 周岁、女年满 55 周岁的职工实行退休制度，对从事有毒、有害工作和符合条件的患病、因工致残职工可以降低退休年龄。

所谓有劳动能力，是指失业人员具有从事正常社会劳动的行为能力。在法定劳动年龄内的人员，若不具备相应的劳动能力，也不能视为失业人员，如精神病人、完全伤残不能从事任何社会性劳动的人员等。目前无工作并以某种方式寻找工作，是指失业人员有工作要求，但受客观因素的制约尚未实现就业。对那些目前虽无工作，但没有工作要求的人不能视为失业人员。这部分人自愿放弃就业权利，已经退出了劳动力的队伍，不属于劳动力，也就不存在失业问题。

6.4.3.2　失业保险金的构成

《失业保险条例》规定失业保险基金由下列各项构成：

（1）城镇企业事业单位、城镇企业事业单位职工缴纳的失业保险费。

（2）失业保险基金的利息。

（3）财政补贴。

（4）依法纳入失业保险基金的其他资金。

6.4.3.3　失业保险主要特点

A　强制性

国家以法律规定的形式，向规定范围内的用人单位、个人征缴社会保险费。缴费义务人必须履行缴费义务，否则构成违法行为，应承担相应的法律责任。也就是说，哪些单位、哪些人员要缴费，如何缴费都是由国家规定的，单位或个人没有选择的自由。

B　无偿性

国家征收社会保险费后，不需要偿还，也不需要向缴费义务人支付任何代价。

C　固定性

国家根据社会保险事业的需要，事先规定社会保险费的缴费对象、缴费基数和缴费比例。在征收时，不因缴费义务人的具体情况而随意调整。固定性还体现在社会保险基金的使用上，实行专款专用。

6.4.4　医疗保险

6.4.4.1　概念及分类

医疗保险是把具有不同医疗需求人群的资金集中起来，进行再分配，当投保人因疾病发生需要医疗费时，有保险公司补偿医疗费用的一种保险制度。从运作机制看，可以把医疗保险分为两类：一是医疗社会保险；二是补充医疗社会保险。

医疗社会保险是指国家通过立法方式强制向社会成员征缴医疗保险基金，在公民因患病、负伤、年老、生育、失业或因其他原因收入中断需医疗费时，由国家或企业提供医疗或物质保障的制度。

6.4.4.2　医疗社会保险基金

医疗社会保险基金是由国家立法向劳动者个人及其所在单位强制征集，必要时由国家资助，有专业机构组织、管理货币形态的后备资金。其目的是为了提高劳动者面对疾病风险的能力，在劳动者遭遇疾病风险时能够获得必备的医疗费用。

6.4.4.3　我国的医疗保险体系

我国医疗保障体系以基本医疗保险和城乡医疗救助为主体，还包括其他多种形式的补充医疗保险和商业健康保险，如图6-1所示。

6.4.5　生育保险

6.4.5.1　生育保险的概念

生育社会保险是妇女劳动者由于生育女子而暂时丧失劳动能力时，从社会和国家得到

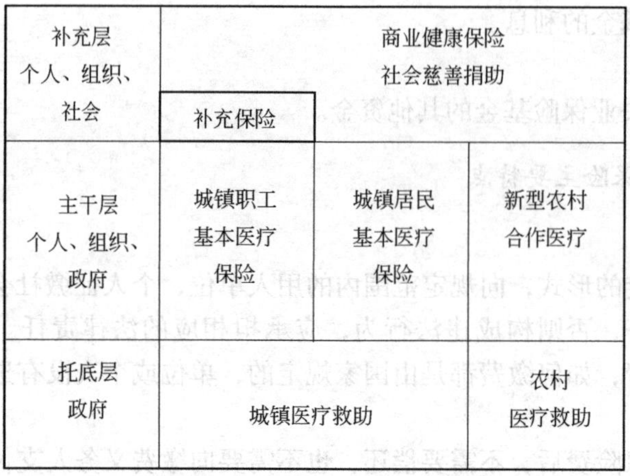

补充层 个人、组织、 社会	商业健康保险 社会慈善捐助		
	补充保险		
主干层 个人、组织、 政府	城镇职工 基本医疗 保险	城镇居民 基本医疗 保险	新型农村 合作医疗
托底层 政府	城镇医疗救助		农村 医疗救助

图 6-1　中国"三纵三横"的医疗保障体系

必要的物质帮助的制度。作为社会保险组成部分之一，生育社会保险在维护社会稳定、促进妇女就业、保护妇女健康等方面发挥越来越重要的作用。

6.4.5.2　我国生育社会保险的立法情况

企业女职工的生育保险建于 1951 年，是《中华人民共和国劳动保险条例》的一个组成部分。

国家机关、事业单位女职工的生育保险建于 1955 年，其政策依据是前政务院的《关于女工作人员生育假期的规定》。

1988 年 7 月颁布了《女职工劳动保护规定》（国务院 1988 年第 9 号令），统一了企业与机关、事业单位的生育保险待遇。

1994 年 12 月，原劳动部颁布了《企业职工生育社会保险试行办法》。

2001 年，国务院颁布《中国妇女发展纲要（2001—2010 年）》。

6.4.5.3　生育社会保险的特点

从目的看，生育社会保险是为了弥补女职工生育期间的收入损失，更重要的是对维持劳动力再生产和人类的世代延续起着重要的保障作用，因此带有一定的福利性质。

从起因看，生育社会保险属于正常的生理性原因而进行的保障，因生育造成的收入丧失是一种暂时性的丧失。

从对象看，生育社会保险实施的对象主要是已婚的妇女工作者，相比其他的社会保险，其具有明显的性别特征。

从内容看，给付项目比较多。在国外，生育社会保险的给付项目包括生育假期、生育收入补偿、生育医疗保健和子女补助金等项目。

从保障水平看，标准高于其他保险项目。

从时间上看，生育社会保险实行的是产前与产后均享受的原则。

6.4.5.4 生育保险的内容和待遇标准

生育保险的内容和待遇标准如图 6-2 所示。

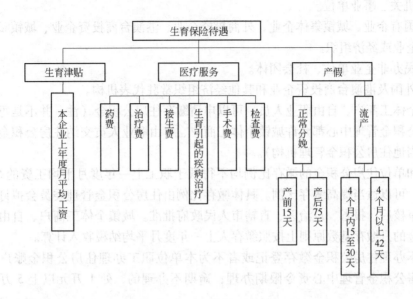

图 6-2 生育保险的内容和待遇标准

6.5 住房公积金

住房公积金是单位及其在职职工缴存的长期住房储金，是住房分配货币化、社会化和法制化的主要形式。住房公积金制度是国家法律规定的重要的住房社会保障制度，具有强制性、互助性、保障性。单位和职工个人必须依法履行缴存住房公积金的义务。职工个人缴存的住房公积金以及单位为其缴存的住房公积金，实行专户存储，归职工个人所有。这里的单位包括国家机关、国有企业、城镇集体企业、外商投资企业、城镇私营企业及其他城镇企业、事业单位、民办非企业单位、社会团体。

6.5.1 住房公积金的特点

住房公积金有如下特点：

（1）普遍性。城镇所有在职职工，无论其工作单位性质如何、家庭收入高低、是否已有住房，都必须按照《住房公积金管理条例》的规定缴存住房公积金。

（2）强制性（政策性）。单位不办理住房公积金缴存登记或者不为本单位职工办理住房公积金账户设立的，住房公积金管理中心有权责令限期办理，逾期不办理的，可以按《住房公积金管理条例》的有关条款进行处罚，并可申请人民法院强制执行。

（3）福利性。除职工缴存的住房公积金外，单位也要为职工交纳一定的金额，而且住房公积金贷款的利率低于商业性贷款。

（4）返还性。职工离休、退休，或完全丧失劳动能力并与单位终止劳动关系，户口迁出或出境定居等，缴存的住房公积金将返还职工个人。

6.5.2 住房公积金缴纳规定

住房公积金缴存范围为下列单位及其在职职工（不含在以下单位工作的外籍员工）。

（1）机关、事业单位。

（2）国有企业、城镇集体企业、外商投资企业、港澳台商投资企业、城镇私营企业及其他城镇企业或经济组织。

（3）民办非企业单位、社会团体。

（4）外国及港澳台商投资企业和其他经济组织常驻代表机构。

城镇个体工商户、自由职业人员，可以申请缴存住房公积金（注：并不是每个设区城市的住房公积金管理中心都允许城镇个体工商户、自由职业人员交纳住房公积金，具体情况请咨询当地住房公积金管理机构）。

职工和单位住房公积金的缴存比例均不得低于职工上一年度月平均工资的5%；有条件的城市，可以适当提高缴存比例。具体缴存比例由住房公积金管理委员会拟订，经本级人民政府审核后，报省、自治区、直辖市人民政府批准。城镇个体工商户、自由职业人员住房公积金的月缴存基数原则上按照缴存人上一年度月平均纳税收入计算。

单位不办理住房公积金缴存登记或者不为本单位职工办理住房公积金账户设立手续的，由住房公积金管理中心责令限期办理；逾期不办理的，处1万元以上5万元以下的罚款。

单位逾期不缴或者少缴住房公积金的，由住房公积金管理中心责令限期缴存；逾期仍不缴存的，可以申请人民法院强制执行。

复习思考题

6-1 企业为什么要进行劳动管理？

6-2 劳动管理的内容、任务与特点是什么？

6-3 提高采矿劳动生产率的主要途径有哪些？

6-4 劳动关系管理的基本原则有哪些？

6-5 什么是劳动定额，它有几种表现形式？

6-6 制定劳动定额的方法有哪几种？

6-7 什么是定额水平，怎样计算平均先进定额？

6-8 编制劳动定员的原则有哪些？

6-9 企业怎样编制劳动定员？

6-10 什么是劳动组织，如何做好企业劳动组织工作？

6-11 什么是工资，工资分配的基本原则是什么？

6-12 企业常用的工资制度有哪些？

6-13 怎样做好个体防护措施？

7 矿山企业的安全管理

矿山企业安全管理的任务，是以"安全第一、预防为主、综合治理"为指导，贯彻落实党和国家有关矿山安全生产的方针、政策、法律、法规和标准，坚持"以人为本"的原则，依靠科技创新和管理创新，努力消除和控制矿山生产经营过程中的各种危险因素和不良行为，不断地改善劳动条件，最大限度地减少伤亡事故，保护职工身体健康、生命安全和财产不受损失，促进矿山企业生产建设和改革的顺利发展，确保企业经济效益和社会稳定。

A 矿山企业安全管理内容

(1) 贯彻执行国家有关矿山安全生产工作的方针、政策、法律、法规和标准。

(2) 设置矿山安全管理机构或配备专职安全管理人员，建立健全矿山企业安全管理网络，保持安全管理人员队伍的相对稳定性。

(3) 建立健全以安全生产责任制为核心的各项安全生产管理制度。

(4) 加强安全生产宣传教育和技术培训，做好职工安全教育、技术培训和特种作业人员持证上岗工作。

(5) 矿山建设工程项目必须有安全设施，并经"三同时"审查、验收，使新、改、扩建工程具备安全生产条件和较高的抗灾能力。

(6) 制订和落实安全技术措施计划，确保矿山企业劳动条件不断改善。

(7) 进行矿山安全科学技术研究，积极推广各种现代安全技术手段和管理方法，控制生产过程中的危险因素，改进安全设施，消除事故隐患，不断提高矿山抗灾能力。

(8) 采用职业安全健康管理体系标准，推行职业安全健康管理体系认证，提高矿山企业的安全管理水平。

(9) 制定事故防范措施和灾害预防、应急救援预案并组织落实。

(10) 搞好职工的劳动保护工作，按规定向职工发放合格的劳动防护用品。

(11) 做好女职工和未成年工的劳动保护工作。

(12) 做好职工伤亡事故和职业病管理，执行伤亡事故报告、登记、调查、处理和统计制度，对接尘接毒职工进行定期身体检查，建立职工健康档案，按照规定参加工伤社会保险。

B 矿山企业管理经常性工作内容

矿山安全管理的经常性工作包括对物的管理和对人的管理两个方面。其中，对物的安全管理包括如下内容：

(1) 矿山开拓、开采工艺、提升运输系统、供电系统、排水压气系统、通风系统等的设计、施工，生产设备的设计、制造、采购、安装，都应该符合有关技术规范和安全规程的要求，其必要的安全设施、装置应该齐全、可靠。

(2) 经常进行设备检查和维修保养，使之处于完好状态，防止由于磨损、老化、腐蚀、疲劳等原因降低设备的安全性。

（3）消除生产作业场所中的不安全因素，创造安全的作业条件。

对人的安全管理的主要内容包括：

（1）制定操作规程、作业标准，规范人的行为，让人员安全高效地进行操作。

（2）为了使员工自觉地按照规定的操作规程、标准作业，必须经常不断地对员工进行教育和训练。

C　矿山企业管理应遵循的管理制度

矿山企业安全生产必须遵循矿山安全生产的管理制度，矿山安全管理制度是指为贯彻《安全生产法》、《矿山安全法》及其他安全生产法律、法规、标准，有效地保护矿山职工在生产过程中的安全健康，保障矿山企业财产不受损失而制定的安全管理规章制度。《矿山安全法》规定矿山企业必须建立健全安全生产责任制，对职工进行安全教育培训，向职工发放劳动防护用品；矿山企业职工必须遵守有关矿山安全的法律、法规和企业规章制度；工会依法对矿山安全工作进行监督。因此，为了保护劳动者在劳动过程中的安全与健康，根据本单位的实际情况，依据有关法律、法规和规章的要求，矿山企业应该建立健全安全生产管理制度。具体有：

（1）安全生产责任制度。

（2）安全目标管理制度。

（3）安全例会制度。

（4）安全检查制度。

（5）安全教育培训制度。

（6）设备管理制度。

（7）危险源管理制度。

（8）事故隐患排查与整改制度。

（9）安全技术措施审批制度。

（10）劳动防护用品管理制度。

（11）事故管理制度。

（12）应急管理制度。

（13）安全奖惩制度。

（14）安全生产档案管理制度等。

7.1　矿山生产事故的发生

7.1.1　事故因果连锁论

在与各种生产事故的斗争中，人们不断积累经验，探索事故发生规律，相继提出了许多阐明事故为什么会发生，事故是怎样发生的，以及如何防止事故发生的理论。这些理论被称作事故致因理论，是指导预防事故工作的基本理论。

事故因果连锁论是一种得到广泛应用的事故致因理论。

7.1.1.1　海因里希事故因果连锁论

海因里希（W. H. Hcinrich）在20世纪30年代首先提出了事故因果连锁的概念。他认为，工业伤害事故的发生是许多互为因果的原因因素连锁作用的结果。即人员伤亡的发生是由于事故；事故的发生是因为人的不安全行为或机械、物质的不安全状态（简称物的不安全状态）；人的不安全行为或物的不安全状态是由于人的缺点错误造成的；人的缺点起源于不良的环境或先天的遗传因素。

所谓人的不安全行为或物的不安全状态，是指那些曾经引起过事故，或可能引起事故的人的行为或机械、物质的状态。人们用多米诺骨牌来形象地表示这种事故因果连锁关系。如果骨牌系列中的第一颗骨牌被碰倒了，则由于连锁作用其余的骨牌会被相继碰倒。该理论认为，生产过程中出现的人的不安全行为和物的不安全状态是事故的直接原因，企业安全工作的中心就是防止人的不安全行为，消除机械的或物质的不安全状态。

断开事故连锁过程从而避免事故发生，这相当于移去骨牌系列的中间一颗骨牌，使连锁被破坏，事故过程被中止。

该因果连锁论把不安全行为和不安全状态的发生归因于人的缺点，强调遗传因素的作用，反映了时代的局限性。随着科学技术的进步、工业生产面貌的变化，在海因里希因果连锁论的基础上，又提出了反映现代安全观念的事故因果连锁论。

7.1.1.2 预防事故对策

根据事故因果连锁论，人的不安全行为及物的不安全状态是事故发生的直接原因。因此，应该消除或控制人的不安全行为及物的不安全状态以防止事故发生。一般地，引起人的不安全行为的原因可归结为四个方面：

（1）态度不端正。由于对安全生产缺乏正确的认识而故意采取不安全行为，或由于某种心理、精神方面的原因而忽视安全。

（2）缺乏安全生产知识，缺少经验或操作不熟练等。

（3）生理或健康状况不良，如视力、听力低下，反应迟钝，疾病、醉酒或其他生理机能障碍。

（4）不良的工作环境。工作场所照明、温度、湿度或通风不良，强烈的噪声、振动，作业空间狭小，物料堆放杂乱，设备、工具缺陷及没有安全防护装置等。

针对这些问题，可以通过教育提高职工的安全意识，增强职工搞好安全生产的自觉性，变"要我安全"为"我要安全"，通过教育培训增加职工的安全知识，提高生产操作技能。并且，要经常注意职工的思想情绪变化，采取措施减轻他们的精神负担。在安排工作任务时，要考虑职工的生理、心理状况对职业的适应性；为职工创造整洁、安全、卫生的工作环境。

应该注意到，人与机械设备不同，机械设备在人们规定的约束条件下运转，自由度少；人的行为受各自思想的支配，有较大的行为自由性。一方面，人的行为自由性使人有搞好安全生产的能动性和一定的应变能力；另一方面，它也能使人的行为偏离规定的目标，产生不安全行为。由于影响人的行为的因素特别多，所以控制人的不安全行为是一件十分困难的工作。

通过改进生产工艺，采用先进的机械设备、装置，设置有效的安全防护装置等，可以消除或控制生产中的不安全因素，使得即使人员产生了不安全行为也不至于酿成事故。这样的生产过程、机械设备等生产条件的安全被称为本质安全。在所有的预防事故措施中，首先应该考虑消除物的不安全状态，实现生产过程、机械设备等生产条件的本质安全。

受企业实际经济、技术条件等方面的限制，完全地消除生产过程中的不安全因素几乎是不可能的。我们只能努力减少、控制不安全因素，防止出现不安全状态或一旦出现了不安全状态及时采取措施消除，使得事故不容易发生。因此，在任何情况下，通过科学的安全管理，加强对职工的安全教育及训练，建立健全并严格执行必须的规章制度，规范职工的行为都是非常必要的。

7.1.1.3　事故发生频率与伤害严重度

海因里希根据大量事故统计结果发现，在同一个人发生的330起同类事故中，300起事故没有造成伤害，29起发生了轻微伤害，1起导致了严重伤害。即严重伤害、轻微伤害和没有伤害的事故件数之比为1∶29∶300。该比例说明，同一种事故其结果可能极不相同，事故能否造成伤害及伤害的严重程度如何具有随机性质。

事故发生后造成严重伤害的情况是很少的，轻伤及无伤害的情况是大量的。在造成轻伤及无伤害的事故中包含着与产生严重伤害事故相同的原因因素。因此，有时事故发生后虽然没有造成伤害或严重伤害，却不能掉以轻心，应该认真追究原因，及时采取措施防止同类事故再度发生。

比例1∶29∶300是根据同一个人发生的同类事故的统计资料得到的结果，并以此来定性地表示事故发生频率与伤害严重度间的一般关系。实际上，不同的人、不同种类的事故导致严重伤害、轻微伤害及无伤害的比例是不同的。

7.1.2　能量意外释放论

7.1.2.1　能量在伤害事故发生中的作用

能量在生产过程中是不可缺少的，人类利用能量做功以实现生产的目的。在正常生产过程中能量受到种种约束和限制，按照人们的意图流动、转换和作功。如果由于某种原因，能量失去了控制，超越了人们设置的约束或限制而意外逸出或释放，则说发生了事故。

如果失去控制的、意外释放的能量达及人体，并且能量的作用超过了人体的承受能力，则人员将受到伤害。可以说，所有伤害的发生都是因为人体接触了超过机体组织抵抗力的某种形式的过量能量，或人体与外界的正常能量交换受到了干扰（如窒息、淹溺等）。因此，各种形式的能量构成了伤害的直接原因。

导致人员伤害的能量形式有机械能、电能、热能、化学能、电离及非电离辐射、声能和生物能等。在矿山伤害事故中机械能造成伤害的情况最为常见，其次是电能、热能及化学能造成的伤害。

意外释放的机械能造成的伤害事故是矿山伤害事故的主要形式。矿山生产的立体作业方式使人员、矿岩及其他位于高处的物体具有较高的势能。当人员具有的势能意外释放时，将发生坠落或跌落事故；当矿岩或其他物体具有的势能意外释放时，将发生冒顶片帮、山崩、滑坡及物体打击等事故。除了势能外，动能是另一种形式的机械能。矿山生产中使用的各种运输设备，特别是各种矿山车辆，以及各种机械设备的运动部分，具有较大的动能。人员一旦与之接触，就将发生车辆伤害或机械伤害。据统计，势能造成的事故伤亡人数占井下各种事故伤害人数的一半以上；动能造成的事故伤亡人数占露天矿各类事故伤亡人数的第一位。因此，预防由机械能导致的伤害事故在矿山安全中具有十分重要的意义。

矿山生产中广泛利用电能，当人员意外地接触或接近带电体时，可能发生触电事故而受到伤害。

矿山生产中要利用热能，矿山火灾时可燃物燃烧时将释放出大量热能，矿山生产中利用的电能、机械能或化学能可以转变为热能。人体在热能的作用下可能遭受烫伤或烧灼。

炸药爆炸后的炮烟及矿山火灾气体等有毒有害气体使人员中毒是化学能引起的典型伤害事故。

人体对每一种形式能量的作用都有一定的抵抗能力，或者说有一定的伤害值。当人体与某种形式的能量接触时能否产生伤害及伤害的严重程度如何，主要取决于作用人体能量的大小。作用于人体的能量越多，造成严重伤害的可能性越大。例如，球形弹丸以 4.9N 的冲击力打击人体时，只能轻微地擦伤皮肤；重物以 68.6N 的冲击力打击人的头部，会造成头骨骨折。此外，人体接触能量的时间和频率、能量的集中程度，以及接触能量的部位等也影响人员伤害的发生情况。

该理论提醒人们要经常注意生产过程中能量的流动、转换以及不同形式能量的相互作用，防止发生能量的意外逸出或释放。

7.1.2.2 屏蔽

调查矿山伤亡事故原因发现，大多数矿山伤亡事故都是因为过量的能量，或干扰人体与外界正常能量交换的危险物质的意外释放引起的，并且几乎毫无例外地，这种过量能量或危险物质的意外释放都是由于人的不安全行为或物的不安全状态造成的。即，人的不安全行为或物的不安全状态使得能量或危险物质失去了控制，是能量或危险物质释放的导火线。

从能量意外释放论出发，预防伤害事故就是防止能量或危险物质的意外释放，防止人体与过量的能量或危险物质接触。我们把约束、限制能量所采取的措施叫做屏蔽（与下面将介绍的屏蔽设施不同，此处是广义的屏蔽）。

矿山生产中常用的防止能量意外释放的屏蔽措施有以下几种：

（1）用安全能源代替危险能源。在有些情况下，某种能源危险性较高，可以用较安全的能源取代。例如，在采掘工作面用压缩空气动力代替电力，防止发生触电事故。但是应该注意，绝对安全的事物是没有的，压缩空气用作动力也有一定的危险性。

（2）限制能量。在生产工艺中尽量采用低能量的工艺和设备。例如，限制露天矿爆破装药量以防止飞石伤人；利用低电压设备防止电击；限制设备运转速度防止机械伤害等。

（3）防止能量蓄积。能量的大量蓄积会导致能量的突然释放，因此要及时泄放能量防止能量蓄积。例如，通过接地消除静电蓄积；利用避雷针放电保护重要设施等。

（4）缓慢地释放能量。缓慢地释放能量降低单位时间内释放的能量，减轻能量对人体的作用。例如，各种减振装置可以吸收冲击能量，防止伤害人员。

（5）设置屏蔽设施。屏蔽设施是一些防止人员与能量接触的物理实体。它们可以被设置在能源上，例如安装在机械转动部分外面的防护罩；也可以被设置在人员与能源之间，例如安全围栏、井口安全门等。人员佩戴的个体防护用品可看作是设置在人员身上的屏蔽设施。在生产过程中也有两种或两种以上的能量相互作用引起事故的情况。例如，矿井杂散电流引爆电雷管造成炸药意外爆炸；车辆压坏电缆绝缘物导致漏电等。为了防止两种能量间的相互作用，可以在两种能量间设置屏蔽。

（6）信息形式的屏蔽。各种警告措施可以阻止人的不安全行为，防止人员接触能量。

根据可能发生意外释放的能量的大小，可以设置单一屏蔽或多重屏蔽，并且应该尽早设置屏蔽，做到防患于未然。

7.1.3　不安全行为的心理原因

根据心理学的研究，人的行为是个人因素与外界因素相互关联、共同作用的结果。个人因素是人的行为的内因，在矿山生产过程中人的行为主要取决于人的信息处理过程。个人的经验、技能、气质、性格等在长时期内形成的特征，以及发生事故时相对短时间里的个人生理、心理状态，如疲劳、兴奋等影响人的信息处理过程。外界因素，包括生产作业条件及人际关系等，是人的行为的外因。外因通过内因起作用。

7.1.3.1　人的信息处理过程

人的信息处理过程可以简单地表示为输入→处理→输出。输入是经过人的感官接受外界刺激或信息的过程。在处理阶段，大脑把输入的刺激或信息进行选择、记忆、比较和判断，做出决策。输出是通过人的运动器官和发音器官把决策付诸实现的过程。

A　知觉

知觉是人脑对于直接作用于感觉器官的事物整体的反映，是在感觉的基础上形成的。感觉是直接作用于人的感觉器官的客观事物的个别属性在人脑中的反映。实际上，人很少有单独的感觉产生，往往以知觉的方式反映客观事物。通常把感觉和知觉合称为感知。

人的视、听、味、嗅、触觉器官同时从外界接受大量的信息。据研究，在工业生产过程中，操作者每秒钟接受的视觉信息是相当大的。

作为信息处理中心的大脑的信息处理能力却非常低，其最大处理能力仅为 100bit/s 左右。感觉器官接受的信息量大而大脑处理信息能力低，在大脑中枢处理之前要对感官接受的信息进行预处理。即，对接受的信息进行选择。在信息处理过程中人通过注意来选择输入信息。

B　注意

在信息处理过程中，人们把注意与有限的短期记忆能力、决策能力结合起来，选择每一瞬间应该处理的信息。

注意是人的心理活动对一定对象的指向和集中。注意的品质包括注意的稳定性、注意的范围、注意的分配及注意的转移。

注意的稳定性也称持久性，是指把注意保持在一个对象上或一种活动上所能持续的时间。人对任何事物都不可能长期持久地注意下去，在注意某事物时总是存在着无意识的瞬间。也就是说，不注意是人的意识活动的一种状态，存在于注意之中。据研究，对单一不变的刺激，保持明确意识的时间一般不超过几秒钟。注意的稳定性除了与对象的内容、复杂性有关外，还与人的意志、态度、兴趣等有关。

注意的范围是指同一时间注意对象的数量。扩大注意范围可以使人同时感知更多的事物，接受更多的信息，提高工作效率和作业安全性。注意范围太小会影响注意的转移和分配，使精神过于紧张而诱发误操作。注意的范围受注意对象的特点、工作任务要求及人员的知识和经验等因素的影响。

注意的分配是指在同一时间内注意两种或两种以上不同对象或活动。现代矿山生产作业往往要求人员同时注意多个对象，进行多种操作。如果人员至少能熟练地进行一种操作，则可以把大部分注意力集中于较生疏的操作上。当注意分配不好时，可能出现顾此失彼的现象，最终导致发生事故。通过技术培训和操作训练可以提高职工的注意分配能力。

注意的转移是指有目的、及时而迅速地把注意由一个对象转移到另一个对象上。矿山生产作业很复杂，环境条件也经常变化。如果注意转移得缓慢，则不能及时发现异常，会导致危险局面出现。注意转移的快慢和难易取决于对原对象的注意强度，以及引起注意转移的对象的特点等。

注意在防止矿山伤害事故方面具有重要意义。安全教育的一个重要方面就在于使人员懂得，在生产操作过程中的什么时候应该注意什么。利用警告可以唤起操作者的注意，让他们把注意力集中于可能会被漏掉的信息。

C 记忆

经过预处理后的输入信息被存储于记忆中。人脑具有惊人的记忆能力，正常人的脑细胞总数多达 100 亿个，其中有意识的记忆容量为 1000 亿比特，下意识的记忆容量为 100 亿比特。

记忆分为短期记忆和长期记忆。输入的信息首先进入短期记忆中。短期记忆的特点是记忆时间短，过一段时间就会忘记，并且记忆容量有限，当人员记忆 7 位数时就会出错。当干扰信息进入短期记忆中时，短期记忆里原有的信息被排挤掉，发生遗忘现象，可能导致事故。经过多次反复记忆，短期记忆中的东西就进入了长期记忆。长期记忆可以使信息长久地，甚至终生难忘地在头脑里保存下来。人们的知识、经验都存储在长期记忆中。

D 决策

针对输入的信息，长期记忆中的有关信息（知识、经验）被调出并暂存于短期记忆中，与进入短期记忆的输入信息相比较，进行识别、判断，然后做出决策，选择恰当的行为。

人们为了做出正确的决策，必须获取充足的外界信息，具有丰富的知识和经验，以及充裕的决策时间。一般来说，做出决策需要一定的思考时间。在生产任务紧迫或面临危险的情况下，往往由于没有足够的决策时间而匆匆做出决定，结果发生决策失误。熟练技巧可以使人员不经决策而下意识地进行条件反射式的操作，这一方面可以使人员高效率地从事生产操作；另一方面，在异常情况下，下意识的条件反射可能导致不安全行为。此外，个人态度对决策有重要的影响。

E 行为

大脑中枢做出的决策指令经过神经传达到相应的运动器官（或发音器官），转化为行为。运动器官动作的同时把关于动作的信息经过神经反馈给大脑中枢，对行为的进行情况进行监测。已经熟练的行为进行时一般不需要监测，并且在行为进行的同时，可以对新输人的信息进行处理。

为了正确地实施决策所规定的行为，机械设备、用具及工作环境符合人机学要求是非常必要的。

7.1.3.2　个性心理特征与不安全行为

个性心理特征是个体稳定地、经常地表现出来的能力、性格、气质等心理特点的总和。不同的人其个性心理特征是不同的。每个人的个性心理特征在先天素质的基础上，在一定的社会条件下，通过个体具体的社会实践活动，在教育和环境的影响下形成和发展。

能力是直接影响活动效率，使得活动顺利完成的个性心理特征，矿山生产的各种作业都要求人员具有一定的能力才能胜任。一些危险性较高、较重要的作业特别要求操作者有较高的能力。通过安全教育、技术培训和特殊工种培训，可以使职工在原有能力的基础上进一步提高，实现安全生产。

性格是人对事物的态度或行为方面的较稳定的心理特征，是个性心理的核心。知道了一个人的性格，就可以预测在某种情况下他将如何行动。鲁莽、马虎、懒惰等不良性格往往是产生不安全行为的原因。但是，人的性格是可以改变的。安全管理工作的一项任务就是发现和发展职工的认真负责、细心、勇敢等良好性格，克服那些对安全生产不利的性格。

气质主要表现为人的心理活动的动力方面的特点。它包括心理过程的速度和稳定性、强度以及心理活动的指向性（外向型或内向型）等。人的气质不以活动的内容、目的或动机为转移。气质的形成主要受先天因素的影响，教育和社会影响也会改变人的气质。

人的气质分为多血质、胆汁质、黏液质和抑郁质四种类型。各种类型的典型特征如下：

（1）多血质型。具有这种气质的人活泼好动，反应敏捷，喜欢与人交往，注意力容易转移，兴趣多变。

（2）胆汁质型。这种类型的人直率热情，精力旺盛，情感强烈，易于冲动，心境变化剧烈。他们大多是热情而性急的人。

（3）黏液质型。具有这种气质的人沉静、稳重，情绪不外露，反应缓慢，注意力稳定且难以转移。

（4）抑郁质型。这种类型的人观察细微，动作迟缓，多半是情感深厚而沉默的人。

气质类型无好坏之分，任何一种气质类型都有其积极的一面和消极的一面。在每一种气质的基础上都有可能发展起某些优良的品质或不良的品质。从矿山安全的角度，在选择人员，分配工作任务时要考虑人员的性格、气质。例如，要求迅速做出反应的工作任务由多血质型的人员完成较合适；要求有条不紊、沉着冷静的工作任务可以分配给黏液质类型的人。应该注意，在长期工作实践中人会改变自己原来的气质以适应工作任务的要求。

7.1.3.3　非理智行为

非理智行为是指那些"明知有危险却仍然去做"的行为。大多数的违章操作都属于非理智行为，在引起矿山事故的不安全行为中占有较大比例。非理智行为产生的心理原因主要有以下几个方面：

（1）侥幸心理。伤害事故的发生是一种小概率事件，一次或多次不安全行为不一定会导致伤害。于是，一些职工根据采取不安全行为也没有受到伤害的经验，认为自己运气好，不会出事故，或者得出了"这种行为不会引起事故"的结论。针对职工存在的侥幸心理，应该通过安全教育使他们懂得"不怕一万，就怕万一"的道理，自觉地遵守安全规程。

（2）省能心理。人总是希望以最小的能量消耗取得最大的工作效果，这是人类在长期生活中形成的一种心理习惯。省能心理表现为嫌麻烦、怕费劲、图方便，或者得过且过的惰性心理。由于省能心理作祟，操作者可能省略了必要的操作步骤或不使用必要的安全装置而引起事故。在进行工程设计、制定操作规程时要充分考虑职工由于省能心理而采取不安全行为问题。在日常安全管理中要利用教育、强制手段防止职工为了省能而产生不安全行为。

（3）逆反心理。在一些情况下个别人在好胜心、好奇心、求知欲、偏见或对抗情绪等心理状态下，产生与常态心理相对抗的心理状态，偏偏去做不该做的事情，产生不安全行为。

（4）凑兴心理。凑兴心理是人在社会群体中产生的一种人际关系的心理反应，多发生在精力旺盛、能量有剩余而又缺乏经验的青年人身上。他们从凑兴中得到心理满足，或消耗掉剩余的精力。凑兴心理往往导致非理智行为。

实际上导致不安全的心理因素很多、很复杂。在安全工作中要及时掌握职工的心理状态，经过深入细致的思想工作提高职工的安全意识，自觉地避免不安全行为。

7.1.4 事故中的人失误

7.1.4.1 人失误的定义及分类

人失误，即人的行为失误，是指人员在生产、工作过程中实际实现的功能与被要求的功能不一致，其结果可能以某种形式给生产、工作带来不良影响。通俗地讲，人失误是人员在生产、工作中产生的差错或误差。人失误可能发生在计划、设计、制造、安装、使用及维修等各种工作过程中。人失误可能导致物的不安全状态或人的不安全行为。不安全行为本身也是人失误，但是，不安全行为往往是事故直接责任者或当事者的行为失误。一般来说，在生产、工作过程中人失误是不可避免的。

按人失误产生的原因可以把它分成随机失误、系统失误和偶发失误三类。

（1）随机失误。这是由于人的动作、行为的随机性质引起的人失误。例如，用手操作时用力的大小、精确度的变化、操作的时间差、简单的错误或一时的遗忘等。随机失误往往是不可预测，不会重复发生的。

（2）系统失误。这是由于工作条件设计方面的问题，或人员的不正常状态引起的失误。系统失误主要与工作条件有关，设计不合理的工作条件容易诱发人失误。容易引起人失误的工作条件大体上有两方面的问题：一是工作任务的要求超出了人的承受能力；二是规定的操作程序方面的问题，在正常工作条件下形成的下意识行动、习惯使人们不能应付突然出现的紧急情况。

在类似的情况下，系统失误可能重复发生。通过改善工作条件及教育训练，能够有效地防止此类失误。

（3）偶发失误。偶发失误是由于某种偶然出现的意外情况引起的过失行为，或者事先难以预料的意外行为。例如，违反操作规程、违反劳动纪律的行为。

7.1.4.2　矿山人失误模型

在矿山生产过程中可能有某种形式的信息，警告人员应该注意危险的出现。对于在生产现场的某人（当事人）来说，关于危险出现的信息叫做初期警告。如果在没有关于危险出现的初期警告的情况下发生伤害事故，则往往是由于缺乏有效的检测手段，或者管理人员没有事先提醒人们存在着危险因素。当事人在不知道危险的情况下发生的事故，属于管理失误造成的事故。在存在初期警告的情况下，人员在接受、识别警告，或对警告做出反应方面的失误都可能导致事故。

（1）接受警告失误。尽管有初期警告出现，可是由于警告本身不足以引起人员注意，或者由于外界干扰掩盖了警告、分散了人员的注意力，或者由于人员本身的不注意等原因没有感知警告，因而不能发现危险情况。

（2）识别警告失误。人员接受到警告之后，只有从众多的信息中识别警告、理解警告的含义才能意识到危险的存在。如果工人缺乏安全知识和经验，就不能正确地识别警告和预测事故的发生。

（3）对警告反应失误。人员识别了警告知道危险即将出现后，应该采取恰当措施控制危险局面的发展或者及时回避危险。为此应该正确估计危险性，采取恰当的行为及实现这种行为。

人员根据对危险性的估计采取相应的行为避免事故发生。人员由于低估了危险性会对警告置之不理，因此对危险性估计不足也是一种失误，一种判断失误。除了缺乏经验而做出不正确判断之外，许多人往往因麻痹大意而低估了危险性。即使在对危险性估计充分的情况下，人员也可能因为不知如何行为或心理紧张而没有采取行动，也可能因为选择了错误的行为或行为不恰当而不能摆脱危险。在矿山生产的许多作业过程中，威胁人员安全的主要危险来自矿山自然条件。受技术、经济条件的限制，人控制自然的能力是有限的，在许多情况下不能有效地控制危险局面。这种情况下恰当的对策是迅速撤离危险区域，以避免受到伤害。

（4）二次警告。矿山生产作业往往是多人作业、连续作业。某人在接受了初期警告、识别了警告并正确地估计了危险性之后，除了自己采取恰当行为避免伤害事故外，还应该向其他人员发出警告，提醒他们采取防止事故措施。当事人向其他人员发出的警告叫做二次警告，对其他人员来说，它是初期警告。在矿山生产过程中及时发出二次警告对防止矿山伤害事故也是非常重要的。

7.1.4.3　心理紧张与人失误

注意是大脑正常活动的一种状态，注意力集中程度取决于大脑的意识水平（警觉度）。

研究表明，意识水平降低从而引起信息处理能力的降低是发生人失误的内在原因。根据人的脑电波的变化情况，可以把大脑的意识水平划分为无意识、迟钝、被动、能动和恐慌五个等级：

（1）无意识。在熟睡或癫痫发作等情况下，大脑完全停止工作，不能进行任何信息处理。

（2）迟钝。过度疲劳或者从事单调的作业，困倦或醉酒时，大脑的信息处理能力极低。

（3）被动。从事熟悉的、重复性的工作时，大脑被动的活动。

（4）能动。从事复杂的、不太熟悉的工作时，大脑清晰而高效地工作，积极地发现问题和思考问题，主动进行信息处理。但是，这种状态仅能维持较短的时间，然后进入被动状态。

（5）恐慌。工作任务过重，精神过度紧张或恐惧时，由于缺乏冷静而不能认真思考问题，致使信息处理能力降低。在极端恐慌时，会出现大脑"空白"现象，信息处理过程中断。

在矿山生产过程中人员正常工作时，大脑意识水平经常处在能动和被动状态下，信息处理能力高、失误少。当大脑意识水平处于迟钝或恐慌状态时，信息处理能力低、失误多。人的大脑意识水平与心理紧张度有密切的关系，而人的心理紧张程度主要取决于工作任务对人的信息处理情况。

（1）极低紧张度。当从事缺少刺激的、过于轻松的工作时，几乎不用动脑筋思考。

（2）最优紧张度。从事较复杂的、需要思考的作业时，大脑能动地工作。

（3）稍高紧张度。在要求迅速采取行动或一旦发生失误可能出现危险的工作中，心理紧张度稍高，容易发生失误。

（4）极高紧张度。当人员面临生命危险时，大脑处于恐慌状态，很容易发生失误。

除了工作任务之外，还有许多增加心理紧张度的因素，如饮酒、疲劳等生理因素，不安、焦虑等心理因素，照明不良、温度异常及噪声等物理因素。心理紧张度还与个人经验及技能有关，缺乏经验及操作不熟练的人，其心理紧张度较高。

合理安排工作任务，消除各种增加心理紧张的因素，以及经常进行教育、训练，是使职工保持最优心理紧张度的主要途径。

7.1.4.4 个人能力与人失误

在矿山生产作业中，人员要经常处理各种有关的信息，付出一定的智力和体力来承受工作负荷。如果人的信息处理能力过低，则容易发生失误。每个人的信息处理能力是不同的，它取决于进行生产作业时人员的硬件状态、心理状态和软件状态。

硬件状态包括人员的生理、身体、病理和药理状态。疲劳、睡眠不足、醉酒、饥渴等，以及生物节律、倒班、生产作业环境中的不利因素等影响人员的生理状态，降低大脑的意识水平，从而降低信息处理能力。人体的感觉器官的灵敏性及感知范围影响人员对外界信息的接收；身体的各部分尺寸、各方向上力量的大小及运动速度等影响行为的进行。疾病、心理变态、精神不正常、脑外伤后遗症等病理状态影响大脑意识水平。服用某些药剂，如安眠药、镇静剂、抗过敏药物等，会降低大脑意识水平。

人员的心理状态直接影响心理紧张度。焦虑、恐慌等妨碍正常的信息处理；家庭纠纷、忧伤等引起的情绪不安定会分散注意力，甚至忘却必要的操作。工作任务、工作环境及人际关系等方面的问题也会影响人的心理状态。

软件状态是指人员在生产操作方面的技术水平，按作业规程、程序操作的能力及知识水平。在信息处理过程中软件状态对选择、判断、决策有重要的影响。随着矿山生产技术的进步，机械化、自动化程度的提高，对人员的软件状态的要求越来越高了。人的生理、心理状态在短时间内就会发生很大变化，而软件状态要经过长期的工作实践和经常的教育、训练才能改变。

7.1.5　可靠性与安全

7.1.5.1　可靠性的基本概念

可靠性是指系统或系统元素在规定的条件下和规定的时间内，完成规定的功能的性能。可靠性是判断和评价系统或元素的性能的一个重要指标。当系统或元素在运行过程中因为性能低下而不能实现预定的功能时，则称发生了故障。故障的发生是人们所不希望的，却又是不可避免的。故障迟早会发生，人们只能设法使故障发生得晚些，让系统、元素能够尽可能长时间地工作。一般来说，机械设备、装置、用具等物的系统或元素的故障，可能导致物的不安全状态或引起人的不安全行为。因此，可靠性与安全性有着密切的因果关系。

故障的发生具有随机性，需要应用概率统计的方法来研究可靠性。系统或元素在规定的条件下和规定的时间内，完成规定功能的概率叫做可靠度。可靠度是可靠性的定量描述，其数值在 0~1 之间。

7.1.5.2　简单系统的可靠性

系统是由若干元素构成的。系统的可靠性取决于元素可靠性及系统结构。按系统故障与元素故障之间的关系，可以把简单系统分为串联系统和冗余系统两大类。

   A　串联系统

串联系统又称基本系统，从实现系统功能的角度，它是由各元素串联组成的系统。串联系统的特征是，只要构成系统的元素中的一个元素发生了故障，就会造成系统故障。

   B　冗余系统

所谓冗余，是把若干元素附加于构成基本系统的元素之上来提高系统可靠性的方法。附加的元素叫做冗余元素；含有冗余元素的系统叫做冗余系统。冗余系统的特征是，只有一个或几个元素发生故障时系统不一定发生故障。按实现冗余的方式不同，冗余系统分为并联系统、备用系统及表决系统。

（1）并联系统。在并联系统中冗余元素与原有元素同时工作，只要其中的一个元素不发生故障，系统就能正常运行。

并联系统的可靠度高于元素的可靠度，并且并联的元素越多，系统的可靠度越高；但是，随着并联元素数目的增加，系统可靠度提高的幅度却越来越小。

（2）备用系统。备用系统的冗余元素平时处于备用状态，当原有元素故障时才投入运行。为了保证备用系统的可靠性，必须有可靠的故障检测机构和使备用元素及时投入运行的转换机构。

（3）表决系统。构成系统的 n 个元素中有 A 个不发生故障，系统就能正常运行的系统叫做表决系统。表决系统的性能处于串联系统和并联系统性能之间,多用于各种安全监测系统,具有较高的灵敏度和一定的抗干扰性能。

7.1.5.3 提高系统可靠性的途径

一般来说,可以从以下几方面采取措施提高系统的可靠性:

(1) 选用可靠度高的元素。高质量的元件、设备的可靠性高,由它们组成的系统可靠度也高。

(2) 采用冗余系统。根据具体情况,可以采用并联系统、备用系统或表决系统。

(3) 改善系统运行条件。控制系统运行环境中温度、湿度,防止冲击、振动、腐蚀等,可以延长元素、系统的寿命。

(4) 加强预防性维修保养。及时、正确的维修保养可以延长使用寿命;在元素进入磨损故障阶段之前及时更换,可以维持恒定的故障率。

7.1.6 人、机、环境匹配

矿山生产作业是由人员、机械设备、工作环境组成的人、机、环境系统。作为系统元素的人员、机械设备、工作环境合理匹配,使机械设备、工作环境适应人的生理、心理特征,才能使人员操作简便、准确、失误少、工作效率高。人机工程学(简称人机学)就是研究这个问题的科学。

人、机、环境匹配问题主要包括机器的人机学设计、人机功能的合理分配及生产作业环境的人机学要求等。机器的人机学设计主要是指机器的显示器和操纵器的人机学设计。这是因为机器的显示器和操纵器是人与机器的交接面:人员通过显示器获得有关机器运转情况的信息;通过操纵器控制机器的运转。设计良好的人机交接面可以有效地减少人员在接受信息及实现行为过程中的人失误。

7.1.6.1 显示器的人机学设计

机械、设备的显示器是一些用来向人员传达有关机械、设备运行状况的信息的仪表或信号等。显示器主要传达视觉信息,它们的设计应该符合人的视觉特性。具体地讲,应该符合准确、简单、一致及排列合理的原则。

(1) 准确。仪表类显示器的设计应该让人员容易正确地读数,减少读数时的失误。据研究,仪表面板刻度形式对读数失误率有较大影响。

(2) 简单。根据显示器的使用目的,在满足功能要求的前提下越简单越好,以减轻人员的视觉负担,减少失误。

(3) 一致。显示器指示的变化应该与机械、设备状态变化的方向一致。例如,仪表读数增加应该表示机器的输出增加;仪表指针的移动方向应该与机器的运动方向一致,或者与人的习惯一致,否则,很容易引起操作失误。

(4) 合理排列。当显示器的数目较多时,例如大型设备、装置控制台(或控制盘)上的仪表、信号等,把它们合理地排列可以有效地减少失误。一般地,排列显示器时应该注意:显示器在水平方向上的排列范围可以大于在竖直方向上的排列范围,这是因为人的眼睛做水平运动比做垂直运动的速度快、幅度大。

7.1.6.2　操纵器的人机学设计

操纵器的设计应该使人员操作起来方便、省力、安全。为此，要依据人的肢体活动极限范围和极限能力来确定操纵器的位置、尺寸、驱动力等参数。

A　作业范围

一般地，按操作者的躯干不动时手、脚达及范围来确定作业范围。如果操纵器的布置超出了该作业范围，则操作者需要进行一些不必要的动作才能完成规定的操作。这给操作者造成不方便，容易产生疲劳，甚至造成误操作。下面分别讨论用手操作和用脚操作的作业范围。

（1）上肢作业范围。通常把手臂伸直时指尖到达的范围作为上肢作业的最大作业范围。考虑到实际操作时手要用力完成一定的操作而不能充分伸展，以及肘的弯曲等情况，正常作业范围要比最大作业范围缩小些。

（2）下肢作业范围。当人员坐在椅子上用脚操作时，椅子靠背后倾，下肢的活动范围缩小。

B　操纵器的设计原则

设计操纵器时，首先应确定是用手操作还是用脚操作。一般地，要求操作位置准确或要求操作迅速到位的场合，应该考虑用手操作；要求连续操作、手动操纵器较多，或非站立操作时需要 98N 以上的力进行操作的场合应该考虑用脚操作。

其次，从适合人员操作、减少失误的角度，必须考虑如下问题：

（1）操作量与显示量之比。根据最大作业范围控制的精确度要求选择恰当的操作量与显示量之比。当要求被控制对象的运动位置等参数变化精确时，操作量与显示量之比应该大些。

（2）操作方向的一致性。操纵器的操作方向与被控对象的运动方向及显示器的指示方向应该一致。

（3）操纵器的驱动力。操纵器的驱动力应该根据操纵器的操作准确度和速度、操作的感觉及操作的平滑性等确定。除按钮之外的一般手动操纵器的驱动力不应超过 9.8N。操纵器的驱动力并非越小越好，驱动力过小会由于意外地触碰引起机器的误动作。

（4）防止误操作。操纵器应该能够防止被人员误操作或意外触动造成机械、设备的误运转。除了加大必要的驱动力之外；可针对具体情况采取适当的措施。例如，紧急停止按钮应该突出，一旦出现异常情况时人员可以迅速地操作；而启动按钮应该稍微凹陷，或在周围加上保护圈，防止人员意外触碰。当操纵器很多时，为了便于识别，可以采用不同的形状、尺寸，附上标签或涂上不同的颜色。

7.1.6.3　人、机功能分配的一般原则

随着科学技术的进步，人类的生产劳动越来越多地为各种机器所代替。例如，各类机械取代了人的手脚，检测仪器代替了人的感官，计算机部分地代替了人的大脑等。用机器代替人，既减轻了人的劳动强度，有利于安全健康，又提高了工作效率。然而，由于人具有机器无法比拟的优点，今后将仍然是生产系统中不可缺少的重要元素。充分发挥人与机器各自的优点，让人员和机器合理地分配工作任务，是实现安全、高效生产的重要方面。

概略地说，在进行人、机功能分配时，应该考虑人的准确度、体力、动作的速度及知觉能力等四个方面的基本界限，以及机器的性能维持能力、正常动作能力、判断能力及成本等四个方面的基本界限。人员适合从事要求智力、视力、听力、综合判断力、应变能力及反应能力的工作；机器适于承担功率大、速度快、重复性作业及持续作业的任务。应该注意，即使是高度自动化的机器，也需要人员来监视其运行情况；另外，在异常情况下需要由人员来操作，以保证安全。

A 生产作业环境的人机学要求

矿山生产过程中存在许多危险因素，其生产作业环境也与一般工业生产作业环境有很大差别。许多矿山伤害事故的发生都与不良的生产作业环境有着密切的关系。矿山生产作业环境问题主要包括温度、湿度、照明、噪声及振动、粉尘及有毒有害物质等问题。这里仅简要讨论矿山生产环境中的照明、噪声及振动方面的问题。

a 照明

人员从外界接受的信息中，80%以上是通过视觉获得的。照明的好坏直接影响视觉接受信息的质量。许多矿山伤亡事故都是由于作业场所照明不良引起的。对生产作业环境照明的要求可概括为适当的照度和良好的光线质量两个方面。

（1）适当的照度。在各种生产作业中为使人员清晰地看到周围的情况，光线不能过暗或过亮。强烈的光线令人目眩及疲劳，且浪费能量；昏暗的光线使人眼睛疲劳，甚至看不清东西。一般地，进行粗糙作业时的照明度应在70lx左右，普通作业在150lx左右，较精密的作业应在300lx以上。矿山井下作业环境比较特殊，在凿岩、支护、装载及运输作业中发生的许多事故都与作业场所的照度偏低有关。有些研究资料认为，井下作业场所越亮，事故发生率越低。

井下空气中的水蒸气、炮烟及粉尘等能吸收光能并产生散射，从而降低了作业场所照度。采取通风净化措施消除水雾、炮烟及粉尘，对改善照明有一定的益处。

（2）良好的光线质量。光线质量包括被观察物体与背景的对比度、光的颜色、眩光及光源照射方向等。按定义，对比度等于被观察物体的亮度与背景亮度的差与背景亮度之比。为了能看清楚被观察的物体，应该选择适当的对比度。当需要识别物体的轮廓时，对比度应该尽量大；当观察物体细部时，对比度应该尽量小些。眩光是炫目的光线，往往是在人的视野范围内的强光源产生的。眩光使人眼花缭乱而影响观察，因此应该合理地布置光源。特别是在井下，不要面对探照灯光等强光束作业。

b 噪声与振动

噪声是指一切不需要的声音，它会造成人员生理和心理损伤，影响正常操作。

噪声用噪声级来衡量，其单位是dB。当噪声超过80dB时，就会对人的听力产生影响。

矿山生产作业环境中有许多产生强烈噪声的噪声源。矿山设备中的扇风机、凿岩机和空气压缩机等工作时都产生很强的噪声。矿井主扇风机入口1m处的噪声可达110dB以上；井下局部扇风机附近1m处的噪声超过100dB；井下凿岩机的噪声高达120dB以上。

B 噪声的危害

（1）损害听觉。短时间暴露在较强噪声下可能造成听觉疲劳，产生暂时性听力减退。长时间暴露于噪声环境，或受到非常强烈噪声的刺激，会引起永久性耳聋。

（2）影响神经系统及心脏。在噪声的刺激下，人的大脑皮质的兴奋和抑制平衡失调，引起条件反射异常。久而久之，会引起头痛、头晕、耳鸣、多梦、失眠、心悸、乏力或记忆力减退等神经衰弱症状。长期暴露于噪声环境中会影响心血管系统。

（3）影响工作和导致事故。噪声使人心烦意乱和容易疲劳，分散人员的注意力；干扰谈话及通信。噪声可能使人听不清危险信号，发生事故。

振动直接危害人体健康，且往往伴随产生噪声，并降低人员知觉和操作的准确度，不利于安全生产。根据振动对人员的影响，可把振动分为局部振动和全身振动两类。

（4）局部振动。工业生产中最常见的和对人危害最大的是局部振动。例如，凿岩机的强烈振动会使凿岩工患振动病。振动病的症状有手麻、发僵、疼痛、四肢无力及关节疼等，其中以手麻最为常见。当症状严重时手指及关节变形、肌肉萎缩，出现白指、白手。

（5）全身振动。全身振动多为低频率、大振幅的振动，可能引起人体器官的共振而妨碍其机能。在人体受到较强烈全身振动时，可能出现头晕、头痛、疲劳、耳鸣、胸腹痛、口语不清、视物不清、甚至内出血等症状。振动对人的影响主要取决于振动频率，频率4~8Hz的振动对人体危害最大，其次是10~12Hz和20~25Hz的振动。

控制噪声和振动的措施有隔声、吸声、消声、隔振和阻尼等。

7.2　矿山事故申报、救援及处理

7.2.1　事故等级

根据生产安全事故（以下简称事故）造成的人员伤亡或者直接经济损失，事故一般分为以下等级：

（1）特别重大事故。是指造成30人以上死亡，或者100人以上重伤（包括急性工业中毒，下同），或者1亿元以上直接经济损失的事故。

（2）重大事故。是指造成10人以上30人以下死亡，或者50人以上100人以下重伤，或者5000万元以上1亿元以下直接经济损失的事故。

（3）较大事故。是指造成3人以上10人以下死亡，或者10人以上50人以下重伤，或者1000万元以上5000万元以下直接经济损失的事故。

（4）一般事故。是指造成3人以下死亡，或者10人以下重伤，或者1000万元以下直接经济损失的事故。

国务院安全生产监督管理部门可以会同国务院有关部门，制定事故等级划分的补充性规定。

（1）~（4）项所称的"以上"包括本数，所称的"以下"不包括本数。

7.2.2　矿山事故申报

事故发生后，事故现场有关人员应当立即向本单位负责人报告；单位负责人接到报告后，应当于1h内向事故发生地县级以上人民政府安全生产监督管理部门和负有安全生产监督管理职责的有关部门报告。

情况紧急时，事故现场有关人员可以直接向事故发生地县级以上人民政府安全生产监督管理部门和负有安全生产监督管理职责的有关部门报告。

事故报告应当及时、准确、完整，任何单位和个人对事故不得迟报、漏报、谎报或者瞒报。

7.2.2.1 事故报告程序

安全生产监督管理部门和负有安全生产监督管理职责的有关部门接到事故报告后，应当依照下列规定上报事故情况，并通知公安机关、劳动保障行政部门、工会和人民检察院：

（1）特别重大事故、重大事故逐级上报至国务院安全生产监督管理部门和负有安全生产监督管理职责的有关部门。

（2）较大事故逐级上报至省、自治区、直辖市人民政府安全生产监督管理部门和负有安全生产监督管理职责的有关部门。

（3）一般事故上报至设区的市级人民政府安全生产监督管理部门和负有安全生产监督管理职责的有关部门。

安全生产监督管理部门和负有安全生产监督管理职责的有关部门依照前款规定上报事故情况，应当同时报告本级人民政府。国务院安全生产监督管理部门和负有安全生产监督管理职责的有关部门以及省级人民政府接到发生特别重大事故、重大事故的报告后，应当立即报告国务院。

必要时，安全生产监督管理部门和负有安全生产监督管理职责的有关部门可以越级上报事故情况。

安全生产监督管理部门和负有安全生产监督管理职责的有关部门逐级上报事故情况，每级上报的时间不得超过2h。

7.2.2.2 事故上报内容

报告事故应当包括下列内容：

（1）事故发生单位概况。

（2）事故发生的时间、地点以及事故现场情况。

（3）事故的简要经过。

（4）事故已经造成或者可能造成的伤亡人数（包括下落不明的人数）和初步估计的直接经济损失。

（5）已经采取的措施。

（6）其他应当报告的情况。

事故报告后出现新情况的，应当及时补报。

自事故发生之日起30日内，事故造成的伤亡人数发生变化的，应当及时补报。道路交通事故、火灾事故自发生之日起7日内，事故造成的伤亡人数发生变化的，应当及时补报。

7.2.3 矿山事故救援

《金属非金属矿山安全规程》规定：矿山企业应建立由专职或兼职人员组成的事故应急救援组织，配备必要的应急救援器材和设备。生产规模较小不必建立事故应急救援组织的，应指定兼职的应急救援人员，并与邻近的事故应急救援组织签订救援协议。矿山企业发生重大生产安全事故时，企业的主要负责人应立即组织抢救，采取有效措施迅速处理，并及时分析原因，认真总结经验教训，提出防止同类事故发生的措施。事故发生后，应按国家有关规定及时、如实报告。

《生产安全事故报告和调查处理条例》规定，事故发生单位负责人接到事故报告后，应当立即启动事故相应应急预案，或者采取有效措施，组织抢救，防止事故扩大，减少人员伤亡和财产损失。

事故发生地有关地方人民政府、安全生产监督管理部门和负有安全生产监督管理职责的有关部门接到事故报告后，其负责人应当立即赶赴事故现场，组织事故救援。

7.2.3.1　事故应急救援的任务

矿山事故发生后应急救援的基本任务包括下述几个方面：

（1）立即组织营救受害人员，组织撤离或者采取其他措施保护危害区域内的其他人员。抢救受害人员是事故应急救援的首要任务，在应急救援行动中，快速、有序、有效地实施现场急救与安全转送伤员是降低伤亡率、减少事故损失的关键。有些矿山事故，如火灾、透水等灾害性事故，发生突然、扩散迅速、涉及范围广、危害大，应该及时指导和组织人员自救、互救，迅速撤离危险区或可能受到危害的区域。事故可能影响到企业周围居民的场合，要积极组织群众的疏散、避难。

（2）迅速控制事态，防止事故扩大或引起"二次事故"，并对事故发展状况、造成的影响进行检测、监测，确定危险区域的范围、危险性质及危险程度。控制事态不仅可以避免、减少事故损失，而且可以为后续的事故救援提供安全保障。

（3）消除事故后果，做好恢复工作。清理事故现场，修复受事故影响的井巷、构筑物，恢复基本设施，将其恢复至正常状态。

（4）查明事故原因，评估危害程度。事故发生后应及时调查事故发生的原因和事故性质，查明事故的影响范围，人员伤亡、财产损失和环境污染情况，评估危害程度。

7.2.3.2　事故应急救援体系

事故应急救援体系主要包括事故应急救援组织，如应急救援指挥机构、应急救援队伍和技术专家组等，以及应急救援保障，如应急救援装备、物资、通信等。

应急救援队伍由专业应急救援队伍，如矿山救护队、医疗队等，以及兼职应急救援队伍组成。应急救援保障包括各种应急装备和物资的储备与供给，如应急抢险装备、工具、物资，应急救护装备、物资、药品，应急通信装备，后勤保障装备、物资等。

矿山企业的事故应急救援以企业为主，充分调动企业内部应急力量，同时矿山企业的事故应急救援体系也是当地区域事故应急救援体系的一部分，因此要与区域的事故应急救援体系相配合，必要时争取外部的应急支援。

县级以上人民政府应当依照《生产安全事故报告和调查处理条例》的规定，严格履行职责，及时、准确地完成事故调查处理工作。事故发生地有关地方人民政府应当支持、配合上级人民政府或者有关部门的事故调查处理工作，并提供必要的便利条件。

事故发生地公安机关根据事故的情况，对涉嫌犯罪的，应当依法立案侦查，采取强制措施和侦查措施。犯罪嫌疑人逃匿的，公安机关应当迅速追捕归案。

安全生产监督管理部门和负有安全生产监督管理职责的有关部门应当建立值班制度，并向社会公布值班电话，受理事故报告和举报。

事故发生后，有关单位和人员应当妥善保护事故现场以及相关证据，任何单位和个人不得破坏事故现场、毁灭相关证据。因抢救人员、防止事故扩大以及疏通交通等原因，需要移动事故现场物件的，应当做出标志，绘制现场简图并做出书面记录，妥善保存现场重要痕迹、物证。

7.2.3.3　事故应急响应

事故应急救援体系应该根据事故的性质、严重程度、事态发展趋势做出不同级别的响应。相应地，针对不同的响应级别明确事故的通报范围，启动哪一级应急救援，应急救援力量的出动和设备、物资的调集规模，周围群众疏散的范围等。应急响应级别应该与应急救援体制的级别相对应，如三级应急响应对应三级应急救援体制。

事故应急响应的主要内容包括信息报告和处理、应急启动、应急救援行动、应急恢复和应急结束等。

（1）信息报告和处理。矿山企业发生事故后，现场人员要立即开展自救和互救，并立即报告本单位负责人。矿山企业负责人接到事故报告后，应该按照工作程序，对情况做出判断，初步确定相应的响应级别，并按照国家有关规定立即如实报告当地人民政府和有关部门。如果事故不足以启动应急救援体系的最低响应级别，则响应关闭。

（2）应急启动。应急响应级别确定后，按所确定的响应级别启动应急程序，如通知应急中心有关人员到位、开通信息与通信网络、通知调配救援所需的应急资源（包括应急队伍和物资、装备等）、成立现场指挥部等。

（3）应急救援行动。有关应急队伍进入事故现场后，迅速开展事故侦测、警戒、疏散、人员救助、工程抢险等有关应急救援工作。专家组为救援决策提供建议和技术支持。当事态超出响应级别，无法得到有效控制，向应急中心请求实施更高级别的应急响应。

（4）应急恢复。应急救援行动结束后，进入临时应急恢复阶段。包括现场清理、人员清点和撤离、警戒解除、善后处理和事故调查等。

（5）应急结束。执行应急关闭程序，由事故总指挥宣布应急结束。

7.2.4　矿山事故应急处理

根据矿山事故及事故抢险工作的特点，矿山企业应该做好以下危害性较大的事故的应急处理工作。

7.2.4.1　矿山井下火灾事故的应急处理

根据热源的不同，矿山火灾可分为：外因火灾，由外来热源引起的；内因火灾，由煤炭等可燃物本身受到某些化学或物理作用引起的。矿山发生较多的是内因火灾。

发生内因火灾须有三个条件：煤有自燃倾向、有连续供氧的环境、热量易于积聚。煤的自燃倾向是由煤的化学性质和物理性质决定的，它决定煤在常温下氧化的难易程度，是煤自燃的内因；供氧和聚热条件是煤炭自燃的外因，它和煤的地质条件、采煤方法、通风方式有关。

矿领导在接到井下火灾报警后，应按以下程序进行抢救：

（1）迅速查明并组织撤出灾区和受威胁区域的人员，积极组织矿山救护队抢救遇险人员。同时，查明火灾性质、原因、发火地点、火势大小、火灾蔓延的方向和速度，遇险人员的分布及其伤亡情况，防止火灾向有人员的巷道蔓延。

（2）切断火区电源。

（3）正确选择通风方法。处理火灾时常用的通风方法有正常通风、增减风量、反风、风流短路、停止主要通风机运转等。使用这些通风方法应根据已探明的火区地点和范围、灾区人员分布情况来决定。

处理井下火灾的技术要点如下：

（1）通风方法的正确与否对灭火工作的效果起着决定性的作用。火灾时常用的通风方法有正常通风、增减风量、反风、风流短路、隔绝风流、停止风机运转等。不论何种通风方法，都必须满足：1）不使瓦斯聚积、煤尘飞扬、造成爆炸；2）不危及井下人员的安全；3）不使火源蔓延到瓦斯聚积的地域；4）有助于阻止火灾扩大，压制火势，创造接近火源的条件；5）防止再生火源的发生和火烟的逆退；6）防止火负压的形成，造成风流逆转。

（2）为接近火源，救人灭火，应及时把弥漫井巷的火烟排除。

（3）扑灭井下火灾的方法有直接灭火法（用水灭火、惰气灭火、二氧化碳灭火、泡沫灭火等）、隔绝灭火法（封闭火区）、综合灭火法（注泥和注砂、均压通风、分段启封、直接灭火等）。

用水灭火最方便有效。其要求有充足的水量，保证不间断供给；有正常的通风，使火烟和水汽顺利排出；灭火时应由火源边缘逐渐向中心喷射，以防产生大量水蒸气而爆炸；要经常检查火区附近的瓦斯，防止引发爆炸。

惰气灭火是把不参与燃烧反应的窒息性气体利用一定的动力送入火区，使火区的氧含量降到易燃值以下，从而抑制可燃物的燃烧和爆炸。最常用的惰性气体是氮气。当不能接近火源或用其他方法直接灭火具有很大危险或不能获得应有效果时可用惰气灭火。惰性气体灭火的优点是既能使火区气体惰化，又能抑制瓦斯涌出，在火区内的抢险和恢复工作也很安全、迅速，设备损坏率小；惰性气体灭火的缺点是火势强时，灭火时间长且易复燃，其冷却火源的作用比水要小。

二氧化碳是一种窒息性气体，因为它无助燃和自燃性，因而注入火区后，也能起到降低氧含量，抑制燃烧和爆炸的作用。

干粉有冷却、窒息、隔绝、切断燃烧的化学作用和产生冲击波，打乱燃烧物的位置使其熄灭的物理作用。因此也是井下灭火的较好物资。

高倍数泡沫能隔绝火源并覆盖燃烧物，产生水蒸气而大量吸热，阻止火场的热传导、热对流和热辐射的作用，其灭火威力大、速度快，因而也被广泛应用于扑灭井下火灾。

隔绝灭火法是在通向火区的巷道中构筑密闭墙，断绝火区的供氧源，使火区中的氧含量逐渐减少，二氧化碳含量逐渐增高，使火灾自行熄灭的方法。这种方法适用于难以接近火源，不能直接灭火或直接灭火无效时。采用隔绝法灭火的密闭材料取材广泛，易于就地解决，便于建造，也便于启封。

7.2.4.2　矿井水灾事故的应急处理

A　处理矿井水灾事故的基本程序

（1）撤出灾区人员，并按规定的安全撤离路线撤离人员。

（2）弄清突水地点、性质，估计突水的积水量、静止水位、突水后的涌水量、影响范围、补给水源影响的地表水体。

（3）根据水情规定关闭水闸门的顺序和负责人，并及时关闭防水闸门。

（4）有流沙涌出时，应构筑滤水墙，并规定滤水墙的构筑位置和顺序。

（5）必须保持排水设备不被淹没。当水和沙威胁到泵房时，在下水平人员撤出后，应将水和沙引向下水平巷道。

（6）有害气体从水淹区涌出以及二次突水事故发生时采取安全措施，在排水、侦察灾情时采取防止冒顶、掉底伤人的措施。

B　抢救矿井水灾遇险人员应注意的问题

井下发生突水事故，常常有人被困在井下，指挥者应本着"积极抢救"的原则，首先应制定营救人员的措施，判断人员可能躲避的地点，并根据涌水量及矿井排水能力，估算排出积水的时间。争取时间，采取一切可能的措施，使被困人员早日脱险。突水后，被困人员躲避地点有两种情况。

一种情况是躲避地点比外部水位高，遇险人员有基本生存的空气条件，应尽快排水救人。如果排水时间较长，应采取打钻或掘进一段巷道或救护队员潜水进入灾区送氧气和食品，以维持遇险人员起码的生存条件。

另一种情况是当突水点下部巷道全断面被水淹没后，与该巷道相通的独头上山等上部巷道如不漏气，即使低于突水后的水位，也不会被水淹没，仍有空间及空气存在。在这些地区躲避的人员具备生存的空间和空气条件。如果避难方法正确（如心情平静、适量喝水、躺卧待救等），能够坚持一段时间。

在上述情况下对遇险人员抢救时，严禁向这些地点打钻，以防止空气外泄，水位上升，淹没遇险人员。最好的办法是加速排水。

长期被困在井下的人员在抢救时，应注意以下几点：

（1）因被困人员的血压下降、脉搏慢、神志不清，必须轻慢搬运。

（2）不能用光照射遇险人员的眼睛，因其瞳孔已放大，将遇险人员运出井上以前，应用毛巾遮护眼睛。

（3）保持体温，用棉被盖好遇险人员。

（4）分段搬运，以适应环境，不能一下运出井口。

（5）短期内禁止亲属探视，避免兴奋造成血管破裂。

7.2.4.3　矿山冒顶事故的应急处理

冒顶事故是矿井中最常见最容易发生的事故。发生冒顶事故有些属于对客观事物的认识有限，而更多的则是由工作中的缺点和错误造成。其主要原因有思想不集中、麻痹大意、地质构造不清、地压规律不明、支护质量不好、检查不及时等。发生冒顶事故以后，抢救人员首先应以呼喊、敲打、使用地音探听器等与遇难人员联络，确定其的位置和人数。

如果遇难人员所在地点通风不好，必须设法加强通风。若因冒顶遇难人员被堵在里面，应利用压风管、水管及开掘巷道、打钻孔等方法，向遇难人员输送新鲜空气、饮料和食物。在抢救中，必须时刻注意救护人员的安全。如果觉察到有再次冒顶危险时，首先应加强支护，有准备地做好安全退路。在冒落区工作时，要派专人观察周围顶板变化。在清除冒落矸石时，要小心使用工具，以免伤害遇难人员。在处理时，应根据冒顶事故的范围大小、地压情况，采取不同的抢救方法。

顶板冒落不大时，如果遇难人员被大块岩石压住，可采用千斤顶等工具把其顶起，将人迅速移出。

顶板沿煤壁冒落，矸石块度比较破碎，遇难人员又靠近煤壁位置时，可采用沿煤壁削，由冒顶区从外向里掏小洞，架设梯形棚子维护顶板，边支护边掏洞的方法，直到把人救出。

较大范围顶板冒落，把人堵在巷道中，也可采用另开巷道的方法绕过冒落区将人救出。

7.2.4.4　中毒窒息事故的应急处理

中毒窒息事故一旦发生，如果救护不当，往往增加人员伤亡，引起伤亡事故扩大。特别是在矿山井下，有毒有害气体不容易散发，更易发生重大中毒窒息死亡事故。井下有毒有害气体主要来源于爆破产生的炮烟、电焊等引起的火灾产生的一氧化碳和二氧化碳等。一旦发现人员中毒窒息，应按照下列措施进行救护：

（1）救护人员应摸清有毒有害气体的种类、可能的范围、产生的原因、中毒窒息人员的位置。

（2）救护人员要采取防毒措施才能进行营救工作，如通风排毒、戴防毒面具等。

7.2.4.5　滑坡及坍塌事故的应急处理

（1）首先应撤出事故范围和受影响范围的工作人员，并设立警戒，防止无关人员进入危险区。

（2）积极组织人员抢救被滑落、坍塌埋压的遇险人员。抢救人员要先易后难，先重伤后轻伤。

（3）认真分析造成滑坡、坍塌的主要原因，并对已制定的坍塌事故应急救援预案进行修正。

（4）在抢险救灾前，首先检查采场架头顶部是否存在再次滑落的危险，如存在较大危险应进行处理。

（5）在整个抢险救灾过程中，在采场架头上下都应选派有经验的人员观察架头情况，发现问题要立即停止抢险工作进行处理。

（6）应采取措施阻止滑落的矿岩继续向下滑动，并积极抢救遇险人员。

（7）在危险区范围内进行抢救工作，应尽可能地使用机械化装备和控制抢险工作人员的人数。

（8）抢险救灾工作应统一指挥，科学调度，协调工作，做到有条不紊，加快抢救速度。

7.2.4.6 尾矿库溃坝事故的应急处理

（1）尽快成立救灾指挥领导小组（由当地政府负责人和矿长为首组成），统一指挥抢险救灾工作。

（2）根据灾情及时对尾矿库溃坝事故应急救援预案进行修改补充，并认真贯彻实施。

（3）溃坝前，应尽快通知可能波及范围内的人员立即撤离到安全地点。

（4）划定危险区范围，设立警戒岗哨，防止无关人员进入危险区。

（5）应尽快抢救被尾矿泥围困的人员，组织打捞遇害人员。

（6）尽快检查尾矿坝垮塌情况，采取有效措施防止二次溃坝。

（7）溃坝后，如果库内还有积水，应尽快打开泄水口将水排除。

（8）采取一切可能采取的措施，防止尾矿泥对农田、水面、河流、水源的污染或者尽量缩小污染。

7.2.5 矿山事故现场急救

现场急救，是在事故现场对遭受意外伤害的人员所进行的应急救治。其目的是控制伤害程度，减轻人员痛苦；防止伤情迅速恶化，抢救伤员生命；然后，将其安全地护送到医院检查和治疗。矿山事故造成的伤害往往都比较急促，并且往往是严重伤害，危及人员的生命安全，所以必须立即进行现场急救。

伤害一旦发生，应该立即根据伤害的种类、严重程度，采取恰当的措施进行现场急救。特别是当伤员出现心跳、呼吸停止时，要及时进行心肺复苏；同时在转送医院途中，对有生命危险者要坚持进行人工呼吸，密切注意伤员的神经、瞳孔、呼吸、脉搏及血压情况。总之，现场急救措施要及时而稳妥、正确而迅速。

7.2.5.1 气体中毒及窒息的急救

（1）进入有毒有害气体场所进行救护的人员一定要佩戴可靠的防护装备，以防救护者中毒窒息使事故扩大。

（2）立即将中毒者抬离中毒环境，转移到支护完好的巷道的新鲜风流中，取平卧位。

（3）迅速将中毒者口鼻内妨碍呼吸的黏液、血块、泥土及碎矿等除去。使伤员仰头抬颌，解除舌根下坠，使呼吸道通畅。

（4）解开伤员的上衣与腰带，脱掉胶鞋，但要注意保暖。

（5）立即检查中毒人员的呼吸、心跳、脉搏和瞳孔情况。

（6）如伤员呼吸微弱或已停止，有条件时可给予吸纯氧。有毒气体中毒者能做人工呼吸。

（7）心脏停止跳动者，立即进行胸外心脏按压。

（8）呼吸恢复正常后，用担架将中毒者送往医院治疗。

7.2.5.2 触电急救

触电急救的要点是动作迅速，救护得法。发现有人触电，首先要尽快地使触电者脱离电源，然后根据触电者的具体情况，进行相应的救治。

A　脱离电源

迅速使触电者脱离电源是触电急救的关键。一旦发现有人触电，应立即采取措施使触电者脱离电源。触电时间越长，抢救难度越大，抢救好的可能越小。使触电者迅速脱离电源是减轻伤害、赢得救护时间的关键。

（1）低压触电事故。如果离通电电源开关较近，要迅速断开开关；如果开关较远，可用绝缘物使人与电线脱离，如用有绝缘柄的电工钳或有干燥木柄的斧头切断电线，或用干木板等绝缘物插触电者身下，以隔断电源。当电线搭落在触电者身上或被压在身上时，可以用干燥的衣服、手套、绳索、木板、木棒等绝缘物拉开绝缘物或挑开电线，使触电者脱离电源。挑开的电线应放置妥善，以防其他人再触电。如果触电者的衣服是干燥的，又没有紧缠在身上，可以用一只手抓住他的衣服，拉离电源，但不得触及触电者的皮肤和鞋。

（2）高压触电事故。立即通知有关部门停电；抢救者戴上绝缘手套，穿上绝缘靴，用相应电压等级的绝缘工具拉开开关；抛掷裸金属线使线路短路接地，迫使保护装置动作，断开电源。注意掷金属前，先将金属线的一端可靠接地，然后抛掷另一端。抛掷的一端不可触及触电者和其他人员。

（3）注意事项。救护者不可直接用手或其他金属或潮湿的物体作为救护工具，必须使用绝缘工具；最好使用一只手操作，以防自己触电。如事故发生在夜间，应迅速解决临时照明问题，以利于抢救。

B　现场急救

（1）对触电者应立即就地抢救，解开触电者的上衣纽扣和裤带，检查呼吸、心跳情况。

（2）如果触电者伤势不重，神志清醒，但有心慌、四肢发麻、全身无力等症状，或者触电者一度昏迷，但已清醒过来，应使触电者安静休息，严密观察，并请医生前来诊治或送往医院治疗。

（3）如果触电者伤势较重，已失去知觉，但呼吸、心跳存在，应使触电者舒适、安静地平卧；周围不要围人，使空气流通；解开他的衣服，以利观察，如天气寒冷，要注意保暖。如果发现触电者呼吸困难、微弱或发生痉挛，应立即进行口对口人工呼吸，并速请医生诊治或送往医院治疗。

（4）发现伤员心跳停止或心音微弱，应立即进行胸外心脏按压，同时进行口对口人工呼吸，并速请医生诊治或送往医院急救。

（5）有条件的可给伤员吸氧气。

（6）进行各种合并伤的急救，如烧伤、止血、骨折固定等。

（7）局部电击伤的伤口应进行早期清创处理，创面宜暴露，不宜包扎，以防组织腐烂、感染。

急救及护理必须坚持到底，直到触电者经医生做出无法救活的诊断后方可停止。实施人工呼吸或胸外心脏按压等抢救方法时，可以几个人轮流进行，不可轻易中断；在送往医院的途中仍必须坚持救护，直至交给医生。抢救中途，如触电者皮肤由紫变红、瞳孔由大变小，证明抢救有效；如触电者嘴唇微动并略有开合或眼皮微动、或喉内有咽东西的微小动作以至脚或手有抽动等，应注意触电者是否有可能恢复心脏自动跳动或自动呼吸，并边救护边细心观察。当触电者能自动呼吸时，即可停止人工呼吸；如果人工呼吸停止后，触电者仍不能自己呼吸，则应继续进行人工呼吸，直到触电者能自动呼吸并清醒过来。

触电者出现下列五种死亡现象，并经医院做出无法救治的死亡诊断后，方可停止抢救。

（1）心跳及呼吸停止。

（2）瞳孔散大，对强光无任何反应。

（3）出现尸斑。

（4）身体僵硬。

（5）血管硬化或肛门松弛。

7.2.5.3　烧伤急救

（1）使伤员尽快脱离火（热）源，缩短烧伤时间。注意避免助长火势的动作，如快跑会使衣服烧得更炽热，站立将使头发着火并吸入烟火，引起呼吸道烧伤等。被火烧者应立即躺平，用厚衣服包裹，湿的更好；若无此类物品，则躺着就地慢慢滚动。用水及非燃性液体浇灭火焰，但不要用砂子或不洁物品。

（2）查心跳、呼吸情况，确定是否合并有其他外伤和有害气体中毒以及其他合并症状。对爆炸冲击烧伤人员，应检查有无颅胸损伤、胸腹腔内脏损伤和呼吸道烧伤。

（3）防休克、防窒息、防创面感染。烧伤的伤员常常因疼痛或恐惧而发生休克，可用针灸止痛或用止痛药；若发生急性喉头梗阻或窒息时，请医务人员将气管切开，以保证通气；现场检查和搬运伤员时，注意保护创面、防止感染。

（4）迅速脱去伤员被烧的衣服、鞋及袜等，为节省时间和减少对伤面的损伤，可用剪刀剪开。不要清理创面，避免其感染。为了减少外界空气刺激伤面引起疼痛，暂时用较干净的衣服把创面包裹起来。对创面一般不做处理，尽量不弄破水泡，保护表皮，不要涂一些效果不肯定的药物、油膏或油。

（5）迅速离开现场，立即把严重烧伤人员送往医院。注意搬运时动作要轻柔，行进要平稳，随时观察伤情。

7.2.5.4　溺水急救

（1）立即将溺水人员运到空气新鲜又温暖的地点控水。

（2）控水时救护者左腿跪下，把溺水者腹部放在其右侧腿上，头部向下，用手压背，使水从溺水者的鼻孔和口腔流出。或将溺水者仰卧，救护者双手重叠置于溺水者的肚脐上方，向前向下挤压数次，迫使其腹腔容积减少，水从口腔、鼻孔喷出。

（3）水排出后，进行人工呼吸或胸外心脏按压等心肺复苏，有条件时用苏生器苏生。

7.2.6　矿山伤亡事故调查

《生产安全事故报告和调查处理条例》规定，特别重大事故由国务院或者国务院授权有关部门组织事故调查组进行调查。重大事故、较大事故、一般事故分别由事故发生地省级人民政府、设区的市级人民政府、县级人民政府负责调查。省级人民政府、设区的市级人民政府、县级人民政府可以直接组织事故调查组进行调查，也可以授权或者委托有关部门组织事故调查组进行调查。未造成人员伤亡的一般事故，县级人民政府也可以委托事故发生单位组织事故调查组进行调查。

根据事故的具体情况，事故调查组由有关人民政府、安全生产监督管理部门、负有安全生产监督管理职责的有关部门、监察机关、公安机关以及工会派人组成，并应当邀请人民检察院派人参加。事故调查组可以聘请有关专家参与调查。事故调查组成员应当具有事故调查所需要的知识和专长，并与所调查的事故没有直接利害关系。

事故调查组提交的事故调查报告应当包括下列内容：

（1）事故发生单位概况。

（2）事故发生经过和事故救援情况。

（3）事故造成的人员伤亡和直接经济损失。

（4）事故发生的原因和事故性质。

（5）事故责任的认定以及对事故责任者的处理建议。

（6）事故防范和整改措施。

7.2.7　矿山伤亡事故分析

在整理和阅读调查材料的基础上，首先进行事故的伤害分析，然后分析和确定事故的直接原因和间接原因，最后进行事故的责任分析，确定事故的责任者。

事故伤害分析按照受伤部位、受伤性质、起因物、致害物及伤害方式等方面进行。在事故直接原因分析中要找出直接导致事故的不安全行为和不安全状态。间接原因分析要找出使人的不安全行为和物的不安全状态产生的原因，特别要找出管理方面的缺陷。实际工作中，可以从以下几个方面寻找间接原因：

（1）技术和设计上的缺陷。

（2）教育培训不够。

（3）劳动组织不合理。

（4）对现场工作缺乏检查或指导错误。

（5）没有安全操作规程或规程内容不具体、不可行。

（6）没有认真采取防止事故措施，对事故隐患整改不力。

7.2.8　矿山伤亡事故处理

根据《生产安全事故报告和调查处理条例》规定，事故发生单位主要负责人有下列行为之一的，处以上一年年收入40%~80%的罚款；属于国家工作人员的依法给予处分；构成犯罪的依法追究刑事责任：

（1）不立即组织事故抢救的。

（2）迟报或者漏报事故的。

（3）在事故调查处理期间擅离职守的。

事故发生单位主要负责人未依法履行安全生产管理职责导致事故发生的，根据事故严重程度处以上一年年收入30%~80%的罚款；属于国家工作人员的依法给予处分；构成犯罪的依法追究刑事责任。

事故发生单位及其有关人员有下列行为之一的将被追究责任：

（1）谎报或者瞒报事故的。

（2）伪造或者故意破坏事故现场的。

（3）转移、隐匿资金、财产，或者销毁有关证据、资料的。

（4）拒绝接受调查或者拒绝提供有关情况和资料的。

（5）在事故调查中作伪证或者指使他人作伪证的。

（6）事故发生后逃匿的。

事故发生单位对事故发生负有责任的，由有关部门依法暂扣或者吊销其有关证照；对事故发生单位负有事故责任的有关人员，依法暂停或者撤销其与安全生产有关的执业资格、岗位证书；事故发生单位主要负责人受到刑事处罚或者撤职处分的，自刑罚执行完毕或者受处分之日起，5 年内不得担任任何生产经营单位的主要负责人。

《生产安全事故报告和调查处理条例》还就有关地方人民政府、安全生产监督管理部门和负有安全生产监督管理职责的有关部门、中介机构以及参与事故调查的人员责任追究做了规定。

7.3　矿山生产安全避险

金属非金属地下矿山（以下简称地下矿山）安全避险"六大系统"是指监测监控系统、井下人员定位系统、紧急避险系统、压风自救系统、供水施救系统和通信联络系统。

建设"六大系统"是深入贯彻落实科学发展观，坚持以人为本、执政为民的具体体现，也是依靠科技进步和先进适用技术装备，从源头上控制安全风险、从根本上提升地下矿山安全保障能力的有效措施。

已经投入生产的地下矿山企业要根据矿山实际情况，组织技术力量对"六大系统"建设进行设计，设计完成后要组织专家进行审查，并严格按照设计建设施工。建设完成后，由企业组织验收，并编写包括"六大系统"设计、施工、验收单位，设计审查时间、人员，验收时间、人员及发现问题整改情况，以及验收结论等内容的建设工作总结，及时报送相应安全监管部门。

没有技术力量自行进行设计、验收的企业，要委托有技术力量的技术服务中介机构进行设计、验收。

7.3.1　监测监控系统

7.3.1.1　设备设施

监测监控系统是指由主机、传输接口、传输线缆、分站、传感器等设备及管理软件组成的系统，具有信息采集、传输、存储、处理、显示、打印和声光报警功能，用于监测金属非金属地下矿山有毒有害气体浓度，以及风速、风压、温度、烟雾、通风机开停状态、地压等。

（1）主机是用于接收监测信号，并具有校正、报警判别、数据统计、磁盘存储、显示、声光报警、人机对话、输出控制、控制打印输出等功能的计算机装置。

（2）分站是监测监控系统中用于接收来自传感器的信号，并按预先约定的复用方式远距离传送给传输接口，同时接收来自传输接口多路复用信号的装置。

（3）传感器是将被测物理量转换为电信号输出的装置。包括有毒有害气体传感器

（连续监测地下矿山环境气体中一氧化碳、二氧化氮、硫化氢、二氧化硫等有毒有害气体浓度的装置）和开停传感器（连续监测地下矿山中机电设备"开"或"停"工作状态的装置）。

（4）监测监控设备是矿山井下用于监测监控的传感器、分站及线缆等的总称。

（5）便携式气体检测报警仪是具备气体浓度显示及超限报警功效的便携式仪器。

7.3.1.2　建设要求

（1）监测监控系统应进行设计，并按设计要求及矿山实际建设完善监测监控系统，鼓励将监测监控系统与人员定位系统、通信联络系统进行总体设计、建设。

（2）监测监控系统应能实现实时显示各个监测点的监测数据，并可以图表等形式显示历史监测数据；设置预警参数，并能实现声光预警；视频监控应支持按摄像机编号、时间、事件等信息对监控图像进行备份、查询和回放。

（3）主机应安装在地面，并双机备份，且应在矿山生产调度室设置显示终端，监测监控中心设备应有可靠的防雷和接地保护装置。

（4）井下分站应安装在便于人员观察、调试、检验，且围岩稳固、支护良好、无滴水、无杂物的进风巷道或硐室中，安装时应垫支架或吊挂在巷道中，使其距巷道底板不小于 0.3m，应配备分站、传感器等监测监控设备备件，备用数量应能满足日常监测监控需要。

（5）主机和分站的备用电源应能保证连续工作 2h 以上。传感器的数据或状态应能传输到主机。

（6）监测监控系统应具有矿用产品安全标志，电缆和光缆敷设应符合 GB 16423—2006 中 6.5.2 的相关规定。监测监控系统安装完毕和大修后，应按产品使用说明书的要求进行测试、调校，经验收合格后方能使用。

7.3.1.3　监测监控系统的任务

A　有毒有害气体监（检）测

（1）地下矿山应配置足够的便携式气体检测报警仪。便携式气体检测报警仪应能测量一氧化碳、氧气、二氧化氮浓度，并具有报警参数设置和声光报警功能。

（2）人员进入独头掘进工作面和通风不良的采场之前，应开动局部通风设备通风，确保空气质量满足作业要求；人员进入采掘工作面时，应携带便携式气体检测报警仪从进风侧进入，一旦报警应立即撤离。

（3）鼓励有条件的矿山企业采用传感器对炮烟中的一氧化碳或二氧化氮进行在线监测，每个生产中段和分段的进、回风巷靠近采场位置应设置一氧化碳或二氧化氮传感器；压入式通风的独头掘进巷道，应在距离回风出口 5~10m 回风流中设置一氧化碳或二氧化氮传感器；抽出式和混合式通风的独头掘进巷道，应在风筒出风口后 10~15m 处设置一氧化碳或二氧化氮传感器；带式输送机滚筒下风侧 10~15m 处应设置一氧化碳和烟雾传感器；传感器应垂直悬挂，距巷壁应不小于 0.2m。一氧化碳传感器和烟雾传感器距顶板应不大于 0.3m，二氧化氮传感器距底板应不高于 1.6m。

（4）传感器报警浓度要求：一氧化碳报警浓度不应高于 24×10^{-6}，二氧化氮报警浓度

不应高于 2.5×10^{-6}，硫化氢报警浓度不应高于 6.6×10^{-6}，二氧化硫报警浓度不应高于 5.3×10^{-6}。

（5）开采高含硫矿床的地下矿山，还应在每个生产中段和分段的进、回风巷靠近采场位置设置硫化氢和二氧化硫传感器。开采有自然发火危险矿床的地下矿山，还应定期采用便携式温度检测仪进行检测。

（6）硫化氢和二氧化硫传感器的安装位置距底板应不高于 1.6m，温度和烟雾传感器距顶板应不大于 0.3m。

（7）开采含铀（钍）等放射性元素的地下矿山，应监测井下空气中氡（钍射气）及其子体浓度，氡及其子体的监测应符合 EJ 378—1989 的规定。

B 通风系统监测

（1）井下总回风巷、各个生产中段和分段的回风巷应设置风速传感器。

（2）主要通风机应设置风压传感器，传感器的设置应符合 AQ2013.3 中主要通风机风压的测点布置要求。

（3）风速传感器应设置在能准确计算风量的地点，风速传感器报警值应根据 AQ2013.1 确定。

（4）主要通风机、辅助通风机、局部通风机应安装开停传感器。

C 视频监控

（1）提升人员的井口信号房、提升机房，以及井口、马头门（调车场）等人员进出场所，应设视频监控。井口提升机房应设有视频监控显示终端，用于显示井口信号房、井口、马头门（调车场）等场所的视频监控图像。

（2）紧急避险设施及井下爆破器材库、油库、中央变电所等主要硐室，应设视频监控。安装在井下爆破器材库和油库的视频设备应具备防爆功能。

（3）视频监控的功能与性能设计、设备选型与设置、传输方式、供电等应符合 GB 50395—2007 的规定。视频监控图像质量的性能指标应符合 GB 50198—1994 的规定。

D 地压监测

（1）在需要保护的建筑物、构筑物、铁路、水体下面开采的地下矿山，应进行地压或变形监测，并应对地表沉降进行监测。

（2）存在大面积采空区、工程地质复杂、有严重地压活动的地下矿山，应进行地压监测。

（3）变形监测的等级和精度要求应满足 GB 50026—2007 有关要求。

7.3.1.4 维护与管理

（1）应制定监测监控系统运行维护管理制度及监测监控人员岗位责任制、操作规程、值班制度等规章制度。应建立包括监测监控设备台账、监测监控设备故障登记表、监测监控检修记录表、监测监控巡检记录表、传感器调校记录表、报警记录月报表的台账及报表。

（2）应指定人员负责监测监控系统的日常检查与维护工作。

（3）监测监控设备应定期进行调校，传感器经过调校检测误差仍超过规定值时，应立即更换。每 3 个月应对监测监控数据进行备份，备份的数据保存时间应不少于 2 年，视频监控的图像资料保存时间应不少于 1 个月。

（4）系统发出报警信息时，监测监控中心值班人员应按规定程序及时处置，处置结果应记录备案。报警记录月报表应包括打印日期和时间、传感器设置地点、所测物理量名称、报警次数、对应时间、解除时间、累计时间、每次报警的最大值、对应时刻及平均值、每次采取措施时间及采取措施内容等。

（5）应绘制监测监控系统布置图，并根据实际情况的变化及时更新。布置图应标明传感器、分站等设备的位置，以及信号线缆和供电电缆走向等。相关图纸、技术资料应归档保存。

7.3.2　井下人员定位系统

7.3.2.1　设备设施

井下人员定位系统由主机、传输接口、分站（读卡器）、识别卡、传输线缆等设备及管理软件组成，具有对携卡人员出/入井时刻、重点区域出/入时刻、工作时间、井下和重点区域人员数量、井下人员活动路线等信息进行监测、显示、打印、储存、查询、报警、管理等功能。

（1）主机是具有监测信号接收、数据显示查询及统计、人机对话、磁盘存储、声光报警、控制打印输出、与管理网络联接等功能的计算机装置。传输接口负责接收分站发送的信号，并送主机处理；接收主机信号并送相应分站；控制分站的发送与接收，多路复用信号的调制与解调，并具有系统自检等功能。分站（读卡器）通过无线方式读取识别卡内用于人员识别的信息，并发送至传输接口的装置。识别卡为下井人员随身携带、保存有约定格式电子数据的卡片。

（2）系统能正确识别携卡人员所携带识别卡的无线覆盖区域，发现工作异常人员（未在规定时间到达指定地点的人员），对各生产中段和分段进出巷道及主要分叉巷道、井下爆破器材库、紧急避险设施等重点区域进行识别。

7.3.2.2　建设要求

（1）井下最多同时作业人数不少于 30 人的金属非金属地下矿山应建立完善人员定位系统；井下最多同时作业人数少于 30 人的金属非金属地下矿山应建立完善人员出入井信息管理制度，准确掌握井下各个区域作业人员的数量。

（2）人员定位系统应具有监测携卡人员出/入井时刻、出/入重点区域时刻等，识别多个人员同时进入识别区域的检测功能。

（3）人员定位系统应具有携卡人员个人基本信息，主要包括卡号、姓名、身份证号、出生年月、职务或工种、所在部门或区队班组，携卡人员出入井总数、个人下井工作时间及出入井时刻信息，重点区域携卡人员基本信息及分布，携卡工作异常人员基本信息及分布，并报警，携卡人员下井活动路线信息；携卡人员统计信息，主要包括工作地点、月下井次数、时间等，按部门、区域、时间、分站（读卡器）、人员等分类信息查询功能，各种信息存储、显示、统计、声光报警、打印等管理功能。

（4）人员定位系统应满足以下的主要技术指标：

最大位移识别速度（识别系统能正确识别识别卡时，携卡人员具有的最大位移速度）不小于 5m/s；并发识别数量（识别携卡人员以最大位移速度和最大并发数量通过识别区时，系统漏读和误读的最大量与通过识别区的识别卡总数的比值）不小于 80；漏读率（能识别多个携卡人员以最大位移速度同时通过识别区时，系统能正确识别的最大数量）不大于 10-4；巡检周期（主机依次对所有分站（读卡器）进行一次信息巡查所需时间）不大于 30s；识别卡与分站（读卡器）之间的无线传输距离不小于 10m。

（5）人员定位系统主机应安装在地面，并双机备份，且应在矿山生产调度室设置显示终端。人员出入井口和重点区域进出口等地点应安装分站（读卡器）。

（6）分站（读卡器）应安装在便于读卡、观察、调试、检验，且围岩稳固、支护良好、无淋水、无杂物、不容易受到损害的位置。

（7）主机及分站（读卡器）的备用电源应能保证连续工作 2h 以上。

（8）识别卡应专人专卡，并配备不少于经常下井人员总数 10% 的备用卡。每个下井人员应携带识别卡，工作时不得与识别卡分离。

（9）应配备检测识别卡工作是否正常的装置，工作不正常的识别卡严禁使用。

（10）人员定位系统应取得矿用产品安全标志，电缆和光缆敷设应符合 GB 16423—2006 中的相关规定。人员定位系统安装完毕，经验收合格后方可投入使用。

7.3.2.3 维护与管理

（1）应指定人员负责人员定位系统的日常检查与维护工作。识别卡发放及信息变更应由专人负责管理。应定期对人员定位系统进行巡视和检查，发现故障及时处理。在故障期间，若影响到对井下人员情况的监控，应采用人工监测，并做好记录。应绘制人员定位系统布置图，并根据实际情况的变化及时更新。布置图应标明分站（读卡器）等设备的位置、信号线缆和供电电缆走向等。

（2）应建立设备、仪表台账，设备故障登记表、账卡及报表、检修记录、巡检记录，应每 3 个月对人员定位系统信息资料、数据进行备份，备份数据应保存 6 个月以上。

7.3.3 紧急避险系统

紧急避险系统是在矿山井下发生灾变时，为避灾人员安全避险提供生命保障的由避灾路线、紧急避险设施设备和措施组成的有机整体。

紧急避险设施是指在矿山井下发生灾变时，为避灾人员安全避险提供生命保障的密闭空间，具有安全防护、氧气供给、有毒有害气体处理、通信、照明等基本功能，主要包括避灾硐室和救生舱。

自救器是由入井人员随身携带，防止有毒有害气体中毒或缺氧窒息的一种呼吸保护器具。

7.3.3.1 建设要求

（1）金属非金属地下矿山应建设完善的紧急避险系统，并随井下生产系统的变化及时调整。紧急避险系统建设的内容包括为入井人员提供自救器、建设紧急避险设施、合理设置避灾路线、科学制定应急预案等。

（2）紧急避险应遵循"撤离优先，避险就近"的原则。

（3）紧急避险系统应进行设计，并按照设计要求进行建设。

（4）应为入井人员配备额定防护时间不少于30min的自救器，并按入井总人数的10%配备备用自救器。

（5）所有入井人员必须随身携带自救器。

（6）在自救器额定防护时间内不能到达安全地点或及时升井时，避灾人员应就近撤到紧急避险设施内。

（7）紧急避险设施的额定防护时间应不低于96h。

（8）紧急避险系统的配套设备应符合相关标准的规定，救生舱及其他纳入安全标志管理的设备应取得矿用产品安全标志。

（9）紧急避险系统建设完成，经验收合格后方可投入使用。

7.3.3.2　紧急避险系统的设置

（1）每个矿井至少要有两个独立的直达地面的安全出口，安全出口间距不小于30m；每个生产中段必须有至少两个便于行人的安全出口，并和通往地面的安全出口相通；每个采区必须有两个便于行人的安全出口，并经上下巷道与通往地面的安全出口相通。

（2）应编制事故应急预案，制定各种灾害的避灾路线，绘制井下避灾线路图，并按照GB 14161—2008的规定，做好井下避灾路线的标识。井巷的所有分道口要有醒目的路标，注明其所在地点及通往地面出口的方向，并定期检查维护避灾路线，保持其通畅。

（3）紧急避险设施的设置应遵守以下要求：

1）水文地质条件中等及复杂或有透水风险的地下矿山，应至少在最低生产中段设置紧急避险设施。

2）生产中段在地面最低安全出口以下垂直距离超过300m的矿山，应在最低生产中段设置紧急避险设施。

3）距中段安全出口实际距离超过2000m的生产中段，应设置紧急避险设施。

（4）紧急避险设施的设置应满足本中段最多同时作业人员避灾需要，单个避灾硐室的额定人数不大于100人。

（5）紧急避险设施应设置在围岩稳固、支护良好、靠近人员相对集中的地方，高于巷道底板0.5m以上，前后20m范围内应采用非可燃性材料支护。

（6）紧急避险设施外应有清晰、醒目的标识牌，标识牌中应明确标注避灾硐室或救生舱的位置和规格。

（7）井下通往紧急避险设施的入口处，应设有"紧急避险设施"的反光显示标志。

（8）矿山井下压风自救系统、供水施救系统、通信联络系统、供电系统的管道、线缆以及监测监控系统的视频监控设备应接入避灾硐室内。各种管线在接入避灾硐室时应采取密封等防护措施。

7.3.3.3　避灾硐室技术要求

（1）避灾硐室净高应不低于2m，长度、深度根据同时避灾最多人数以及避灾硐室内配置的各种装备来确定，每人应有不低于 $1.0m^2$ 的有效使用面积。

（2）避灾硐室进出口应有两道隔离门，隔离门应向外开启；避灾硐室的设防水头高度应在矿山设计中总体考虑。

（3）避灾硐室内应具备对有毒有害气体的处理能力，室内环境参数应满足人员生存要求。

（4）避灾硐室内的配备应包括：不少于额定人数的自救器；CO、CO_2、O_2、温度、湿度和大气压的检测报警装置；额定使用时间不少于 96h 的备用电源；额定人数生存不低于 96h 所需要的食品和饮用水；逃生用矿灯，数量不少于额定人数；空气净化及制氧或供氧装置；急救箱、工具箱、人体排泄物收集处理装置等设施设备。

（5）避灾硐室内应有使用操作说明。

7.3.3.4 救生舱技术要求

（1）救生舱应具备过渡舱结构，过渡舱的净容积应不小于 $1.2m^3$，内设压缩空气幕、压气喷淋装置及单向排气阀。生存舱提供的有效生存空间应不小于每人 $0.8m^3$，应设观察窗和不少于 2 个单向排气阀。

（2）救生舱应具有足够的强度和气密性，并有生存参数检测报警装置。

（3）救生舱应选用抗高温老化、无腐蚀性的环保材料。救生舱外体颜色在井下照明条件下应醒目，宜采用黄色或红色。

（4）救生舱应配备在额定防护时间内额定人数生存所需要的氧气、食品、饮用水、急救箱、人体排泄物收集处理装置等，并具备空气净化功能，其环境参数应满足人员生存要求。

7.3.3.5 维护与管理

（1）应指定人员负责紧急避险系统的日常检查与维护。

（2）应定期对紧急避险系统进行巡视和检查，发现问题及时处理。

（3）避灾硐室和救生舱配备的食品和急救药品，应保证在保存期或有效期内。

（4）应对入井人员进行紧急避险设施使用和紧急情况下逃生避灾的培训，确保每位入井人员均能正确使用紧急避险设施和选择正确的避灾线路逃生。

（5）图纸、技术资料应归档保存。

7.3.4 压风自救系统

压风自救系统是在矿山发生灾变时，为井下提供新鲜风流的系统，包括空气压缩机、送气管路、三通及阀门、油水分离器、压风自救装置等。压风自救装置是安装在压风管道上，通过防护袋或面罩向使用人员提供新鲜空气的装置，具有减压、节流、消噪声、过滤、开关等功能。

7.3.4.1 建设要求

（1）金属非金属地下矿山应根据安全避险的实际需要，于 2011 年年底前建设完善压风自救系统。压风自救系统可以与生产压风系统共用。

（2）压风自救系统应进行设计，并按照设计要求进行建设。

（3）压风自救系统的空气压缩机应安装在地面，并能在 10min 内启动。空气压缩机安装在地面难以保证对井下作业地点有效供风时，可以安装在风源质量不受生产作业区域影响且围岩稳固、支护良好的井下地点。管道敷设应牢固平直，并延伸到井下采掘作业场所、紧急避险设施、爆破时撤离人员集中地点等主要地点。

（4）压风管道应采用钢质材料或其他具有同等强度的阻燃材料。

（5）各主要生产中段和分段进风巷道的压风管道上每隔 200~300m 应安设一组三通及阀门。独头掘进巷道距掘进工作面不大于 100m 处的压风管道上应安设一组三通及阀门，向外每隔 200~300m 应安设一组三通及阀门。有毒有害气体涌出的独头掘进巷道距掘进工作面不大于 100m 处的压风管道上应安设压风自救装置。爆破时撤离人员集中地点的压风管道上应安设一组三通及阀门。

（6）压风管道应接入紧急避险设施内，并设置供气阀门，接入的矿井压风管路应设减压、消音、过滤装置和控制阀，压风出口压力应为 0.1~0.3MPa，供风量每人不低于 0.3m³/min，连续噪声不大于 70 dB（A）。

（7）压风自救装置、三通及阀门安装地点应宽敞、稳固，安装位置应便于避灾人员使用；阀门应开关灵活。主压风管道中应安装油水分离器。

（8）压风自救系统的配套设备应符合相关标准的规定，纳入安全标志管理的应取得矿用产品安全标志。

（9）压风自救系统安装完毕，经验收合格后方可投入使用。

7.3.4.2　维护与管理

（1）应指定人员负责压风自救系统的日常检查与维护工作。

（2）应绘制压风自救系统布置图，并根据井下实际情况的变化及时更新。布置图应标明压风自救装置、三通及阀门的位置，以及压风管道的走向等。

（3）应定期对压风自救系统进行巡视和检查，发现故障及时处理。

（4）应配备足够的备件，确保压风自救系统正常使用。

（5）应根据各类事故灾害特点，将压风自救系统的使用纳入相应事故应急预案中，并对入井人员进行压风自救系统使用的培训，确保每位入井人员都能正确使用。

（6）相关图纸、技术资料应归档保存。

7.3.5　供水施救系统

供水施救系统是在矿山发生灾变时，为井下提供生活饮用水的系统，包括水源、过滤装置、供水管路、三通及阀门等。

7.3.5.1　建设要求

（1）金属非金属地下矿山应根据安全避险的实际需要，于 2011 年底前在现有生产和消防供水系统的基础上，建设完善供水施救系统。

（2）供水施救系统应进行设计，并按照设计要求进行建设。

（3）供水施救系统应优先采用静压供水；当不具备条件时，采用动压供水。

（4）供水施救系统可以与生产供水系统共用，施救时水源应满足生活饮用水水质卫生要求。

（5）供水管道应采用钢质材料或其他具有同等强度的阻燃材料。管道敷设应牢固平直，并延伸到井下采掘作业场所、紧急避险设施、爆破时撤离人员集中地点等主要地点。

（6）各主要生产中段和分段进风巷道的供水管道上每隔200~300m应安设一组三通及阀门。独头掘进巷道距掘进工作面不大于100m处的供水管道上应安设一组三通及阀门，向外每隔200~300m应安设一组三通及阀门。爆破时撤离人员集中地点的供水管道上应安设一组三通及阀门。

（7）供水管道应接入紧急避险设施内，并安设阀门及过滤装置，水量和水压应满足额定数量人员避灾时的需要。

（8）三通及阀门安装地点应宽敞、稳固，安装位置应便于避灾人员使用；阀门应开关灵活。

（9）供水施救系统的配套设备应符合相关标准的规定，纳入安全标志管理的应取得矿用产品安全标志。

（10）供水施救系统安装完毕，经验收合格后方可投入使用。

7.3.5.2　维护与管理

（1）应指定人员负责供水施救系统的日常检查与维护工作。

（2）应绘制供水施救系统布置图，并根据井下实际情况的变化及时更新。布置图应标明三通及阀门的位置，以及供水管道的走向等。

（3）应定期对供水施救系统进行巡视和检查，发现故障及时处理。

（4）应配备足够的备件，确保供水施救系统正常使用。

（5）应根据各类事故灾害特点，将供水施救系统的使用纳入相应事故应急预案中，并对入井人员进行供水施救系统使用的培训，确保每位入井人员都能正确使用。

（6）相关图纸、技术资料应归档保存。

7.3.6　通信联络系统

通信联络系统是在生产、调度、管理、救援等各环节中，通过发送和接收通信信号实现通信及联络的系统，包括有线通信联络系统和无线通信联络系统。

7.3.6.1　建设要求

（1）金属非金属地下矿山应根据安全避险的实际需要，于2010年底前建设完善有线通信联络系统；宜建设无线通信联络系统，作为有线通信联络系统的补充。

（2）通信联络系统应进行设计，并按设计要求进行建设。

（3）有线通信联络系统应具有：终端设备与控制中心之间的双向语音且无阻塞通信功能；由控制中心发起的组呼、全呼、选呼、强拆、强插、紧呼及监听功能；由终端设备向控制中心发起的紧急呼叫功能；能够显示发起通信的终端设备的位置；能够储存备份通信历史记录并可进行查询；自动或手动启动的录音功能；终端设备之间通信联络的功能。

（4）安装通信联络终端设备的地点应包括：井底车场、马头门、井下运输调度室、主要机电硐室、井下变电所、井下各中段采区、主要泵房、主要通风机房、井下紧急避险设施、爆破时撤离人员集中地点、提升机房、井下爆破器材库、装卸矿点等。

（5）通信线缆应分设两条，从不同的井筒进入井下配线设备，其中任何一条通信线缆发生故障时，另外一条线缆的容量应能担负井下各通信终端的通信能力。通信线缆的敷设应符合 GB 16423—2006 中的相关规定。严禁利用大地作为井下通信线路的回路。

（6）终端设备应设置在便于使用且围岩稳固、支护良好、无淋水的位置。

（7）通信联络系统的配套设备应符合相关标准规定，纳入安全标志管理的应取得矿用产品安全标志。应对通信联络系统的设备设施做好标识、标志。

（8）通信联络系统建设完毕，经验收合格后方可投入使用。

7.3.6.2　维护与管理

（1）应指定人员负责通信联络系统的日常检查和维护工作。

（2）应绘制通信联络系统布置图，并根据井下实际情况的变化及时更新。布置图应标明终端设备的位置、通信线缆走向等。

（3）系统维护人员经培训合格后方可上岗。

（4）应定期对通信联络系统进行巡视和检查，发现故障及时处理。

（5）系统控制中心应有人值班，值班人员应认真填写设备运行和使用记录。

（6）控制中心备用电源应能保证设备连续工作 2h 以上。

（7）相关图纸、技术资料应归档保存。

地下矿山企业要严把"六大系统"建设质量关，坚持建设与应用并重的原则，把"六大系统"建设与矿井生产系统布置、灾害防治、技术装备应用、应急救援等工作统筹考虑。要强化"六大系统"的日常维护管理，整理完善相关图纸、资料等技术档案，定期对各系统可靠性进行检查，发现问题及时处理，确保能够正常使用。要把"六大系统"有关内容纳入矿山应急预案中，定期组织开展应急演练，并对人井人员进行"六大系统"使用的培训，确保每位员工都能了解、掌握并正确使用"六大系统"有关设备设施，真正发挥"六大系统"的安全保障作用，切实提高地下矿山抵御各种风险和灾害的能力。

7.4　矿山安全生产评价

7.4.1　安全评价概述

7.4.1.1　安全评价的定义

安全评价是以实现安全为目的，应用安全系统工程的原理和方法，辨识与分析工程、系统、生产管理活动中的危险、有害因素，预测发生事故或造成职业危害的可能性及其严重程度，提出科学、合理、可行的安全对策措施建议，做出评价结论的活动。

安全评价是安全系统工程的重要组成部分。安全评价应贯穿于工程、系统的设计、建设、运行和退役整个生命周期的各个阶段，对工程、系统进行安全评价，是生产经营单位搞好安全生产工作的重要保证。

7.4.1.2　安全评价的目的

安全评价的目的是查找、分析和预测工程及系统中存在的危险和有害因素，分析这些因素可能导致的危险、危害后果和程度，提出合理可行的安全对策措施，指导危险源的监控和事故的预防，以达到最低事故率、最少损失和最优的安全投资效益，具体包括以下四个方面：

（1）促进实现本质安全化生产。通过安全评价，系统地从工程、设计、建设、运行等过程对事故和事故隐患进行科学分析，针对事故和事故隐患发生的各种可能原因事件和条件，提出消除危险的最佳技术措施方案，特别是从设计上采取相应措施，实现生产过程的本质安全化，做到即使发生误操作或设备故障，系统存在的危险因素也不会因此导致重大事故发生。

（2）实现全过程安全控制。在设计之前进行安全评价，可避免选用不安全的工艺流程和危险的原材料以及不合适的设备、设施，或当必须采用时，提出降低或消除危险的有效方法。设计之后进行的评价，可查出设计中的缺陷和不足，及早采取改进和预防措施。系统建成以后运行阶段进行的系统安全评价，可了解系统的现实危险性，为进一步采取降低危险性的措施提供依据。

（3）建立系统安全的最优方案，为决策者提供依据。通过安全评价，分析系统存在的危险源及其分布部位、数目，预测事故发生的概率、事故严重度，提出应采取的安全对策措施等，决策者可以根据评价结果选择系统安全最优方案和管理决策。

（4）为实现安全技术、安全管理的标准化和科学化创造条件。通过对设备、设施或系统在生产过程中的安全性是否符合有关技术标准、规范以及相关规定进行评价，对照技术标准和规范找出其中存在的问题和不足，以实现安全技术、安全管理的标准化和科学化。

7.4.1.3 安全评价的意义

安全评价的意义在于可有效地预防和减少事故的发生，减少财产损失和人员伤亡。安全评价与日常安全管理和安全监督监察工作不同，它是从技术方面分析、论证和评估产生损失和伤害的可能性、影响范围及严重程度，提出应采取的对策措施。安全评价的意义包括以下五个方面：

（1）安全评价是安全生产管理的一个必要组成部分。"安全第一，预防为主"是我国安全生产的基本方针，作为预测、预防事故重要手段的安全评价，在贯彻安全生产方针中有着十分重要的作用，通过安全评价可以确认生产经营单位是否具备了安全生产条件。

（2）有助于政府安全监督管理部门对生产经营单位的安全生产进行宏观控制。安全预评价可有效提高工程安全设计的质量和投产后的安全可靠程度；安全验收评价根据国家有关技术标准、规范对设备、设施和系统进行综合性评价，可提高安全达标水平；安全现状评价可客观地对生产经营单位的安全水平做出评价，使生产经营单位不仅可以了解可能存在的危险性，而且可以明确如何改善安全状况，同时也为安全监督管理部门了解生产经营单位安全生产现状，实施宏观控制提供基础资料。

（3）有助于安全投资的合理选择。安全评价不仅能确认系统的危险性，而且还能进一步分析危险性发展为事故的可能性及事故造成的损失的严重程度，进而计算事故造成的危害，并以此说明系统危险可能造成的负效益的大小，以便合理地选择控制、消除事故发生的措施，确定安全措施投资的多少，从而使安全投入和可能减少的负效益达到平衡。

（4）有助于提高生产经营单位的安全管理水平。安全评价可以使生产经营单位的安全管理变事后处理为事先预测和预防。通过安全评价，可以预先识别系统的危险性，分析生产经营单位的安全状况，全面地评价系统及各部分的危险程度和安全管理状况，促使生产经营单位达到规定的安全要求。

安全评价可以使生产经营单位的安全管理变纵向单一管理为全面系统管理，将安全管理范围扩大到生产经营单位各个部门、各个环节，使生产经营单位的安全管理实现全员、全面、全过程、全时空的系统化管理。

系统安全评价可以使生产经营单位的安全管理变经验管理为目标管理，使各个部门、全体职工明确各自的指标要求，在明确的目标下，统一步调，分头进行，从而使安全管理工作实现科学化、统一化及标准化。

（5）有助于生产经营单位提高经济效益。安全预评价可减少项目建成后由于达不到安全的要求而引起的调整和返工建设；安全验收评价可将一些潜在事故隐患在设施开工运行阶段消除；安全现状评价可使生产经营单位较好地了解可能存在的危险并为安全管理提供依据。生产经营单位的安全生产水平的提高可带来经济效益的提高。

7.4.1.4　安全评价的原则

安全评价是落实"安全第一，预防为主"安全生产方针的重要技术保障，是安全生产监督管理的重要手段。安全评价工作以国家有关安全生产的方针、政策和法律、法规、标准为依据，运用定量和定性的方法对建设项目或生产经营单位存在的危险、有害因素进行识别、分析和评价，提出预防、控制、治理对策措施，为建设单位或生产经营单位预防事故的发生，为政府主管部门进行安全生产监督管理提供科学依据。

安全评价是关系到被评价项目能否符合国家规定的安全标准，能否保障劳动者安全与健康的关键性工作。必须用严肃科学的态度，认真负责的精神，全面、仔细、深入地开展和完成评价任务。在工作中必须自始至终遵循科学性、公正性、合法性和针对性原则。

（1）科学性。安全评价涉及学科范围广，影响因素复杂多变。为保证安全评价能准确地反映被评价系统的客观实际，确保结论的正确性，在开展安全评价的全过程中，必须依据科学的方法、程序，以严谨的科学态度全面、准确、客观地进行工作，提出科学的对策措施，做出科学的结论。

（2）公正性。安全评价结论是评价项目的决策、设计、能否安全运行的依据，也是国家安全生产监督管理部门进行安全监督管理的执法依据。因此，对于安全评价的每一项工作都要做到客观和公正，既要防止受评价人员主观因素的影响，又要排除外界因素的干扰，避免出现不合理、不公正的评价结论。

（3）合法性。安全评价机构和评价人员必须由国家安全生产监督管理部门予以资质核准和资格注册，只有取得资质的机构才能依法进行安全评价工作。政策、法规、标准是安全评价的依据，政策性是安全评价工作的灵魂。所以，承担安全评价工作的机构必须在国家安全生产监督管理部门的指导、监督下，严格执行国家及地方颁布的有关安全生产的方针、政策、法规和标准等。

（4）针对性。进行安全评价时，首先应针对被评价项目的实际情况和特征，收集有关资料，对系统进行全面分析；其次要对众多的危险、有害因素及单元进行筛选，针对主要的危险、有害因素及重要单元进行有针对性的重点评价，并辅以重大事故后果和典型案例分析、评价，各类评价方法都有特定的适用范围和使用条件，要有针对性地选用评价方法；最后要从实际的经济、技术条件出发，提出有针对性的、操作性强的对策措施，对被评价项目给出客观、公正的评价结论。

7.4.1.5 安全评价的基本内容

理想的安全评价包括危险辨识、风险评价和风险控制三部分。

（1）危险辨识：利用安全系统工程的理论和方法，分析系统及其各要素所固有的安全隐患，揭示系统内存在的各种危险、有害因素。危险辨识主要包括危险、有害因素分析，事故发生可能性分析和事故后果严重性分析。通过一定的手段测定、分析和判明危险，包括固有的和潜在的危险，可能出现的新危险以及在一定条件下转化生成的危险，并且对系统中已查明的危险进行定量化处理，从而为评价提供数量依据。

（2）风险评价：利用现代的安全评价方法，根据危险辨识的结果，建立安全评价体系（指标），选择正确的安全评价方法，对系统进行风险状态的评价。随着现代科学技术的发展，在安全技术领域，已经由以往主要研究处理那些已经发生和必然发生的事件（被动模式），发展为主要研究处理那些还没有发生，但有可能发生的事件（主动模式），并把这种可能性具体化为一个数量指标，计算事故发生的概率，划分危险等级。

（3）风险控制：根据评价结果得到的危险等级提出各种措施以减少或消除危险，并同既定的安全指标或目标相比较，判明具有的安全水平，直到达到社会允许的危险水平或规定的安全水平为止。通常来讲，可通过制定技术、管理方面针对性的对策措施，并对对策措施的效果进行预测和必要的检验，综合比较和评价，从中选择最佳的方案，预防事故的发生。同时对系统的安全程度进行重新评价，判断其是否达到相应的社会所接受的安全水平。

所以，安全评价通过危险辨识、风险评价和风险控制，客观地描述系统的危险程度，指导人们预先采取相应措施，来降低系统的危险性。

7.4.1.6 安全评价的主要过程

安全评价的主要过程一般包括：前期准备；危险、有害因素识别与分析；划分评价单元；现场安全调查；定性、定量评价；提出安全对策措施及建议；做出安全评价结论；编制安全评价报告；安全评价报告评审等，如图7-1所示。

（1）前期准备。明确评价对象和范围，必要时可进行系统或工程实际情况的现场调查，初步了解和熟悉系统或工程所处的实际状况，收集国内外相关法律法规、技术标准及与评价对象相关的行业数据资料。

（2）危险、有害因素识别与分析。根据系统或工程的生产工艺、生产方式、生产系统和辅助系统、周边环境及气候条件等特点，识别和分析系统生产运行过程中的危险、有害因素，确定危险、有害因素存在的部位及方式，事故发生的途径及其变化规律。

（3）评价单元划分。在系统或工程相当复杂的情况下，为了安全评价的需要，可以按安全系统工艺特点、生产场所、危险与有害因素类别等划分评价单元。评价单元应该是整个系统或工程的有限分割，并应相对独立，便于进行危险、有害因素识别和危险度评价，且具有明显的特征界限。

（4）现场安全调查。针对系统或工程的特点，对照安全生产法律法规和技术标准的要求，采用安全检查表或其他系统安全评价方法，对系统或工程（选择的类比工程）的各生

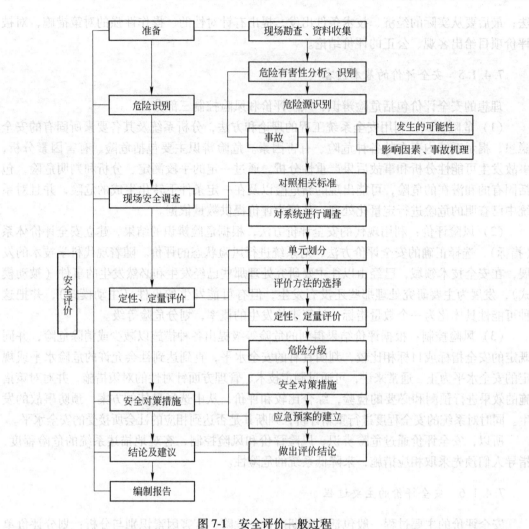

图 7-1　安全评价一般过程

产系统及其工艺、场所和设施、设备等进行安全调查。

通过现场安全调查应明确：安全管理机制、安全管理制度、安全管理模式等是否适合安全生产，安全管理制度、安全投入、安全管理机构及其人员配置是否满足安全生产法律法规的要求；生产系统、辅助系统及其工艺、设施和设备等是否满足安全生产法律法规及技术标准的要求；系统中存在的危险、有害因素是否得到了有效控制，等等。

（5）定性、定量评价。在对危险、有害因素识别和分析的基础上，选择科学、合理、适用的定性、定量评价方法，对可能引发事故的危险、有害因素进行定性、定量评价，给出引起事故发生的致因因素、影响因素及其危险度，为制定安全对策措施提供科学依据。

（6）提出安全对策措施及建议。根据现场安全检查和定性、定量评价的结果，提出消除或减弱危险、有害因素的技术和管理措施及建议。对那些违反安全生产法律法规和技术标准或不合适的行为、制度、安全管理机构设置和安全管理人员配置以及不符合安全生产法律法规和技术标准的工艺、场所、设施和设备等，提出安全改进措施及建议；对那些可能导致重大事故发生或容易导致事故发生的危险、有害因素提出安全技术措施、安全管理措施及建议。

（7）做出安全评价结论。简要地列出对主要危险、有害因素的评价结果，指出应重点防范的重大危险、有害因素，明确重要的安全对策措施。

（8）编制安全评价报告。依据安全评价的结果编制相应的安全评价报告，安全评价报告是安全评价过程的记录，应将安全评价对象、安全评价过程、采用的安全评价方法、获得的安全评价结果、提出的安全对策措施及建议等写入安全评价报告。

安全评价报告应满足下列要求：真实描述安全评价的过程；能够反映出参加安全评价的安全评价机构和其他单位、参加安全评价的人员、安全评价报告完成的时间；阐明安全对策措施及安全评价结果。

7.4.1.7 安全评价的分类

安全评价应遵循相关性原理：原理的实质认为评价系统的基本特征和事故的因果关系是相关的。类推原理：已知两个不同事件之间的相互联系规律，则可利用先导事件的发展规律分析迟发事件的发展趋势。惯性原理：任何事物的发展都带有一定的延续性，利用惯性来研究系统的未来发展趋势，推测未来的安全状态等。

国内根据矿山服务周期和评价的目的，将矿山安全评价分为安全预评价、安全验收评价、安全现状评价和专项安全评价四类。

A 安全预评价

安全预评价是根据建设项目可行性研究报告的内容，分析和预测该建设项目可能存在的危险、有害因素的种类和程度，提出合理可行的安全对策措施及建议。

安全预评价实际上就是在矿山建设前应用安全系统工程的原理和方法对矿山生产建设中存在的危险、有害因素及其危害性进行预测性评价。

（1）安全预评价是一种有目的的行为，它是在研究事故和危害为什么会发生、是怎样发生的和如何防止发生这些问题的基础上，回答建设项目依据设计方案建成后的安全性如何，是否能达到安全标准的要求及如何达到安全标准，安全保障体系的可靠性如何等至关重要的问题。

（2）安全预评价的核心是对系统存在的危险、有害因素进行定性、定量分析，即针对矿山系统，对发生事故、危害的可能性及其危险、危害的严重程度进行评价。

（3）用有关标准（安全评价标准）对系统进行衡量、分析，说明系统的安全性。

（4）安全预评价的最终目的是确定采取哪些优化的技术、管理措施，使建设项目整体达到安全标准的要求。

B 安全验收评价

安全验收评价是在建设项目竣工验收之前、试生产运行正常后，通过对建设项目的设施、设备、装置的实际运行状况及管理状况的安全评价，查找该建设项目投产后存在的危险、有害因素，确定其程度，提出合理可行的安全对策措施及建议。

安全验收评价是运用安全系统工程的原理和方法，在项目建成试生产正常运行后，在正式投产前进行的一种检查性安全评价。它通过对系统存在的危险和有害因素进行定性和定量的检查，判断系统在安全上的符合性和配套安全设施的有效性，从而做出评价结论并提出补救或补偿措施，以实现系统安全的目的。

安全验收评价是为安全验收进行的技术准备。在安全验收评价中要查看安全预评价提出的安全措施在设计中是否得到落实、初步设计中的各项安全设施是否在项目建设中得到落实，还要查看施工过程中的安全监理记录，安全设施调试、运行和检测情况，以及隐蔽工程等的安全设施落实情况。

C　安全现状评价

安全现状评价是针对系统、工程（矿山总体或局部生产活动）的安全现状进行的评价。通过安全现状评价查找其存在的危险、有害因素，确定其程度，提出合理可行的安全对策措施及建议。

这种对在用生产装置、设备、设施、贮存、运输及安全管理状况进行的现状评价，是根据政府有关法规的规定或生产经营单位安全管理的要求进行的，主要包括以下内容：

（1）全面收集评价所需的信息资料，采用合适的系统安全分析方法进行危险因素识别，给出量化的安全状态参数值。

（2）对于可能造成重大后果的事故隐患，采用相应的评价数学模型，进行事故模拟，预测极端情况下的影响范围，分析事故的最大损失，以及发生事故的概率。

（3）对发现的事故隐患，分别提出治理措施，并按危险程度的大小及整改的优先度进行排序。

（4）提出整改措施与建议。

D　专项安全评价

专项安全评价是针对某一项活动或场所，如一个特定的行业、产品、生产方式、生产工艺或生产装置等存在的危险、有害因素进行的安全评价，目的是查找其存在的危险、有害因素，确定其程度，提出合理可行的安全对策措施及建议。

专项安全评价通常是根据政府有关管理部门的要求进行的，是对专项安全问题进行的专题安全分析评价。

E　各类安全评价的联系与区别

（1）建设项目可行性研究、初步设计、施工图设计和建设施工阶段是一个孕育"生产系统"的过程。

（2）建设项目竣工、投入试生产，"生产系统"诞生，正式进入"生产系统"的寿命期。

（3）试生产正常，正式投产且有一个相当长的稳定生产阶段。

（4）之后，设备老化、安全装置失效，"生产系统"出现问题，需要检修或部件更换。最后，"生产系统"不能再修或失去修理价值，"生产系统"报废。

安全预评价在系统设计之前进行，对其后诞生的系统中可能出现的危险性、有害性进行预测和评价并提出安全对策措施，指导系统设计，使诞生的系统达到安全要求。

安全验收评价与安全现状评价同在系统诞生后有效寿命期内进行。前者是在系统诞生并经过早期故障阶段（试生产），刚进入"系统有效寿命期"时进行，以达标为目的；后者是在"系统有效寿命期"的中、后期进行，以持续改进为目的。从本质上看，安全验收评价是特殊的安全现状评价。

专项安全评价是在系统寿命期内（不一定是系统有效寿命期）进行的安全评价。其目标是多样性的，可以是针对某一项活动或场所，也可以是针对一个特定的行业、产品、生产方式、生产工艺或生产装置等。

7.4.2 矿山安全评价方法

7.4.2.1 矿山事故分类

对危险、有害因素进行分类的目的在于安全评价时便于进行危险、有害因素的分析与识别。危险、有害因素分类的方法多种多样，安全评价中常"按导致事故的直接原因"和"参照事故类别"进行分类，将矿山事故方式分为以下几类。

（1）物体打击。指物体在重力或其他外力的作用下产生的运动，打击人体造成人身伤亡事故，不包括因机械设备、车辆、起重机械、坍塌等引发的物体打击。

（2）车辆伤害。指企业机动车辆在行驶中引起的人体坠落和物体倒塌、下落、挤压伤亡事故，不包括起重设备提升、牵引车辆和车辆停驶时发生的事故。

（3）机械伤害。指机械设备运动（静止）部件、工具、加工件直接与人体接触引起的夹击、碰撞、剪切、卷入、绞、碾、割、刺等伤害，不包括车辆、起重机械引起的机械伤害。

（4）起重伤害。指各种起重作业（包括起重机安装、检修、试验）中发生的挤压、坠落（吊具、吊重）物体打击和触电。

（5）触电。包括雷击伤亡事故。

（6）淹溺。

（7）灼烫。指火焰烧伤、高温物体烫伤、化学灼伤（酸碱盐有机物引起的体内外灼伤）、物理灼伤（光、放射性物质引起的物体内外灼伤），不包括电灼伤和火灾引起的烧伤。

（8）火灾。

（9）高处坠落。指在高处作业中发生坠落造成的伤亡事故，不包括触电坠落事故。

（10）坍塌。指物体在外力或重力作用下，超过自身的强度极限或因结构稳定性破坏而造成的事故，不适用于矿山冒顶片帮和车辆、起重机械、爆破引起的坍塌。

（11）冒顶片帮。

（12）透水。

（13）放炮。指爆破作业过程中发生的伤亡事故。

（14）火药爆炸。指火药、炸药及其制品在生产、加工、运输、贮存中发生的爆炸事故。

（15）锅炉爆炸。

（16）容器爆炸。

（17）其他爆炸。

（18）中毒窒息。

（19）其他伤害。

7.4.2.2 矿山安全评价方法

由于矿山开采是一个复杂的系统，存在的各种危险、有害因素也不尽相同，其评价方法也是多种多样的，关键在于是否能找到适合非煤矿山安全评价的方法。根据多年的实践和总结，非煤矿山安全评价的方法主要有以下几种。

（1）安全检查表法。该方法是将一系列项目列出检查表进行分析，以确定系统的状态，定性地对系统进行综合评价。在安全验收评价和现状综合安全评价中较常用，是非煤矿山在安全管理和监督检查中常用的方法。

安全检查表是为检查某一系统的安全状态而事先拟好的安全问题清单。为了系统地查明矿山、采区、车间、工序或者机械、设备、装置以及安全组织管理的各项活动和各工序操作过程中的不安全、危险因素，确定安全检查的对象，事先将安全检查对象加以剖析，查出危险源和不安全因素，确定安全检查项目和标准要求，将项目按顺序排成序列，编制成表，以便进行检查，避免疏漏。

安全检查表是安全管理和安全检查评比的有效手段，它能与安全生产责任制相结合，便于对检查出的问题及时加以整改、落实，防止伤亡事故的发生。

（2）工程类比法。已知两个类似的不同对象之间的互相联系规律，用其中一个对象的发展规模来预测另一个对象的发展，经调查研究、资料收集、现场测试、分析比较，运用类推原理来预测评价对象的劳动安全状况及可能存在的问题，在安全评价的四种类型中常被应用。

（3）专家评议法。一种吸收各专业的技术专家参加，根据系统的过去、现在和发展趋势三种时态进行积极的创造性思维活动，对系统的未来进行综合分析评价，在安全评价的四种类型中常被应用。

（4）事故树分析法（FTA）。对系统的危险性进行识别，具有定性分析和定量分析功能，是安全分析评价和事故预测的一种先进科学方法，在安全评价的四种类型中常被应用。

（5）作业条件危险性评价法（LEC）。将作业条件的危险性作因变量（D），事故或危险事件发生的可能性（L）、暴露于危险环境的频率（E）及危险程度（C）作为自变量，建立它们之间的函数关系式。采取对评价对象"打分"的办法计算系统作业的危险性分值，从而用定量的方法确定作业场所的危险等级。该方法常用于非煤矿山人员经常出入的采场、爆破和炸药库等评价系统。

（6）工程岩体稳定性分析法。采用安全评价软件作为手段和工具，用定性描述和定量评价相结合的方法，判断系统的危险程度。适用于非煤矿山安全评价的各个阶段，包括非煤矿山的边坡、排土场、尾矿库、采空区等系统的安全评价。

（7）机械工厂安全性评价法。我国引进和学习外国安全系统工程和安全管理方法后在企业应用的安全评价方法。对设备集中的企业开展安全性评价，不仅可以提高安全管理水平和本质安全程度，而且还可以有效地控制伤亡事故和职业病。非煤矿山的选矿厂、炸药厂和机修加工车间的情况与机械工厂类似，存在设备多、作业分散的特点，可以采用机械工厂安全性评价方法进行安全评价。

（8）故障类型及影响分析方法（FEMA）。该方法是安全系统工程用于识别危险的分析方法之一，在设计阶段对系统的各个组成部分进行归纳、定性地分析，找出可能产生的故障及其类型，判明故障严重程度，为采取相应的安全对策措施和安全评价提供依据。该方法适用于对机械设备较多或工艺过程较复杂的系统进行安全评价。

7.4.3 非煤矿山建设项目安全评价

7.4.3.1 非煤矿山建设项目预评价的内容

（1）分析非煤矿山建设项目的规模、范围、厂址及其周边情况。

（2）根据可行性研究报告、委托方概况等数据资料，定性、定量分析和预测建设项目投入生产后可能存在的危险、有害因素的种类和程度，预测发生重大事故的危险度。

（3）分析并明确安全设施、设备在生产和使用中的作用和要求，提出合理可行的安全对策措施及建议。

7.4.3.2 非煤矿山建设项目预评价工作步骤

非煤矿山安全预评价工作步骤一般包括：前期准备，危险、有害因素识别与分析，划分评价单元，选择评价方法，进行定性、定量评价，提出安全对策措施及建议，做出安全评价结论，编制安全评价报告等。

A 前期准备

前期准备内容包括：明确评价对象和范围，收集国内外相关法律、法规、技术标准及与评价对象相关的非煤矿山行业数据资料；组建评价组；编制安全评价工作计划；进行非煤矿山现场调查，初步了解矿山建设项目或矿山状况。

（1）初次洽谈。委托方介绍单位概况、产品规模、建设内容和地点、工艺流程、总投资、评价进度要求、工程进展情况等；受托方介绍单位和人员资质，评价工作所需时间，要求提供的资料等。

（2）签订保密协议。双方有了初步意向后，根据委托方要求签订保密协议，受托方承担技术和资料保密义务，委托方提供非煤矿山资料。

（3）投标。受托方编写标书参加投标，标书除委托方规定要求外，一般包括评价单位资质情况、评价组人员、计划工作进度、报价等内容。

（4）签订合同。评价合同主要包括服务内容和要求、履行期限和方式、委托方提供资料和工作条件、验收和评价方法、服务费用及支付方式等。

（5）非煤矿山建设项目安全预评价所需资料包括：

1）建设项目概况；

2）建设项目设计依据；

3）建设项目可行性研究报告；

4）生产系统及辅助系统说明；

5）危险、有害因素分析所需的有关水文地质及气象资料；

6）安全评价所需的其他资料和数据。

（6）组建评价组。依据项目评价的对象及范围、评价涉及的专业技术要求、时间要求，为保证评价报告质量，合理选配评价人员和技术专家组建项目评价组。评价人员具备评价对象的专业技术知识；安全知识基础深厚，能熟练运用安全系统工程评价方法；具有一定实践经验，且掌握了以往事故案例；知识面较宽，具有一定的评价报告书编撰能力。

评价组内人员按照专业需求、技术水平及工作经验等特点进行合理分工。必要时，评价机构可与受托方分别指派一名项目协调人员，负责项目进行过程中双方信息资料的交流与文件管理。

B　危险、有害因素识别与分析

根据非煤矿山的生产条件、周边环境及水文地质条件的特点，识别和分析生产过程中危险、有害因素。

C　划分评价单元

根据评价工作需要，按生产工艺功能、生产设备、设备相对空间位置和危险、有害因素类别及事故范围划分单元。评价单元应相对独立，具有明显的特征界限，便于进行危险、有害因素识别分析和危险度评价。

D　选择评价方法

根据非煤矿山的特点及评价单元的特征，选择科学、合理、适用的定性、定量评价方法。

E　定性、定量评价

运用选择的评价方法，对可能导致非煤矿山重大事故的危险、有害因素进行定性、定量评价，给出引起非煤矿山重大事故发生的致因因素、影响因素和事故严重程度，为制定安全对策措施提供科学依据。

F　提出安全对策措施及建议

根据定性、定量评价的结果以及不符合安全生产法律、法规和技术标准的工艺、场所、设施和设备等，提出安全改进措施及建议；对那些可能导致重大事故发生或容易导致事故发生的危险、有害因素提出安全技术措施、安全管理措施及建议。为建设项目的初步设计和安全专篇设计提出依据。

G　做出安全评价结论

简要地列出对主要危险、有害因素的评价结果，指出应重点防范的重大危险、有害因素，明确重要的安全对策措施，分析归纳和整合评价结果，做出非煤矿山安全总体评价结论。从安全生产角度对建设项目的可行性提出结论。

H　编制安全评价报告

非煤矿山安全评价报告是非煤矿山安全评价过程的记录，应将非煤矿山安全评价的过程、采用的安全评价方法、获得的安全评价结果等写入非煤矿山安全评价报告。

非煤矿山安全评价报告应满足下列要求：

（1）真实描述非煤矿山安全评价的过程。

（2）能够反映出参加安全评价的安全评价机构和其他单位、参加安全评价的人员、安全评价报告完成的时间。

（3）简要描述非煤矿山建设项目可行性研究报告内容。

（4）阐明安全对策措施及安全评价结果。

非煤矿山安全评价报告是整个评价工作综合成果的体现，评价人员要认真编写，评价组长综合、协调好各部分内容，编写好的报告要根据质量手册的要求和程序进行质量审定，评价报告完成审定修改后打印装订。

7.4.3.3　非煤矿山建设项目预评价报告编制

非煤矿山建设项目预评价报告依据《非煤矿山安全评价导则》进行编写。在非煤矿山评价报告的编写过程中，如遇非煤矿山建设项目的基本内容发生变化，应在非煤矿山评价报告中反映出来，如评价方法和评价单元需要作变更或作部分调整，在非煤矿山评价报告中应说明理由。

A 安全评价报告的总体要求

非煤矿山安全评价报告应内容全面、条理清楚、数据完整，能够全面、概括地反映非煤矿山评价的全部工作。查出的问题准确，提出的对策措施具体可行。评价报告的文字简洁、准确，可同时采用图表和照片，以使评价过程和结论清楚、明确，利于阅读和审查。符合性评价的数据、资料和预测性计算过程可以编入附录。

B 非煤矿山安全预评价报告的主要内容

非煤矿山评价报告的主要内容包括安全评价依据，被评价单位基本情况，主要危险、有害因素识别，评价单元的划分与评价方法选择，定量、定性安全评价，提出安全对策措施建议，做出评价结论等。

（1）安全评价依据。安全评价依据包括有关的法律、法规及技术标准，建设项目可行性研究报告等建设项目相关文件，以及非煤矿山安全评价参考的其他资料。

（2）被评价单位基本情况。内容包括非煤矿山选址、总图及平面布置、水文情况、地质条件；规划的生产规模、工艺流程、主要使用设备经济技术指标等。

（3）主要危险、有害因素识别。内容包括根据特点识别和分析其主要的危险、有害因素，列出辨识与分析危险、有害因素的依据，阐述辨识与分析非煤矿山周边环境、生产工艺流程或场所的危险、有害因素及其过程。

（4）评价单元的划分与评价方法选择。阐述划分评价单元的原则、分析过程，将评价对象划分成若干个评价单元。各评价单元应相对独立，便于进行危险、有害因素识别和危险度评价，且具有明显的特征界限。根据评价的目的、要求和评价对象的特点、工艺、功能或活动分布，选择科学、合理、适用的定性、定量评价方法。对不同的评价单元，可根据评价的需要和单元特征选择不同的评价方法。

（5）定性、定量安全评价。详细列出定性、定量评价过程。明确重大危险源的分布、监控情况以及预防事故扩大的应急预案内容，给出相关的评价结果，并对得出的评价结果进行分析。

（6）提出安全对策措施及建议。列出安全对策措施建议的依据、原则、内容，对那些可能导致重大事故发生或容易导致事故发生的危险、有害因素提出安全技术措施及建议。

（7）做出评价结论。安全预评价结论应简要地列出主要危险、有害因素的评价结果，指出非煤矿山应重点防范的重大危险、有害因素，明确应重视的安全对策措施建议，明确评价对象潜在的危险、有害因素在采取安全对策措施后，能否得到控制以及受控的程度如何。给出非煤矿山建设项目从安全生产角度是否符合国家有关法律、法规、标准、规章、规范的要求。

7.4.3.4 非煤矿山建设项目预评价报告格式

（1）封面。封面第一、二行文字内容是建设单位或非煤矿山企业名称；封面第三行文字内容是项目名称；封面第四行文字内容是报告名称，为"安全评价报告"；封面最后两行分别是评价机构名称和安全评价资质证书编号。

（2）评价机构安全评价资质证书副本影印件。

（3）著录项。"评价机构法人代表，课题组主要人员和审核人"等著录项一般分两张布置，第一张署明评价机构的法人代表（以评价机构营业执照为准）、审核定稿人（应为评价机构技术负责人）、课题组长（应为评价课题组负责人）等主要责任者姓名，下方为报告编制完成的日期及评价机构（以安全评价资质证书为准）公章用章区；第二张则为评价人员（以安全评价人员资格证书为准并署明注册号）、各类技术专家（应为评价机构专家库内人员）以及其他有关责任者名单。评价人员和技术专家均要手写签名。

（4）目录。

（5）编制说明。

（6）前言。

（7）正文。

（8）附件。

复习思考题

7-1　何谓矿山安全技术，其内容包含哪些方面？

7-2　矿山生产方针是什么？

7-3　事故发生的理论依据是什么？

7-4　何谓事故因果连锁论，其预防事故的对策是什么？

7-5　简述能量意外释放论。

7-6　矿山生产中常用的防止能量意外释放的屏蔽措施有哪几种？

7-7　不安全行为的原因包含哪些方面？

7-8　可靠性的概念是什么？

7-9　如何对事故进行分析？

7-10　矿山安全管理的内容有哪些？

7-11　安全生产管理制度有哪些？

7-12　现代安全管理包含哪些方面的内容？

7-13　矿山救护措施和救护方法有哪些？

7-14　矿山生产事故的等级如何划分？

7-15　矿山生产事故的申报程序是什么？

7-16　矿山生产事故的急救方法有哪些？

7-17　矿山生产事故急救注意事项有哪些？

7-18　金属非金属地下矿山安全避险"六大系统"是什么？

7-19　金属非金属地下矿山安全避险"六大系统"的具体要求是什么？

7-20　安全评价的种类及其重要意义是什么？

7-21　矿山企业常用安全评价的方法有哪些？

7-22　矿山企业安全评价报告的编写程序是什么？

8 矿山企业工程建设管理

通过多年的实践及总结，人们认识到建设单位的工程项目管理是一项专门的学问，需要一大批专门的机构和人才，建设单位的工程项目管理应当走专业化、社会化的道路。建设部于1988年明确提出要建立建设工程监理制度。建设工程监理制作为工程建设领域的一项改革举措，旨在改变陈旧的工程管理模式，建立专业化、社会化的建设监理机构，协助建设单位做好项目管理工作，以提高建设水平和投资效益。

8.1 建设工程监理制度

8.1.1 概述

8.1.1.1 建设工程监理的基本概念

建设工程监理是指具有相应监理资质的工程监理企业，接受建设单位的委托，承担其项目管理工作，并代表建设单位对承包单位的建设行为进行监督管理的专业服务活动。

建设单位也称为业主、项目法人，是委托监理的一方。建设单位在工程建设中拥有确定建设工程规模、标准、功能以及选择勘察、设计、施工、监理单位等工程建设中重大问题的决定权。

工程监理企业是指取得企业法人营业执照，具有监理资质证书的依法从事建设工程监理业务活动的经济组织。

8.1.1.2 矿山企业建设工程监理的依据

（1）矿山工程建设文件。包括：批准的可行性研究报告、建设用地规划许可证、建设工程规划许可证、批准的施工图设计文件、施工许可证等。

（2）有关的法律、法规、规章和标准、规范。包括：《建筑法》、《中华人民共和国合同法》、《中华人民共和国矿山安全法》、《中华人民共和国招标投标法》、《矿山井巷工程施工及验收规范》、《建设工程质量管理条例》等法律法规，《工程建设监理规定》等部门规章，以及地方性法规等，也包括《工程建设标准强制性条文》、《建设工程监理规范》以及有关的工程技术标准、规范、规程等。

（3）建设工程委托监理合同和有关的建设工程合同。工程监理企业应当根据下述两类合同进行监理：一是工程监理企业与建设单位签订的建设工程委托监理合同；二是建设单位与承建单位签订的建设工程合同。

8.1.1.3 建设工程监理的范围

建设工程监理范围可以分为监理的工程范围和监理的建设阶段范围。

A 工程范围

为了有效发挥建设工程监理的作用，加大推行监理的力度，根据《建筑法》，国务院公布的《建设工程质量管理条例》对实行强制性监理的工程范围作了原则性的规定。2011年住建部颁布了《建设工程监理范围和规模标准规定》（86 号部令），规定了必须实行监理的建设工程项目的具体范围和规模标准。下列建设工程必须实行监理：

（1）国家重点建设工程：依据《国家重点建设项目管理办法》所确定的对国民经济和社会发展有重大影响的骨干项目。

（2）大中型公用事业工程：项目总投资额在 3000 万以上的供水、供电、供气、供热等市政工程项目；科技、教育、文化等项目；体育、旅游、商业等项目；卫生、社会福利等项目；其他公用事业项目。

（3）成片开发建设的住宅小区工程：建筑面积在 5 万平方米以上的住宅建设工程。

（4）利用外国政府或者国际组织贷款、援助资金的工程：包括使用世界银行、亚洲开发银行等国际组织贷款资金的项目；使用国外政府及其机构贷款资金的项目；使用国际组织或者国外政府援助资金的项目。

（5）国家规定必须实行监理的其他工程：项目总投资额在 3000 万元以上关系社会公共利益、公众安全的交通运输、水利建设、城市基础设施、生态环境保护、信息产业、能源等基础设施项目；学校、影剧院、体育场馆项目。

B　建设阶段范围

建设工程监理可以适用于工程建设投资决策阶段和实施阶段，但目前主要是建设工程施工阶段。

在建设工程施工阶段，建设单位、勘察单位、设计单位、施工单位和工程监理企业等工程建设的各类行为主体均出现在建设工程当中，形成了一个完整的建设工程组织体系。在这个阶段，建筑市场的发包体系、承包体系、管理服务体系的各主体在建设工程中汇合，由建设单位、勘察单位、设计单位、施工单位和工程监理企业各自承担工程建设的责任和义务，最终将建设工程建成投入使用。在施工阶段委托监理，其目的是更有效地发挥监理的规划、控制、协调作用，为在计划目标内建成工程提供最好的管理。

8.1.1.4　建设工程监理的性质

A　服务性

建设工程监理具有服务性，是从它的业务性质方面定性的。建设工程监理的主要方法是规划、控制、协调，主要任务是控制建设工程的投资、进度、质量，最终应当达到的基本目的是协助建设单位在计划的目标内将建设工程建成投入使用。这就是建设工程监理的管理服务的内涵。

在工程建设中，监理人员利用自己的知识、技能和经验、信息以及必要的试验、检测手段，为建设单位提供管理和技术服务。

工程监理企业不能完全取代建设单位的管理活动。它不具有工程建设重大问题的决策权，它只能在授权范围内代表建设单位进行管理。

建设工程监理的服务对象是建设单位。监理服务是按照委托监理合同的规定进行的，是受法律约束和保护的。

B　科学性

科学性是由建设工程监理要达到的基本目的决定的。建设工程监理以协助建设单位实现其投资目的为己任，力求在计划的目标内建成工程。

科学性主要表现在：工程监理企业应当由组织管理能力强、工程建设经验丰富的人员担任领导；应当有足够数量的、有丰富的管理经验和应变能力的监理工程师组成的骨干队伍；要有一套健全的管理制度；要有现代化的管理手段；要掌握先进的管理理论、方法和手段；要积累足够的技术、经济资料和数据；要有科学的工作态度和严谨的工作作风，要实事求是、创造性地开展工作。

C　独立性

《建筑法》明确指出，工程监理企业应当根据建设单位的委托，客观、公正地执行监理任务。《工程建设监理规定》和《建设工程监理规范》要求工程监理企业按照"公正、独立、自主"原则开展监理工作。

按照独立性要求，工程监理单位应当严格地按照有关法律、法规、规章、工程建设文件、工程建设技术标准、建设工程委托监理合同、有关的建设工程合同等规定实施监理；在委托监理的工程中，与承建单位不得有隶属关系和其他利害关系；在开展工程监理的过程中，必须建立自己的组织，按照自己的工作计划、程序、流程、方法、手段，根据自己的判断，独立地开展工作。

D　公正性

公正性是社会公认的职业道德准则，是监理行业能够长期生存和发展的基本职业道德准则。在开展建设工程监理的过程中，工程监理企业应当排除各种干扰，客观、公正地对待监理的委托单位和承建单位。特别是当这两方发生利益冲突或者矛盾时，工程监理企业应以事实为依据，以法律和有关合同为准绳，在维护建设单位的合法权益时，不损害承建单位的合法权益。例如，在调节建设单位和承建单位之间的争议，处理工程索赔和工程延期，进行工程款支付控制以及竣工结算时，应当尽量客观、公正地对待建设单位和承建单位。

8.1.1.5　建设工程监理的作用

建设单位的工程项目实行专业化、社会化管理在国外已有100多年的历史，现在越来越显现出强劲的生命力，在提高投资的经济效益方面发挥了重要作用。我国实施建设工程监理的时间虽然不长，但已经发挥出明显的作用，为政府和社会所承认。建设工程监理的作用如下：

（1）有利于提高建设工程投资决策科学化水平；

（2）有利于规范工程建设参与各方的建设行为；

（3）有利于促使承建单位保证建设工程质量和使用安全；

（4）有利于实现建设工程投资效益最大化。

8.1.2　建设工程监理机构

8.1.2.1　项目监理机构的人员要求

项目监理机构应有合理的专业结构及合理的技术职务、职称结构，项目监理机构监理人员要求的技术职称结构如表8-1所示。

表 8-1　项目监理机构监理人员要求的技术职称结构表

层　次	人　员	职　能	职称职务要求		
决 策 层	总监理工程师、总监理工程师代表、专业监理工程师	项目监理的策划、规划；组织、协调、监控、评价等	高级职称	中级职称	
执行层/协调层	专业监理工程师	项目监理实施的具体组织、指挥、控制/协调			初级职称
作业层/操作层	监理员	具体业务的执行			

8.1.2.2　项目监理机构各类人员的基本职责

监理人员的基本职责应按照工程建设阶段和建设工程的情况确定。施工阶段，按照《建设工程监理规范》的规定，项目总监理工程师、总监理工程师代表、专业监理工程师和监理员应分别履行以下职责。

A　总监理工程师职责

（1）确定项目监理机构人员的分工和岗位职责；

（2）主持编写项目监理规划、审批项目监理实施细则，并负责管理项目监理机构的日常工作；

（3）审查分包单位的资质，并提出审查意见；

（4）检查和监督监理人员的工作，根据工程项目的进展情况可进行人员调配，对不称职的人员应调换其工作；

（5）主持监理工作会议，签发项目监理机构的文件和指令；

（6）审定承包单位提交的开工报告、施工组织设计、技术方案、进度计划；

（7）审核签署承包单位的申请、支付证书和竣工结算；

（8）审查和处理工程变更；

（9）主持或参与工程质量事故的调查；

（10）调解建设单位与承包单位的合同争议、处理索赔、审批工程延期；

（11）组织编写并签发监理月报、监理工作阶段报告、专题报告和项目监理工作总结；

（12）审核签认分部工程和单位工程的质量检验评定资料，审查承包单位的竣工申请，组织监理人员对待验收的工程项目进行质量检查，参与工程项目的竣工验收；

（13）主持整理工程项目的监理资料；

（14）审核承包单位申报的工程进度计划、延长工期的申请；

（15）签发工程的停工令和复工令；

（16）对承包单位违规、违约行为签发监理通知，责成承包单位限期改正；

（17）负责项目监理机构的安全管理工作，主抓《建设工程安全生产管理条例》中和地方政府发布的建设工程安全生产管理的法律、法令中规定的安全管理责任的落实和执行。

B　总监理工程师代表职责

（1）在总监理工程师的领导下，负责总监理工程师指定或交办的监理工作；

（2）按总监理工程师授权行使总监理工程师的部分职责与权力，对于重大的决策应先向总监理工程师请示后再执行；

（3）作为总监理工程师的助手，还应协助总监理工程师处理各项日常工作；

（4）定期或不定期地（如突然发生重大事件）向总监理工程师报告项目监理的各方面情况；

（5）每日填写监理人员监理日记及工程项目监理日志。

总监理工程师不得将下列工作委托总监理工程师代表：

（1）主持编写项目监理规划、审批项目监理实施细则；

（2）签发工程开工/复工报审表、工程暂停令、工程款支付证书、工程竣工报验单；

（3）审核签认竣工结算；

（4）调解建设单位与承包单位的合同争议、处理索赔；

（5）根据工程项目的进展情况进行监理人员的调配，调换不称职的监理人员。

C　专业监理工程师职责

（1）负责编制本专业的监理实施细则；

（2）负责本专业监理工作的具体实施；

（3）组织、指导、检查和监督本专业监理员的工作，当人员需要调整时，向总监理工程师提出建议；

（4）审查承包单位提交的涉及本专业的计划、方案、申请、变更，并向总监理工程师提出报告；

（5）负责本专业分项工程验收及隐蔽工程验收；

（6）定期向总监理工程师提交本专业监理工作实施情况报告，对重大问题及时向总监理工程师汇报和请示；

（7）根据本专业监理工作实施情况做好监理日记；

（8）负责本专业监理资料的收集、汇总及整理，参与编写监理月报；

（9）核查进场材料、设备、构配件的原始凭证、检测报告等质量证明文件及其质量情况，根据实际情况认为有必要时对进场材料、设备、构配件进行平行检验，合格时予以签认；

（10）负责本专业的工程计量工作，审核工程计量的数据和原始凭证。

D　监理员职责

（1）在专业监理工程师的指导下开展现场监理工作；

（2）检查核实承包单位投入工程项目的劳动力（分工种）及管理人员，主要材料投入和主要机械设备投入及其使用运行情况，并做好检查记录；

（3）担任工程重要部位的关键工序、特殊工序的旁站监理工作，并做好旁站记录，发现问题及时指出并向专业监理工程师报告；

（4）参加对进场材料、构配件、设备的检验，并做好记录；

（5）复核或从施工现场直接获取工程计量的有关数据，并签署原始凭证；

（6）按照设计图及有关标准，对承包单位的工艺过程或施工工序进行检查和记录，对加工制作及工序施工质量检查结果进行记录；

（7）督促承包单位报送监理报表，并检验其真实性、准确性、完整性；

（8）参加总监理工程师组织的定期或不定期对承包单位的安全、消防、环境、文明施工检查工作，并做好检查记录；

（9）参加设计交底、施工图会审、监理工作会议和专题会议，积极发现问题反映情况；

（10）填写监理人员日记及有关的监理记录。

8.1.2.3　建设工程委托监理合同

建设工程委托监理合同简称监理合同，是指工程建设单位聘请监理单位代其对工程项目进行管理，明确双方权利、义务的协议。建设单位称委托人、监理单位称受托人。监理合同的当事人双方应当是具有民事权利能力和民事行为能力、取得法人资格的企事业单位、其他社会组织，个人在法律允许范围内也可以成为合同当事人。作为委托人必须是有国家批准的建设项目，落实投资计划的企事业单位、其他社会组织及个人；作为受托人必须是依法成立具有法人资格的监理单位，并且所承担的工程监理业务应与单位资质相符合。委托监理合同的标的是服务，即监理工程师凭据自己的知识、经验、技能受业主委托为其所签订的其他合同的履行实施监督和管理。

监理合同是委托任务履行过程中当事人双方的行为准则，因此内容应全面，用词要严谨。合同条款的组成结构包括以下几个方面：合同内所涉及的词语定义和遵循的法规；监理人的义务；委托人的义务；监理人的权利；委托人的权利；监理人的责任；委托人的责任；合同生效、变更与终止；监理报酬；其他需要说明的问题；争议的解决。

8.1.2.4　委托人的责任、权利、义务

A　委托人的权利

（1）委托人有选定工程总承包人，以及与其订立合同的权利。

（2）委托人有对工程规模、设计标准、规划设计、生产工艺设计和设计使用功能要求的认定权，以及对工程设计变更的审批权。

（3）监理人调换总监理工程师需事先经委托人同意。

（4）委托人有权要求监理人提供监理工作月报及监理业务范围内的专项报告。

（5）当委托人发现监理人员不按监理合同履行监理职责，或与承包人串通给委托人或工程造成损失的，委托人有权要求监理人更换监理人员，直到解除合同并要求监理人承担相应的赔偿责任或连带赔偿责任。

B　委托人的义务

（1）委托人在监理人开展监理业务之前应向监理人支付预付款。

（2）委托人应当负责工程建设的所有外部关系的协调，为监理工作提供外部条件。如将部分或全部协调工作委托监理人承担，则应在专用条款中明确委托的工作和相应的报酬。

（3）委托人应当在双方约定的时间内免费向监理人提供与工程有关的为监理工作所需要的工程资料。

（4）委托人应当在专用条款约定的时间内就监理人书面提交并要求做出决定的一切事宜做出书面决定。

（5）委托人应当授权一名熟悉工程情况、能在规定时间内做出决定的常驻代表（在

专用条款中约定），负责与监理人联系。更换常驻代表，要提前通知监理人。

（6）委托人应当将授予监理人的监理权利，以及监理人主要成员的职能分工、监理权限及时书面通知已选定的合同承包人，并在与第三人签订的合同中予以明确。

（7）委托人应当在不影响监理人开展监理工作的时间内提供如下资料：

1）与本工程合作的原材料、购配件、设备等生产厂家名录。

2）提供与本工程有关的协作单位、配合单位的名录。

（8）委托人应免费向监理人提供办公用房、通信设施、监理人员工地住房及合同专用条件约定的设施。对监理人自备的设施给予合理的经济补偿（补偿金额：设施在工程使用时间占折旧年限的比例×设施原值+管理费）。

（9）根据情况需要，如果双方约定，由委托人免费向监理人提供其他人员，应在监理合同专用条件中予以明确。

C　委托人责任

（1）委托人应当履行委托监理合同约定的义务，如有违反则应当承担违约责任，赔偿给监理人造成的经济损失。

（2）监理人处理委托业务时，因非监理人原因的事由受到损失的，可向委托人要求补偿损失。

（3）委托人如果向监理人提出赔偿的要求不能成立，则应当补偿由该索赔所引起的监理人的各种费用支出。

8.1.2.5　监理人的责任、权利、义务

A　监理人的权利

（1）监理人在委托人委托的工程范围内，享有以下权利：

1）选择工程总承包人的建议权。

2）选择工程分包人的认可权。

3）对工程建设有关事项包括工程规模、设计标准、规划设计、生产工艺设计和使用功能要求，向委托人的建议权。

4）对工程设计中的技术问题，按照安全和优化的原则，向设计人提出建议，如果提出的建议可能会提高工程造价，或延长工期，应当事先征得委托人的同意。当发现工程设计不符合国家颁布的设计工程质量标准或设计合同约定的质量标准时，监理人应当书面报告委托人并要求设计人更正。

5）审批工程施工组织设计和技术方案，按照保质量、保工期和降低成本的原则，向承包人提出建议，并向委托人提出书面报告。

6）主持工程建设有关协作单位的组织协调，重要协调事项应当事先向委托人报告。

7）征得委托人同意，监理人有权发布开工令、停工令、复工令，但应当事先向委托人报告。如在紧急情况下未能事先报告时，则应在24小时内向委托人做出书面报告。

8）工程上使用的材料和施工质量的检验权。对于不符合设计要求和合同约定及国家质量标准的材料、构配件、设备，有权通知承包人停止使用。对于不符合规范和质量标准的工序、分部、分项工程和不安全施工作业，有权通知承包人停工整改、返工。承包人得到监理机构复工令后才能复工。

9）工程施工进度的检查、监督权，以及工程实际竣工日期提前或超过工程施工合同规定的竣工期限的签认权。

10）在工程施工合同约定的工程价格范围内，工程款支付的审核和签认权，以及工程结算的复核确认权与否决权。未经总监理工程师签字确认，委托人不支付工程款。

（2）监理人在委托人授权下可对任何承包人合同规定的义务提出变更。如果由此严重影响了工程费用或质量、或进度，则这种变更须经委托人事先批准。在紧急情况下未能事先报委托人批准时，监理人所作的变更也应尽快通知委托人。在监理过程中如发现工程承包人员工作不力，监理机构可要求承包人调换有关人员。

（3）在委托的工程范围内，委托人或承包人对对方的任何意见和要求（包括索赔要求），均必须首先向监理机构提出，由监理机构研究处置意见，再同双方协商确定。当委托人和承包人发生争执时，监理机构应根据自己的职能，以独立的身份判断，公正地进行调解。当双方的争议由政府建设行政主管部门调解或仲裁机构仲裁时，应当提供作证的事实材料。

B　监理人义务

（1）监理人按合同约定派出监理工作需要的监理机构及监理人员。向委托人报送委派的总监理工程师及其监理机构的主要成员名单、监理规划，完成监理合同专用条件中约定的监理工程范围内的监理业务。在履行合同义务期间，应按合同约定定期向委托人报告监理工作。

（2）监理人在履行本合同的义务期间，应认真勤奋地工作，为委托人提供与其水平相适应的咨询意见，公正维护各方面的合法利益。

（3）监理人使用委托人提供的设施和物品属委托人的财产。在监理工作完成或中止时，应将其设施和剩余的物品按合同约定的时间和方式移交委托人。

（4）在合同期内和合同终止后，未征得有关方同意，不得泄漏与本工程、本合同业务有关的保密资料。

C　监理人责任

（1）监理人的责任期即委托监理合同有效期。在监理过程中，如果因工程建设进度的推迟或延误而超过书面约定的日期，双方应进一步约定相应延长的合同期。

（2）监理人在责任期内，应当履行约定的义务。如果因监理人过失而造成了委托人的经济损失，应当向委托人赔偿。累计赔偿总额不应超过监理报酬总额（除去税金）。

（3）监理人对承包人违反合同规定的质量和要求完工（交货、交图）时限，不承担责任。因不可抗力导致委托监理合同不能全部或部分履行，监理人不承担责任。但对违反认真工作规定引起的与之有关的事宜，向委托人承担赔偿责任。

（4）监理人向委托人提出赔偿要求不能成立时，监理人应当补偿由于该索赔所导致委托人的各种费用支出。

8.2　矿山工程建设质量控制

8.2.1　质量控制概述

8.2.1.1　矿山工程施工质量控制的系统过程

A　按工程实体质量形成过程的时间划分

矿山工程施工阶段的质量控制按工程实体质量形成过程的时间可以划分为：

（1）施工准备控制。指在各个工程对象正式施工活动开始前，对各项准备工作及影响质量的各因素进行控制，这是确保施工质量的先决条件。

（2）施工过程控制。指在施工过程中对实际投入的生产要素质量及作业技术活动的实施状态和结果所进行的控制，包括作业者发挥技术能力过程的自控行为和来自有关管理者的监控行为。

（3）竣工验收控制。它是指对于通过施工过程所完成的具有独立的功能和使用价值的最终产品（单位工程或整个工程项目）及有关方面（例如质量文档）的质量进行控制。

上述三个环节的质量控制系统过程及其所涉及的主要方面如图 8-1 所示。

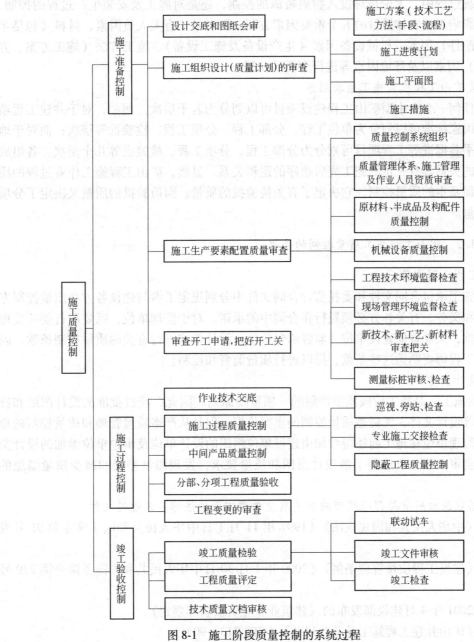

图 8-1 施工阶段质量控制的系统过程

B　按矿山工程实体形成过程中物质形态转化的阶段划分

由于矿山工程对象的施工是一项物质生产活动，按矿山工程实体形成过程中物质形态转化划分为：

(1) 对投入的物质资源质量的控制。

(2) 施工过程质量控制。

(3) 对完成的工程产出品质量的控制与验收。

在上述三个阶段的系统过程中，前两个阶段对于最终产品质量的形成具有决定性的作用，而所投入的物质资源的质量控制对最终产品质量又具有举足轻重的影响。因此，质量控制的系统过程中，无论是对投入物质资源的控制，还是对施工及安装生产过程的控制，都应当对影响工程实体质量的五个重要因素方面，即对施工有关人员因素、材料（包括半成品、构配件）因素、机械设备因素（生产设备及施工设备）、施工方法（施工方案、方法及工艺）因素以及环境因素等进行全面的控制。

C　按矿山工程项目施工层次划分

通常任何一个大中型矿山工程建设项目可以划分为若干层次。例如，对于井建工程项目，按照国家标准可以划分为单位工程、分部工程、分项工程、检验批等层次；而对于地表设施、平巷掘进等工程项目可划分为分部工程、分项工程、检验批等几个层次。各组成部分之间的关系具有一定的施工先后顺序的逻辑关系。显然，矿山工程施工作业过程的质量控制是最基本的质量控制，它决定了有关检验批的质量；而检验批的质量又决定了分项工程的质量。

8.2.1.2　矿山工程施工质量控制的依据

A　工程合同文件

工程施工承包合同文件和委托监理合同文件中分别规定了参与建设各方在质量控制方面的权利和义务，有关各方必须履行在合同中的承诺。对于监理单位，既要履行委托监理合同的条款，又要督促建设单位，监督承包单位、设计单位履行有关的质量控制条款。因此，监理工程师要熟悉这些条款，据以进行质量监督和控制。

B　设计文件

"按图施工"是施工阶段质量控制的一项重要原则。因此，经过批准的设计图纸和技术说明书等设计文件，无疑是质量控制的重要依据。但是从严格质量管理和质量控制的角度出发，监理单位在施工前还应参加由建设单位组织的设计单位及承包单位参加的设计交底及图纸会审工作，以达到了解设计意图和质量要求，发现图纸差错和减少质量隐患的目的。

C　国家及政府有关部门颁布的有关质量管理方面的法律、法规性文件

(1)《中华人民共和国建筑法》（1997 年 11 月 1 日中华人民共和国主席令第 91 号发布）。

(2)《建设工程质量管理条例》（2000 年 1 月 30 日中华人民共和国国务院令第 279 号发布）。

(3) 2001 年 4 月建设部发布的《建筑业企业资质管理规定》。

(4)《矿山井巷工程施工及验收规范》（GBJ 213—90）。

（5）《有色金属矿山井巷工程施工及验收规范》（YSJ 413—1993）。

（6）其他各行业如交通、能源、水利、冶金、化工等的政府主管部门和省、市、自治区的有关主管部门，也均根据本行业及地方的特点，制定和颁发了有关的法规性文件。

D 有关质量检验与控制的专门技术法规性文件

这类文件一般是针对不同行业、不同的质量控制对象而制定的技术法规性的文件，包括各种有关的标准、规范、规程或规定。工程建设质量控制主要有以下几类：

（1）工程项目施工质量验收标准。这类标准主要是由国家或部委统一制定的，用以作为检验和验收工程项目质量水平所依据的技术法规性文件。例如，评定建筑工程质量验收的《建筑工程施工质量验收统一标准》（GB 50300—2001）、《混凝土结构工程施工质量验收规范》（GB 50204—2002）、《建筑装饰装修工程质量验收规范》（GB 50210—2001）等。对于其他行业如水利、电力、交通等工程项目的质量验收，也有与之类似的相应的质量验收标准。

（2）有关工程材料、半成品和构配件质量控制方面的专门技术法规性依据：

1）有关材料及其制品质量的技术标准。诸如水泥、木材及其制品、钢材、砖瓦、砌块、石材、石灰、砂、玻璃、陶瓷及其制品；涂料、保温及吸声材料、防水材料、塑料制品；建筑五金、电缆电线、绝缘材料以及其他材料或制品的质量标准。

2）有关材料或半成品等的取样、试验等方面的技术标准或规程。例如：木材的物理力学试验方法总则，钢材的机械及工艺试验取样法，水泥安定性检验方法等。

3）有关材料验收、包装、标志方面的技术标准和规定。例如，型钢的验收、包装、标志及质量证明书的一般规定；钢管验收、包装、标志及质量证明书的一般规定等。

（3）控制施工作业活动质量的技术规程，例如电焊操作规程、砌砖操作规程、混凝土施工操作规程等。它们是为了保证施工作业活动质量在作业过程中应遵照执行的技术规程。

凡采用新工艺、新技术、新材料的工程，事先应进行试验，并应有权威性技术部门的技术鉴定书及有关的质量数据、指标，在此基础上制定有关的质量标准和施工工艺规程，以此作为判断与控制质量的依据。

8.2.1.3 矿山工程施工质量控制的工作方法

矿山工程施工质量的控制应以事前控制（预防）为主；按监理规划的要求对施工过程进行检查，及时纠正违规操作，消除质量隐患，根据质量问题，验证纠正效果；采用必要的检查、测量和试验手段，以验证施工质量；对工程的某些关键工序和重点部位施工过程进行旁站，并写"旁站监理记录"；严格执行现场见证取样和送检制度；建议撤换承包单位不称职的人员及不合格分包单位。在施工阶段全过程中，监理工程师要进行全过程、全方位的监督、检查与控制，不仅涉及最终产品的检查、验收，而且涉及施工过程的各环节及中间产品的监督、检查与验收。

在每项工程开始前，承包单位须做好施工准备工作，然后填报《工程开工/复工报审表》，附上该工程的开工报告、施工方案以及施工进度计划、人员及机械设备配置、材料准备情况等，报送监理工程师审查。若审查合格，则由总监理工程师批复准予施工。否则，承包单位应进一步做好施工准备，待条件具备时，再次填报开工申请。

在施工过程中，监理工程师应督促承包单位加强内部质量管理，严格质量控制。施工作业过程均应按规定工艺和技术要求进行。在每道工序完成后，承包单位应进行自检，自检合格后，填写《报验申请表》交监理工程师检验。监理工程师收到检查申请后应在合同规定的时间内到现场检验，检验合格后予以确认。只有上一道工序被确认质量合格后，方能准许下道工序施工，按上述程序完成逐道工序。

在施工质量验收过程中，涉及结构安全的试块、试件以及有关材料，应按规定进行见证取样检测；对涉及结构安全和使用功能的重要分部工程，应进行抽样检测，承担见证取样检测及有关结构安全检测的单位应具有相应资质。

8.2.2　矿山工程施工质量控制措施

8.2.2.1　矿山工程施工质量事前控制

A　施工承包单位资质的核查

a　招投标阶段对承包单位资质的审查

（1）根据工程的类型、规模和特点，确定参与投标企业的资质等级，并取得招投标管理部门的认可。

（2）对符合参与投标承包企业的考核：1）查对《营业执照》及《建筑业企业资质证书》，并了解其实际的建设业绩、人员素质、管理水平、资金情况、技术装备等。2）考核承包企业近期的表现，查对年检情况，资质升降级情况，了解其有否工程质量、施工安全、现场管理等方面的问题，企业管理的发展趋势，质量是否是上升趋势，选择向上发展的企业。3）查对近期承建工程，实地参观考核工程质量情况及现场管理水平。在全面了解的基础上，重点考核与拟建工程类型、规模和特点相似或接近的工程。优先选取创出名牌优质工程的企业。

b　对中标进场从事项目施工的承包企业质量管理体系的核查

（1）了解企业的质量意识、质量管理情况，重点了解企业质量管理的基础工作、工程项目管理和质量控制的情况。

（2）贯彻 ISO9000 标准、体系建立和通过认证的情况。

（3）企业领导班子的质量意识及质量管理机构落实、质量管理权限实施的情况等。

（4）审查承包单位现场项目经理部的质量管理体系。

c　施工组织设计（质量计划）的审查

质量计划是质量策划结果的一项管理文件。对工程建设而言，质量计划主要是针对特定的工程项目为完成预定的质量控制目标，编制专门规定的质量措施、资源和活动顺序的文件。根据质量管理的基本原理，质量计划包含为达到质量目标、质量要求的计划、实施、检查及处理这四个环节的相关内容，即 PDCA 循环。具体而言，质量计划应包括下列内容：编制依据；项目概况；质量目标；组织机构；质量控制及管理组织协调的系统描述；必要的质量控制手段，检验和试验程序等；确定关键过程和特殊过程及作业的指导书；与施工过程相适应的检验、试验、测量、验证要求；更改和完善质量计划的程序等。

B　现场施工准备的质量控制

监理工程师现场施工准备的质量控制共包括以下八项工作。

a 工程定位及标高基准控制

工程施工测量放线是建设工程产品由设计转化为实物的第一步。施工测量的质量好坏，直接影响工程产品的综合质量，并且制约着施工过程中有关工序的质量。工程测量控制可以说是施工中事前质量控制的一项基础工作，它是施工准备阶段的一项重要内容。监理工程师应将其作为保证工程质量的一项重要内容，在监理工作中，应由测量专业监理工程师负责工程测量的复核控制工作。

b 施工平面布置的控制

督促建设单位按照合同约定并结合承包单位的需要事先划定并提供给承包单位占有和使用的现场；检查施工现场总体布置是否合理。

c 材料构配件采购订货的控制

（1）凡由承包单位负责采购的原材料、半成品或构配件，在采购订货前应向监理工程师申报；对于重要的材料，还应提交样品，供试验或鉴定，有些材料则要求供货单位提交理化试验单（如预应力钢筋的硫、磷含量等），经监理工程师审查认可后，方可进行订货采购。

（2）对于半成品或构配件，应按经过审批认可的设计文件和图纸要求采购订货，质量应满足有关标准和设计的要求，交货期应满足施工及安装进度安排的需要。

（3）供货厂家是制造材料、半成品、构配件主体，所以通过考查优选合格的供货厂家，是保证采购、订货质量的前提。为此，大宗的器材或材料的采购应当实行招标采购的方式。

（4）对于半成品和构配件的采购、订货，监理工程师应提出明确的质量要求，质量检测项目及标准；出厂合格证或产品说明书等质量文件的要求，以及是否需要权威性的质量认证等。

（5）某些材料，诸如瓷砖等装饰材料，订货时最好一次订齐和备足货源，以免由于分批而出现色泽不一的质量问题。

（6）供货厂方应向需方（订货方）提供质量文件（产品合格证、技术说明书、质量检验证明等），用以表明其提供的货物能够完全达到需方提出的质量要求。

d 施工机械配置的控制

（1）施工机械设备的选择。除应考虑施工机械的技术性能、工作效率、工作质量、可靠性及维修难易、能源消耗，以及安全、灵活等方面对施工质量的影响与保证外，还应考虑其数量配置对施工质量的影响与保证条件。此外，要注意设备形式应与施工对象的特点及施工质量要求相适应。在选择机械性能参数方面，也要与施工对象特点及质量要求相适应，例如选择起重机械进行吊装施工时，其起重量、起重高度及起重半径均应满足吊装要求。

（2）审查施工机械设备的数量是否足够。

（3）审查所需的施工机械设备，是否按已批准的计划备妥；所准备的机械设备是否与监理工程师审查认可的施工组织设计或施工计划中所列者相一致；所准备的施工机械设备是否都处于完好的可用状态等。

e 分包单位资格的审核确认

总承包单位选定分包单位后，应向监理工程师提交《分包单位资质报审表》，内容一般为：分包单位的基本情况，包括：该分包单位的企业简介、资质材料、技术实力、企业过去的工程经验与业绩、企业的财务资本状况等，施工人员的技术素质和条件；拟分包工程的情况，说明拟分包工程名称（部位）、工程数量、拟分包合同额，分包工程占全部工程额的比例；分包协议草案，包括总承包单位与分包单位之间责、权、利、分包项目的施工工艺、分包单位设备和到场时间、材料供应，总包单位的管理责任等。监理工程师需要对总承包单位提交的《分包单位资质报审表》进行审查。总承包单位收到监理工程师的批准通知后，应尽快与分包单位签订分包协议，并将协议副本报送监理工程师备案。

f   设计交底与施工图纸的现场核对

监理工程师应认真参加由建设单位主持的设计交底工作，以透彻地了解设计原则及质量要求；同时，要督促承包单位认真做好审核及图纸核对工作，对于审图过程中发现的问题，及时以书面形式报告给建设单位。

（1）监理工程师参加设计交底时应着重了解：有关地形、地貌、水文气象、工程地质及水文地质等自然条件；主管部门及其他部门对本工程的要求、设计单位采用的主要设计规范、市场供应的建筑材料情况等；设计意图方面：诸如设计思想、设计方案比选的情况、基础开挖及基础处理方案、机构设计意图、设备安装和调试要求、施工进度与工期安排等；施工应注意事项方面：如基础处理等要求、对建筑材料方面的要求、主体工程设计中采用新结构或新工艺对施工提出的要求、为实现进度安排而应采用的施工组织和技术保证措施等。

（2）对于施工图纸应现场核对以下内容：

1）施工图纸合法性的认定：施工图纸是否经设计单位正式签署，是否按规定经有关部门审核批准，是否得到建设单位的同意。

2）图纸与说明书是否齐全，如分期出图，图纸供应是否满足需要。

3）地下构筑物、障碍物、管线是否探明并标注清楚。

4）图纸中有无遗漏、差错或相互矛盾之处，图纸的表示方法是否清楚和符合标准等。

5）地址及水文地质等基础资料是否充分、可靠，地形、地貌与现场实际情况是否相符。

6）所需材料的来源有无保证，能否替代；新材料、新技术的采用有无问题。

7）所提出的施工工艺、方法是否合理，是否切合实际，是否存在不便于施工之处，能否保证质量要求。

8）施工图或说明书中所涉及的各种标准、图册、规范、规程等，承包单位是否具备。对于存在的问题，要求承包单位以书面形式提出，在设计单位以书面形式进行解释或确认后，才能进行施工。

g   严把开工关

在总监理工程师向承包单位发出开工通知书时，建设单位即应及时按计划保证质量地提供承包单位所需的场地和施工通道以及水电供应等条件，以保证及时开工，防止承担补偿工期和费用损失的责任。为此，监理工程师应事先检查工程施工所需的场地征用，以及道路和水、电是否开通；否则，应敦促建设单位努力实现。

总监理工程师对于拟开工工程有关的现场各项施工准备工作进行检查并认为合格后，方可发布书面的开工指令。对于已停工程，则需要有总监理工程师的复工指令方能复工。对于合同中所列工程及工程变更的项目，开工前承包单位必须提交《工程开工报审表》，经监理工程师审查前述各方面条件具备并由总监理工程师予以批准后，承包单位才能开始正式进行施工。

h 监理组织内部的监控准备工作

建立并完善项目监理机构的质量监控体系，做好监控准备工作，使之能适应工程项目质量监控的需要，这是监理工程师做好质量控制的基础工作之一。例如，针对分部、分项工程的施工特点拟定监理实施细则，配备相应人员，明确分工及职责，配备所需的检测仪器设备并使之处于良好的可用状态，熟悉有关的检测方法和规程等。

8.2.2.2 矿山工程施工质量事中控制

A 承包单位的自检系统

承包单位是施工质量的直接实施者和责任者。监理工程师的质量监督与控制就是使承包单位建立起完善的质量自检体系并运转有效。

承包单位的自检体系表现在以下几点：

（1）作业活动的作业者在作业结束后必须自检；

（2）不同工序交接、转换必须由相关人员交接检查；

（3）承包单位专职质检员的专检。

为实现上述三点，承包单位必须有整套的制度及工作程序；具有相应的试验设备及检测仪器，配备数量满足需要的专职质检人员及试验检测人员。

B 监理工程师的检查

监理工程师的质量检查与验收，是对承包单位作业活动质量的复核与确认；监理工程师的检查绝不能代替承包单位的自检，而且，监理工程师的检查必须是在承包单位自检并确认合格的基础上进行的。专职质检员没检查或检查不合格不能报监理工程师，不符合上述规定，监理工程师一律拒绝进行检查。

C 技术复核工作监控

技术复核是承包单位应履行的技术工作责任，复核结果应报送监理工程师复验确认后，才能进行后续相关的施工。

涉及施工作业技术活动的基准和依据的技术工作，例如：工程的定位、轴线、标高，预留孔洞的位置和尺寸，预埋件，管线的坡度、混凝土配合比，变电、配电位置，高低压进出口方向、送电方向等。监理工程师应把技术复验工作列入监理规划及质量控制计划中，并看作是一项经常性工作任务，贯穿于整个的施工过程中。

D 见证取样送检工作的监控

见证是指由监理工程师现场监督承包单位某工序全过程完成情况的活动。见证取样是指对工程项目使用的材料、半成品、构配件的现场取样、工序活动效果的检查实施见证。

住建部规定见证取样的项目：

（1）工程材料、承重结构的混凝土试块；

（2）承重墙体的砂浆试块；

（3）结构工程的受力钢筋（包括接头）。

a 见证取样的工作程序

（1）施工开始前，项目监理机构要督促承包单位尽快落实见证取样的送检试验室。见证试验室一般是和承包单位没有行政隶属关系的第三方；试验室要具有相应的资质；经国家或地方计量、试验主管部门认证；试验项目满足工程需要；试验室出具的报告对外具有法定效果。

（2）项目监理机构要将选定的试验室到负责本项目的质量监督机构备案并得到认可。要将项目监理机构中负责见证取样的监理工程师在该质量监督机构备案。

（3）承包单位实施见证取样前，通知见证取样的监理工程师，在该监理工程师现场监督下，承包单位完成取样过程。

（4）完成取样后，承包单位将送检样品装入木箱，由监理工程师加封，不能装入箱中的试件，如钢筋样品、钢筋接头，则贴上专用加封标志，然后送往试验室。

b　实施见证取样的要求

（1）见证试验室要具有相应的资质并进行备案、认可。

（2）负责见证取样的监理工程师要具有材料、试验等方面的专业知识，且要取得从事监理工作的上岗资格（一般由专业监理工程师负责从事此项工作）。

（3）承包单位从事取样的人员一般应是试验室人员，或由专职质检人员担任。

（4）送往见证试验室的样品，要填写"送验单"，送验单要盖有"见证取样"专用章，并有见证取样监理工程师的签字。

（5）试验室出具的报告一式两份，分别由承包单位和项目监理机构保存，并作为材料、工序产品的质量评定的重要依据。

（6）见证取样的频率，国家或地方主管部门有规定的，执行相关规定；施工承包合同中如有明确规定的，执行施工承包合同的规定。见证取样的频率和数量，包括在承包单位自检范围内，一般所占比例为30%。

（7）见证取样的试验费用由承包单位支付。

（8）实行见证取样，绝不代替承包单位应对材料、构配件进场时必须进行的自检。自检频率和数量要按相关规范要求执行。

E　工程变更的监控

工程变更的要求可能来自建设单位、设计单位或施工承包单位。为确保工程质量，不同情况下，工程变更的实施、设计图纸的澄清、修改，具有不同的工作程序。

a　施工承包单位的要求及处理

在施工过程中承包单位提出的工程变更要求可能是：要求作某些技术修改或者要求作设计变更。

（1）对技术修改要求的处理。技术修改是指在不改变原设计图纸和技术文件的原则前提下，提出的对设计图纸和技术文件的某些技术上的修改要求，例如，对某种规格的钢筋采用替代规格的钢筋、对基坑开挖边坡的修改等。

承包单位向项目监理机构提交《工程变更单》，在该表中应说明要求修改的内容及原因或理由，并附图和有关文件。

由专业监理工程师组织承包单位和现场设计代表参加，经各方同意后签字并形成纪要，作为工程变更单附件，经总监批准后实施。

（2）工程变更的要求。工程变更是指施工期间，对于设计单位在设计图纸和设计文件中所表达的设计标准状态的改变和修改。

首先，承包单位应就要求变更的问题填写《工程变更单》，送交项目监理机构。总监理工程师根据承包单位的申请，经与设计、建设、承包单位研究并做出变更的决定后，签发《工程变更单》，并应附有设计单位提出的变更设计图纸。承包单位签收后按变更后的图纸施工。

总监理工程师在签发《工程变更单》之前，应就工程变更引起的工期改变及费用的增减分别与建设单位和承包单位进行协商，力求达成双方均能同意的结果。

这种变更，一般均会涉及设计单位重新出图的问题。如果变更涉及结构主体及安全，该工程变更还要按有关规定报送施工图原审查单位进行审批，否则变更不能实施。

b 设计单位提出变更的处理

（1）设计单位首先将"设计变更通知"及有关附件报送建设单位。

（2）建设单位会同监理、施工承包单位对设计单位提交的"设计变更通知"进行研究，必要时设计单位还需提供进一步的资料，以便对变更做出决定。

（3）总监理工程师签发《工程变更单》，并将设计单位发出的"设计变更通知"作为该《工程变更单》的附件，施工承包单位按新的变更图实施。

c 建设单位（监理工程师）要求变更的处理

（1）建设单位（监理工程师）将变更的要求通知设计单位，如果在要求中包括有相应的方案或建议，则应一并报送设计单位；否则，变更要求由设计单位研究解决。在提供审查的变更要求中，应列出所有受该变更影响的图纸、文件清单。

（2）设计单位对《工程变更单》进行研究。如果在"变更要求"中附有建议或解决方案时，设计单位应对建议或解决方案的所有技术方面进行审查，并确定它们是否符合设计要求和实际情况，然后书面通知建设单位，说明设计单位对该解决方案的意见，并将与该修改变更有关的图纸、文件清单返回给建设单位，说明自己的意见。

如果该《工程变更单》未附有建议或解决方案，则设计单位应对该要求进行详细的研究，并准备出自己对该变更的建议方案，提交建设单位。

（3）根据建设单位的授权，监理工程师研究设计单位所提交的建议设计变更方案或其对变更要求所附方案的意见，必要时会同有关的承包单位和设计单位一起进行研究，也可要求设计单位进一步提供资料，以便对变更做出决定。

（4）建设单位做出变更的决定后由总监理工程师签发《工程变更单》，指示承包单位按变更的决定组织施工。

需要注意的是：在工程施工过程中，无论是建设单位或者施工及设计单位提出的工程变更或图纸修改，都应通过监理工程师审查并经有关方面研究，确认其必要性后，由总监理工程师发布变更指令方能生效予以实施。

d 项目监理机构处理工程变更的程序

（1）设计单位对原设计存在的缺陷提出的工程变更，应编制设计变更文件。

（2）建设单位或承包单位提出的工程变更，应提交总监理工程师，由总监理工程师组织专业监理工程师审查。审查同意后，应由建设单位转交原设计单位编制设计变更文件。当工程变更涉及安全、环保等内容时，应按规定经有关部门审定。

（3）项目监理机构应了解实际情况和收集与工程变更有关的资料。

（4）总监理工程师必须根据实际情况、设计变更文件和其他有关资料，按照施工合同的有关条款，在指定专业监理工程师完成下列工作后，对工程变更的费用和工期做出评估：

1）确定工程变更项目与原工程项目之间的类似程度和难易程度；

2）确定工程变更项目的工程量；

3）确定工程变更的单价或总价。

（5）总监理工程师应就工程变更费用及工期的评估情况与承包单位和建设单位进行协调。

（6）总监理工程师签发工程变更单。

（7）项目监理机构应根据工程变更单监督承包单位实施。

（8）项目监理机构处理工程变更应符合下列要求：

1）项目监理机构在工程变更的质量、费用和工期方面取得建设单位授权后，总监理工程师应按施工合同规定与承包单位进行协商，经协商达成一致后，总监理工程师应将协商结果向建设单位通报，并由建设单位与承包单位在变更文件上签字；

2）在项目监理机构未能就工程变更的质量、费用和工期方面取得建设单位授权时，总监理工程师应协助建设单位和承包单位进行协商，并达成一致；

3）在建设单位和承包单位未能就工程变更的费用等方面达成协议时，项目监理机构应提出一个暂定的价格，作为临时支付工程进度款的依据。该项工程款最终结算时，应以建设单位和承包单位达成的协议为依据。

（9）在总监理工程师签发工程变更单之前，承包单位不得实施工程变更。

（10）未经总监理工程师审查同意而实施的工程变更，项目监理机构不得予以计量。

F　见证点的实施控制

a　见证点

见证点是国际上对于重要程度不同及监督控制要求不同的质量控制点的一种区分方式。实际上它是质量控制点，只是由于它的重要性或其质量后果影响程度不同于一般质量控制点，所以在实施监督控制的运作程序和监督要求与一般质量控制点有区别。凡是列为见证点的质量控制对象，在规定的关键工序施工前：承包单位应提前通知监理人员在约定的时间内到现场进行见证和对其施工实施监督。如果监理人员未能在约定的时间内到现场见证和监督，则承包单位有权进行该见证点的相应的工序操作和施工。

b　见证点的监理实施程序

（1）承包单位应在某见证点施工之前一定时间，书面通知监理工程师，说明该见证点准备施工的日期与时间，请监理人员届时到达现场进行见证和监督。

（2）监理工程师收到通知后，应注明收到该通知的日期并签字。

（3）监理工程师应按规定的时间到现场见证。

（4）如果监理人员在规定的时间不能到场见证，承包单位可以认为已获监理工程师默认，可有权进行该项施工。

（5）如果在此之前监理人员已到过现场检查，并将有关意见写在"施工记录"上，则承包单位应在该意见旁写明他根据该意见已采取的改进措施，或者写明他的某些具体意见。

G　级配管理质量监控

建设工程中，由于不同原材料的级配，配合及拌制后的产品对最终工程质量有重要的影响。因此监理工程师要做好相关的质量控制工作。

（1）拌和原材料的质量控制。

（2）材料配合比的审查。根据设计要求，承包单位首先进行理论配合比设计，进行试配试验后，确认 2~3 个能满足要求的理论配合比提交监理工程师审查。监理工程师经审查后确认其符合设计及相关规范的要求后，予以批准。

（3）现场作业的质量控制：

1）拌和设备状态及相关拌和料计量装置，称重衡器的检查。

2）投入使用的原材料（如水泥、砂、外加剂、水、粉煤灰、粗骨料）的现场检查。

3）现场作业实际配合比是否符合理论配合比。作业条件发生变化是否及时进行了调整。例如混凝土工程中，雨后开盘生产混凝土，砂的含水率发生了变化，对水灰比是否及时进行调整等。

4）对现场所做的调整应按技术复核的要求和程序执行。

5）在现场实际投料拌制时，应做好看板管理。

H 计量工作质量监控

计量是施工作业过程的基础工作之一，计量作业效果对施工质量有重大影响。监理工程师对计量工作的质量监控包括以下内容：

（1）施工过程中使用的计量仪器、检测设备、称重衡器的质量控制。

（2）从事计量作业人员技术水平资质的审核。尤其是现场从事施工测量的测量工，从事试验、检验的试验工。

（3）现场计量操作的质量控制。作业者的实际作业质量直接影响到作业效果，计量作业现场的质量控制主要是检查其操作方法是否得当。

I 质量记录资料的监控

质量资料是施工承包单位进行工程施工或安装期间，实施质量控制活动的记录，还包括监理工程师对这些质量控制活动的意见及施工承包单位对这些意见的答复，它详细地记录了工程施工阶段质量控制活动的全过程。因此，它不仅在工程施工期间对工程质量的控制有重要作用，而且在工程竣工和投入运行后，对于查询和了解工程建设的质量情况以及工程维修和管理也能提供大量有用的资料和信息。

质量记录资料包括以下三方面内容：

（1）施工现场质量管理检查记录资料。

（2）工程材料质量记录。

（3）施工过程作业活动质量记录资料。施工或安装过程可按分项、分部、单位工程建立相应的质量记录资料。施工质量记录资料应真实、齐全、完整，相关各方人员的签字齐备、字迹清楚、结论明确，与施工过程的进展同步。在对作业活动效果的验收中，如缺少资料和资料不全，监理工程师应拒绝验收。

J 工地例会的管理

工地例会是施工过程中参加建设项目各方沟通情况，解决分歧，形成共识，做出决定的主要渠道，也是监理工程师进行现场质量控制的重要场所。通过工地例会，监理工程师检查分析施工过程的质量状况，指出存在的问题，承包单位提出整改的措施，并做出相应的保证。除了工地例会外，针对某些专门的质量问题，监理工程师还应组织专题会议，集中解决重大或普遍存在的问题。

为开好工地例会及质量专题会议，监理工程师要充分了解情况，判断要准确，决策要正确。此外，要讲究方法，协调处理各种矛盾，不断提高会议质量，使工地例会真正起到解决问题的作用。

K　停、复工令的实施

（1）工程暂停指令的下达。根据委托监理合同中建设单位对监理工程师的授权，出现下列情况需要停工处理时，应下达停工指令：

1）施工作业活动存在重大隐患，可能造成质量事故或已经造成质量事故。

2）承包单位未经许可擅自施工或拒绝项目监理机构管理。

3）在出现下列情况下，总监理工程师有权行使质量控制权，下达停工令，及时进行质量控制：

①施工中出现质量异常情况，经提出后，承包单位未采取有效措施，或措施不力未能扭转异常情况者。

②隐蔽作业未经依法查验确认合格，而擅自封闭者。

③已发生质量问题迟迟未按监理工程师要求进行处理，或者是已发生质量缺陷或问题，如不停工则质量缺陷或问题将继续发展的情况下。

④未经监理工程师审查同意，而擅自变更设计或修改图纸进行施工者。

⑤未经技术资质审查的人员或不合格人员进入现场施工。

⑥使用的原材料、构配件不合格或未经检查确认者；或擅自采用未经审查认可的代用材料者。

⑦擅自使用未经项目监理机构审查认可的分包单位进场施工。

总监理工程师在签发工程暂停令时，应根据停工原因的影响范围和影响程度，确定工程项目停工范围。

（2）恢复施工指令的下达。承包单位经过整改具备恢复施工条件时，承包单位向项目监理机构报送复工申请及有关材料，证明造成停工的原因已消失。经监理工程师现场复查，认为已符合继续施工的条件，造成停工的原因确已消失，总监理工程师应及时签署工程复工报审表，指令承包单位继续施工。

（3）总监下达停工令及复工指令，宜事先向建设单位报告。

L　矿山工程施工检查与验收

a　工序交接检查验收

工序是指作业活动中一种必要的技术停顿，作业方式的转换及作业活动效果的中间确认。上道工序应满足下道工序的施工条件和要求。对相关专业工序之间也是如此。通过工序间的交接验收，使各工序间和相关专业工程之间形成一个有机整体。

严格坚持上道工序不经检查验收不准进行下道工序的原则。承包单位在工序工程完成后，必须进行自检合格后，填写施工记录、自检"质量验收表"、"工序工程质量报验单"，报送监理工程师复检。现场监理工程师接到工序交接检查通知后，立即进行实际检验，结合旁站、巡视监督记录，对照承包单位自检资料进行审核，经检查和审核工程质量合格、资料内容准确、符合实际，在报验单上签署检查、审核认定意见。

b 隐蔽工程验收程序

（1）隐蔽工程施工完毕，承包单位按有关技术规程、规范、施工图纸先进行自检，自检合格后，填写《报验申请表》，附上相应的工程检查证（或隐蔽工程检查记录）及有关材料证明、试验报告、复试报告等，报送项目监理机构。

（2）监理工程师收到报验申请后首先对质量证明资料进行审查，并在合同规定的时间内到现场检查（检测或核查），承包单位的专职质检员及相关施工人员应随同一起到现场。

（3）经现场检查，如符合质量要求，监理工程师在《报验申请表》及工程检查证（或隐蔽工程检查记录）上签字确认，准予承包单位隐蔽、覆盖，进入下一道工序施工。

如经现场检查发现不合格，监理工程师签发"不合格项目通知"，指令承包单位整改，整改后自检合格再报监理工程师复查。

c 检验批、分项、分部工程的验收

检验批的质量应按主控项目和一般项目验收。

一检验批（分项、分部工程）完成后，承包单位应首先自行检查验收，确认符合设计文件、相关验收规范的规定，然后向监理工程师提交申请，由监理工程师予以检查、确认。监理工程师按合同文件的要求，根据施工图纸及有关文件、规范、标准等，从外观、几何尺寸、质量控制资料以及内在质量等方面进行检查、审核。如确认其质量符合要求，则予以确认验收。如有质量问题，则指令承包单位进行处理，待质量合乎要求后再予以检查验收。对涉及结构安全和使用功能的重要分部工程应进行抽样检测。

M 工程质量事故处理的程序

监理工程师应熟悉各级政府建设行政主管部门处理工程质量事故的基本程序，特别是应把握在质量事故处理过程中如何履行自己的职责。

（1）工程质量事故发生后，总监理工程师应签发"工程暂停令"，并要求停止进行质量缺陷部位和与其有关联部位及下道工序施工，应要求施工单位采取必要的措施，防止事故扩大并保护好现场。同时，要求质量事故发生单位迅速按类别和等级向相应的主管部门上报，并于24小时内写出书面报告。

（2）监理工程师在事故调查组展开工作后，应积极协助，客观地提供相应证据，若监理方无责任，监理工程师可应邀参加调查组，参与事故调查；若监理方有责任，则应予以回避，但应配合调查组工作。

（3）当监理工程师接到质量事故调查组提出的技术处理意见后，可组织相关单位研究，并责成相关单位完成技术处理方案，并予以审核签认。质量事故技术处理方案，一般应委托原设计单位提出，由其他单位提供的技术处理方案，应经原设计单位同意签认。技术处理方案的制订，应征求建设单位意见。

（4）技术处理方案核签后，监理工程师应要求施工单位制订详细的施工方案设计，必要时应编制监理实施细则，对工程质量事故技术处理施工质量进行监理，技术处理过程中的关键部位和关键工序应进行旁站，并会同设计、建设等有关单位共同检查认可。

（5）对施工单位完工自检后报验结果，组织有关各方进行检查验收，必要时应进行处理结果鉴定。要求事故单位整理编写质量事故处理报告，并审核签认，组织将有关技术资料归档。

（6）签发"工程复工令"，恢复正常施工。

N　质量监督权的行使

施工过程中，凡出现下列情况之一时，监理工程师有权下达停工指令，进行整改：

（1）未经检验即进行下道工序作业。

（2）施工质量下降，经指出未采取有效整改措施，或采取一定措施效果不好，继续施工。

（3）擅自采用未经检查认可或批准的工程材料。

（4）擅自变更设计图纸的要求。

（5）擅自把工程转包。

（6）擅自让未经同意的分包单位进场作业。

（7）没有可靠的质量保证措施贸然施工，已出现质量下降征兆。

8.2.2.3　矿山工程施工质量事后控制

A　单位工程验收

单位工程完工后，施工单位在自检初检合格后，向监理提交验收申报表，附有关资料，由总监理工程师组织，进行综合验收，其监理工作流程见图8-2。

B　审核承包单位提交的工程竣工资料

（1）督促协助承包单位整理、完善竣工图纸和施工技术资料。

（2）审核竣工图纸和竣工资料必须反映工程实际，对设计变更部分，除有变更文件和图纸外，对每张图纸内局部变更内容，要用红、蓝色笔修改过来，或重新绘制竣工图纸。

（3）组卷一般按工程施工顺序和时间顺序组成分册，编好卷目，按规定写好题名、编号和备考表。

（4）向档案馆提交的资料，必须是原件，严禁复印件出现。

8.2.2.4　质量控制手段

A　组织手段

（1）建立健全监理组织机构，根据监理工作内容，配置相应监理人员。

（2）完善监理人员职责分工，分专业落实到人头，严格执行质量监督制度。

（3）落实质量控制内容、方法和责任。

B　技术手段

（1）严格事前事中和事后质量控制方法、程序（见质量目标控制程序）。

（2）严格落实和执行质量控制制度（见质量控制监理工作制度）。

C　经济手段

（1）按合同有关质量条款规定，执行罚款和拒付工程款规定。

（2）严格执行质量检查和验收制度，不合格工程返工、调整预付工程款。

（3）依据合同规定，严格控制索赔事项。

8.2.3　矿山工程施工进度、投资、安全控制

8.2.3.1　工程进度目标的控制措施

进度控制就是时间控制，就是按照目标实现，一般来说，不要托后，但是有的时候提

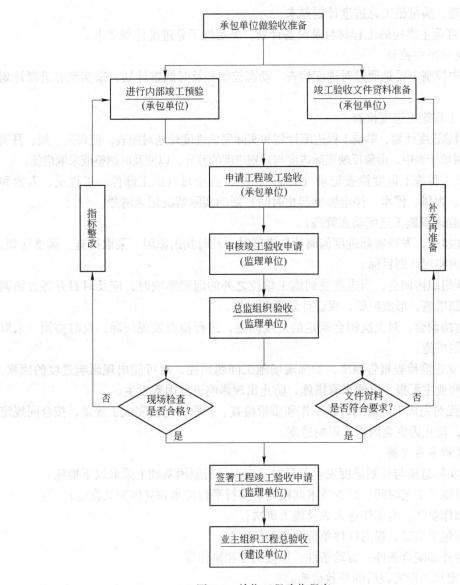

图 8-2 单位工程验收程序

前也可能不好。因此，进度控制的目标是恰好实现工程的进度目标。

A 进度的事前控制

（1）依据承包合同和承包单位提交的施工进度计划，编制总进度计划，要满足合同工期目标要求，依此审核施工单位提交的工程材料及设备、施工人员、施工设备、资金来源等计划，必须满足总进度计划。

（2）审核施工单位提交的施工进度计划。各分项计划、施工方案、总进度计划之间必须协调、合理、符合工程实际。

（3）审核施工单位提交的施工方案。方案的施工人员、设备组织，工程材料供应，技术、质量、安全措施等，必须符合实际，在计划规定时间内实现工程内容施工要求。

（4）审核施工单位提交的施工总平面图。施工总平面图与施工方案、施工进度计划必须协调、合理，满足施工总进度计划要求。

（5）制订业主供应的工程材料及设备计划，满足施工总进度计划要求。

B　进度的事中控制

进度事中控制主要是通过对进度检查、动态控制和及时调整计划，来实现总进度计划目标要求。

（1）对工程施工进度检查：

1）绘制总进度计划、单项工程进度计划和实际完成进度计划对照表，把每天、周、月实际完成量及时填于表中，形象反映实际进度与计划进度的差异，以便及时调整或采取措施。

2）建立工程施工进度检查记录（日志），把检查中每日施工部位、工程量、人为和自然（暴雨、大风、停水、停电影响起止时间）影响实际情况记录清楚。

（2）加强现场施工进度动态管理：

1）通过检查，发现实际进度偏离计划进度时，及时找出原因、采取措施、调整计划，在规定时间内实现计划目标。

2）召开组织协调会，当进度受到施工单位之外的因素影响时，应及时召开各方协调会，采取强制措施，形成纪要，保证计划顺利实施。

3）通过协调会，对上次例会确定的进度问题，进行检查发现问题，及时协调、采取保证实现计划措施。

（3）建立进度检查报告制度，加强现场施工问题预控，对可能出现影响进度的因素，及时向总监和业主汇报，以便采取措施，防止出现影响进度因素发生。

（4）加强对完成工程量的计量工作和质量检查、验收，对已完成工程量，按合同规定拨付工程款，防止因资金因素，影响进度。

C　进度的事后控制

（1）当实际进度与计划进度发生差异时，应在分析原因基础上采取以下措施：

1）缩短施工工艺时间、减少技术间歇期、实行平行流水和立体交叉作业；

2）增加作业队、组和作业人数及施工班次；

3）实行包干奖励、提高计件单价和资金额度等；

4）改善外部配合条件、劳动条件、加强调度和协作等。

（2）制定总工期突破后的补救措施。

（3）调整相应的施工计划、材料设备和资金供应计划，在新的条件下，组织新的协调和平衡。

D　进度控制措施

（1）组织措施：落实进度控制责任，建立进度控制协调制度。

（2）技术措施：建立施工作业计划体系；增加同时进行作业施工面；采用高效能施工设备；采用施工新工艺、新技术、缩短工艺过程和工序间歇时间。

（3）经济措施：建立奖惩制度，拖延工期、影响工期进行罚款，提前工期奖励。

（4）合同措施：按合同规定及时协调有关各方进度，保证项目形象进度要求。

8.2.3.2　建设工程投资目标的控制措施

建设工程投资控制就是在投资决策阶段、设计阶段、发包阶段、施工阶段以及竣工阶段，把建设工程投资控制在批准的投资限额以内。随时纠正发生的偏差，以保证项目投资管理目标的实现。以求在建设工程中能合理使用人力、物力、财力，取得较好的投资效益和社会效益。

A　投资的事前控制

为做好投资的事前控制工作，监理工程师应在工程开工前做好以下内容：

（1）熟悉设计要求、图纸、标底、合同价构成因素，掌握工程费用易突破的部分和环节，确定投资控制重点内容。

（2）预测工程风险及发生索赔的诱因，制定防范对策，避免或减少向业主索赔事件的发生。

（3）督促建设单位按合同条款，保证业主供应的工程材料、设备按期、保质、保量到场，防止违约造成索赔条件产生。

（4）督促建设单位按合同约定条件，按期提交施工现场，保证按期开工、正常施工、连续施工，防止发生违约索赔条件。

（5）督促建设单位按合同约定，及时提供设计图纸等技术资料，防止违约发生索赔条件。

B　投资的事中控制

为做好投资的事中控制，监理工程师在施工过程中应及时做好以下内容：

（1）按合同规定及时答复施工单位提出的问题及配合要求，不要造成违约和对方索赔条件。

（2）施工过程中做好设计、材料、设备、土建、安装及其他外部协调、配合等问题，不造成违约索赔条件。

（3）严格控制设计修改和工程变更，如发生应事前进行经济技术比较后确定。

（4）严格工程经济费用签证制度，凡涉及经济费用支出的停窝工、用工、租用机械设备、材料代用及调价等签证，必须由总监最后核签方可有效。

（5）对已完工程量验方，必须经监理工程师验收签证方可认可，未经监理工程师签认的工程量不能支付工程款。

（6）督促建设单位按工程款支付程序，及时支付，防止产生索赔条件和窝工停工发生。

（7）监理工程师应定期、不定期地进行工程投资分析，进行动态管理、控制，及时与总监、业主沟通投资支付情况，如发现突破，及时采取控制方案和制定措施。

C　投资的事后控制

投资的事后控制主要发生在竣工验收阶段，监理工程师应做好以下内容：

（1）审核承包单位提交的工程款结算书。

（2）公正处理施工单位提出的索赔要求，其处理流程见图8-3。

D　投资控制措施

为做好投资控制工作，监理工程师应做好以下内容：

（1）依据工程图纸、概预算、合同的工程量、进度计划建立工程台账。

（2）熟悉施工条款内容，把握合同价计算、调整及付款方式。

（3）审核承包单位根据进度计划编制的工程项目各阶段、月度资金使用计划，提出合

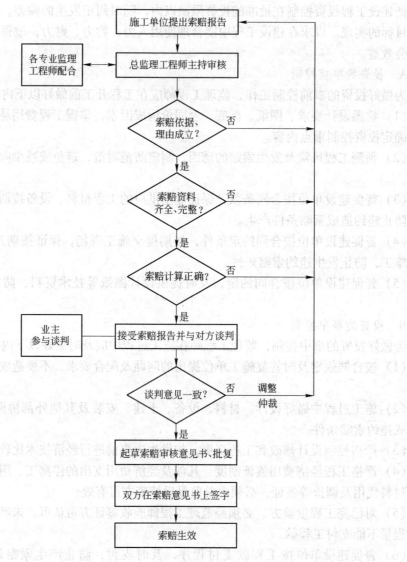

图 8-3　索赔处理程序

理的资金使用计划和措施。

（4）通过图纸自审，熟悉设计图纸，审核施工组织设计及施工方案，进行风险分析，找出工程投资最易突破的部分、最易发生索赔的原因及部位，制定造价预控对策。

（5）严格规范进行工程计量和进度款支付的程序和时限要求，定期向业主提供造价控制报表。

（6）详细记录施工过程中质量、进度变更引起的有关造价控制的问题，预先与业主沟通。

（7）在保证质量及进度的前提下，对承包单位填报的工程量清单和工程款支付申请表，按施工合同的约定，经专业监理工程师进行现场计量、造价工程师进行审核，报总监理工程师审核后，总监理工程师签署工程款支付证书报业主支付。

（8）通过《监理工作联系单》与业主、承包单位沟通信息，提出工程投资控制的合理化建议，避免造成对业主的索赔。

（9）及时审核完成竣工结算。

（10）工程竣工验收合格后，要求承包单位在规定的时间内向项目监理部提交工程结算资料。

（11）项目监理部应及时按施工合同的有关规定进行竣工结算审核，公正地处理费用索赔，并对竣工结算的最终造价与承包单位、业主进行沟通。取得一致后，报业主审定。

（12）督促业主及时按合同约定与承包单位办理竣工结算有关事项。

（13）项目监理机构应根据施工合同有关条款、施工图，对工程项目造价进行风险分析，并应制定防范性对策。

（14）总监理工程师应从造价、项目的功能要求、质量和工期等方面审查工程变更的方案，并在工程变更实施前与建设单位、施工单位协商确定工程变更的价款。

（15）项目监理机构应按施工合同约定和工程量计算规划及支付条款进行工程量计量和工程款支付。未经监理人员验收合格的工程量，或不符合施工合同规定的工程量，监理人员应拒绝计量和该部分的工程款支付申请。

（16）专业监理工程师应及时收集、整理有关的施工和监理资料，为处理费用索赔提供证据。

8.2.3.3 矿山工程安全目标控制措施

为了保证施工安全，确保安全目标的实现，使项目在管理方针中的承诺得到充分体现，针对项目职业健康安全状况等，监理工程师应在工程全阶段实施安全控制。

A 安全监理控制目标

认真贯彻《中华人民共和国安全生产法》和《建设工程安全生产管理条例》等相关法律法规和规范标准，严格控制，保障现场施工人员、监理人员和涉及的第三者的生命财产安全。

B 安全监理控制体系

（1）总监理工程师为监理部的安全生产责任第一人。

（2）监理部必须设立兼职安全员。

（3）各级监理人员应根据总监理工程师授权，对责任范围内的安全生产工作负责。

C 安全监理控制的主要工作内容

（1）施工准备阶段的安全监理：

1）审查施工单位编制的施工组织设计中安全技术措施和危险性较大的分部工程安全专项施工方案，是否符合工程建设强制性标准要求。

2）检查施工单位在工程项目上的安全生产规章制度和安全监管机构是否建立、健全，以及专职安全生产管理人员的配备情况。督促施工单位检查各分包单位的安全生产规章制度的建立情况。

3）检查施工单位资质和安全生产许可证是否合法有效。

4）审查项目经理和专职安全生产人员是否具备合法资格，是否与投标文件相一致。

5）审核特种作业人员的特种作业操作资格证书是否合法有效。

6）审核施工单位应急救援预案和安全防护措施费用使用计划。

（2）施工阶段的安全监理：

1）检查施工单位的安全技术交底制度执行情况和有关记录。

2）检查施工单位安全教育制度的执行情况和有关记录。

3）监督施工单位按照施工组织设计中的安全技术措施和专项施工方案组织施工，及时制止违规施工作业。

4）定期巡视检查施工过程中的危险性较大工程作业情况。

5）检查施工现场各种安全标志和安全防护措施是否符合强制性标准要求，并检查安全生产费用的使用情况。

6）督促施工单位进行安全自检工作，并对施工单位自检情况进行抽查，参加项目法人组织的安全生产专项检查。

（3）发生安全事故监理应做的工作：

1）立即向项目法人报告并下达工程暂停令。

2）指令施工单位按照应急救援预案抢救人员和设备，采取措施防止事故扩大。保护施工现场，需要移动现场物品时，应当做出标记和书面记录，妥善保管有关证物。

3）积极配合项目法人和有关部门进行事故调查，如实提供有关事故的详细情况。

D 安全档案资料

安全档案是重要的技术档案，监理机构应督促施工单位健全安全档案。及时收集、保存、积累和整理各类安全管理资料入档。

8.3 矿山工程施工信息管理与监理协调

8.3.1 信息管理

建设工程信息管理贯穿建设工程全过程，衔接建设工程各个阶段、各个参建单位和各个方面，其基本环节有：信息的收集、传递、加工、整理、检索、分发、存储。

下面列举开工前信息具体收集内容：

（1）项目决策阶段的信息收集。项目决策阶段，信息收集从以下几方面进行：

1）项目相关市场方面的信息。

2）项目资源相关方面的信息。

3）自然环境相关方面的信息。

4）新技术、新设备、新工艺、新材料，专业配套能力方面的信息。

5）政治环境，社会治安状况，当地法律、政策、教育的信息。

（2）设计阶段的信息收集。监理单位在设计阶段的信息收集要从以下几方面进行：

1）可行性研究报告，前期相关文件资料，存在的疑点和建设单位的意图，建设单位前期准备和项目审批完成的情况。

2）同类工程相关信息。

3）拟建工程所在地相关信息。

4）勘察、测量、设计单位相关信息。

5）工程所在地政府相关信息。

6）设计中的设计进度计划，设计质量保证体系，设计合同执行情况，偏差产生的原因，纠偏措施，专业间设计交接情况，执行规范、规程、技术标准，特别是强制性规范执行的情况，设计概算和施工图预算结果，了解超限额的原因，了解各设计工序对投资的控制等。

（3）施工招投标阶段的信息收集。施工招投标阶段信息收集从以下几方面进行：

1）工程地质、水文地质勘察报告，施工图设计及施工图预算、设计概算，设计、地质勘察、测绘的审批报告等方面的信息，特别是该建设工程有别于其他同类工程的技术要求、材料、设备、工艺、质量要求有关信息。

2）建设单位建设前期报审文件，立项文件，建设用地、征地、拆迁文件。

3）工程造价的市场变化规律及所在地区的材料、构件、设备、劳动力差异。

4）当地施工单位管理水平，质量保证体系、施工质量、设备、机具能力。

5）本工程适用的规范、规程、标准，特别是强制性规范。

6）所在地关于招投标有关法规、规定，国际招标、国际贷款指定适用的范本，本工程适用的建筑施工合同范本及特殊条款精髓所在。

7）所在地招投标代理机构能力、特点，所在地招投标管理机构及管理程序。

8）该建设工程采用的新技术、新设备、新材料、新工艺，投标单位对"四新"的处理能力和了解程度、经验、措施。

（4）施工准备阶段的信息收集：

1）监理大纲；施工图设计及施工图预算，特别要掌握结构特点，掌握工程难点、要点、特点，掌握工业工程的工艺流程特点、设备特点，了解工程预算体系（按单位工程、分部工程、分项工程分解）；了解施工合同。

2）施工单位项目经理部组成，进场人员资质；进场设备的规格型号、保修记录；施工场地的准备情况；施工单位质量保证体系及施工单位的施工组织设计，特殊工程的技术方案，施工进度网络计划图表；进场材料、构件管理制度；安保措施；数据和信息管理制度；检测和检验、试验程序和设备；承包单位和分包单位的资质等施工单位信息。

3）建设工程场地的地质、水文、测量、气象数据；地上、地下管线，地下洞室，地上原有建筑物及周围建筑物、树木、道路；建筑红线，标高、坐标；水、电、气管道的引入标志；地质勘察报告、地形测量图及标桩等环境信息。

4）施工图的会审和交底记录；开工前的监理交底记录；对施工单位提交的施工组织设计按照项目监理部要求进行修改的情况；施工单位提交的开工报告及实际准备情况。

5）本工程需遵循的相关建筑法律、法规和规范、规程，有关质量检验、控制的技术法规和质量验收标准。

做好工程建设信息管理可以提高项目管理水平、优化信息结构，通过高速度、高质量、动态地处理大量项目施工及相关信息，以及有组织的信息流通，实现项目管理信息化，为做出最优决策，取得良好经济效果和预测未来提供科学依据。

8.3.2 工程监理协调

监理工作实际上是管理工作，是技术管理工作。管理的过程就是协调与妥协的反复过程。监理的任务就是在这种协调与妥协的过程中，运用所掌握的专业知识，使用恰当的沟通协调方法，促使工程各方团结一致，为实现项目目标而勤奋地工作。

8.3.2.1　日常工作中需要协调的问题

A　业主原因导致的问题

（1）订立施工合同时故意模糊条款概念或设置合同陷阱。比如在付款条件、付款额度、材料验收条件、甲供或甲控乙供材料清单、材保费、文明施工措施费、节点工期奖励费用、总包管理费和配套费等条款上，有意不明确界定。施工方在商务洽谈时如果疏忽这些条款，就有可能带来一系列问题。

（2）业主代表的素质低下及管理流程烦琐也会引起矛盾。有些业主代表缺乏正义感，开会时为迎合领导挑话说，故意渲染扩大旁人的不足，己方责任只字不提；在处理情况时兜圈子，不敢承担责任；平时存在私心杂念，有意刁难施工及监理；业主各部门职责不清，办事效率低下，特别是在确认有关技术、材料的变更和现场签证时，程序复杂、时间漫长。

（3）设计仓促造成图纸的"缺、漏、错、碰"问题较多。

B　施工原因导致的问题

（1）承包人为投标单位的挂靠队伍。

（2）项目经理不到位，即使到位但胜任能力差。

（3）质保、安保体系不健全，人员不到位，或者虽到位但不得力。

（4）专业劳务队伍不专业，项目部控制乏力。

（5）消化技术文件的能力欠缺。

（6）总包与分包的对接在工作界面、时间搭接、施工资源（水、电、路、临设）等方面存在问题。

C　监理原因导致的问题

（1）品德低下、缺乏责任心。监理从业人员中不乏品德低下者，有关"吃、洗、要"的投诉并不鲜见。对质量、安全隐患熟视无睹，对应该及时处理的工作事务没有落实和反馈，也反映了监理人员缺乏应有的责任心。

（2）不当的工作方法，经常会引起不该有的误会。

（3）监理的技术服务需要有较专业的知识和较宽的知识面。这是一个监理团队必须具备的基本要求。没有较专业的知识和较宽的知识面，监理的服务难以令顾客满意。

（4）沟通协调需要双方善于表达自己的观念。如果为人处世总是与周围格格不入，那么沟通的效果定会打折扣。过分内向木讷、观念偏激的性格是要不得的。

8.3.2.2　通常的协调方法

通常的协调方法有会议协调、交谈协调、书面协调等。

A　会议协调

监理的协调会议不外乎第一次工地会议、工地例会、专题会议、监理内部会议。

第一次工地会议的一个重要议程，就是明确施工监理的工作程序（质量、进度、计量支付、延期及索赔处理、工程变更、工程质量事故及安全事故的报告、信息传递、确定工地例会的时间、地点、出席人员、会议程序）。这种通过第一次会议约法三章的方式实际上是告知并要求大家共同遵守。

工地会议的主要任务是：对照进度计划抓落实，分析质量、安全问题找原因要求整改，解决目前需要协调的问题。

专题会议是不定期地根据当时的情况，就图纸会审、进度严重滞后或重大调整、必须马上解决的质量安全问题、分部工程验收等事项召开的协调会。

监理内部会议是重要的内部沟通协调方式。一次民主集中的内部会议能让团队成员心情舒畅。民主即针对问题各抒己见，集中即总监提纲挈领明确统一要求。内部会议既是沟通各方信息的会议，也是答疑解惑的会议。无论是专业问题还是工作方法的困惑，一般均能在心胸开阔、业务知识丰富的总监引导下，在内部会议上达成共识。

　　B　交谈协调

面对面或电话交谈能起到意想不到的效果。合适的谈话对象、适宜的气氛（或严肃或轻松）、彼此平等的交流，会使参与协调的人对主题印象深刻，贯彻落实的力度自然也不同。监理工作中大量的交谈协调，有些意见能很快落实，有些却迟迟得不到解决，这与交谈时身份对等、心理平等、谈话技巧等有关。

　　C　书面协调

监理书面协调的方式有会议纪要、联系单、通知单、备忘录。这种严肃的协调方式既是工作的需要，也是监理的自我保护。

8.4　矿山工程施工监理工作制度

8.4.1　施工准备阶段的监理工作制度

8.4.1.1　施工图纸会审及设计交底制度

由总监理工程师组织业主、设计单位、施工单位进行会审和交底。首先由设计单位介绍设计意图、结构特点、施工及工艺要求，技术措施和有关注意事项及关键问题，再由施工单位提出图纸中存在的问题和疑点，以及需要解决的技术难题。然后通过三方研究商讨，拟定出解决的办法，并写出会议纪要，以作为设计图纸的补充和修改。具体内容如下：

（1）项目监理组人员在取得施工图后应及时组织内部预审，熟悉图纸并领会设计意图和设计要求，对图纸中存在的问题经共同核实、研究并统一意见后，进行整理归类，力争将疑点消灭在图纸上，解决在施工前对工程的任何疑义。

（2）开工前，项目监理组应及时组织施工图设计交底及图纸会审，监理组负责人与业主方联系，确定会审参加单位、时间及地点，并通知有关单位。

（3）图纸会审会议由建设单位主持。图纸会审的程序如下：

1）设计单位按照施工图设计制作设计交底（对规模大、施工周期长的工程，可根据实际需要分阶段进行）。

2）有关单位发表意见。

3）单位工程负责人代表施工队对图纸逐条提出问题。

4）与会者讨论、研究并逐条解决问题。

（4）施工图交底及会审应有文字记录，图纸会审纪要在与会各方统一意见后，由组织会审的单位汇总成文，经建设单位、监理单位、设计单位、施工单位等各方会签后，定稿打印。图纸会审纪要的要求如下：

1）应写清工程名称、会审日期和地点，并附参加会审的单位名称和人员姓名。

2）图纸会审纪要经建设单位、监理单位、设计单位和施工单位盖章后，发给持施工图纸的所有单位。

3）施工图纸会审提出的问题如涉及需要补充或修改设计图纸者，应由设计单位负责在一定的期限内交付图纸。

4）对会审会议上所提问题的解决办法，图纸会审纪要中必须有肯定性的意见。

5）《施工图纸会审纪要》应作为施工的依据，不得在会审纪要上涂改或变更其内容。

8.4.1.2　施工组织设计审核制度

A　审核的范围

（1）施工组织总设计，单位工程施工组织设计，关键分部、分项工程施工方案，或采用新工艺，新技术的施工方案等。

（2）由施工单位编制施工组织设计、施工方案、作业指导书，通过自审后（编制人、负责人、技术负责人签名和单位公章），在开工前一周报监理单位审核，工程部审批。

（3）编制内容：编制依据；项目概况；工程规模及主要工程量；施工组织结构和人力资源计划；主要施工方案；施工平面图；施工总进度计划；施工准备工作安排；力能供应规划安排；项目管理目标；文明施工及环境保护；标书、合同、技术协议要求的其他内容等。

B　审核重点

（1）施工组织设计（施工方案）中的技术保证及工艺措施是否科学、完善、可行；采用的规范检验标准是否与设计要求一致，准确；能否满足质量要求。

（2）特殊专业操作人员是否有上岗证，其中载明的项目、范围是否与本工程一致。

（3）现场组织机构能否满足施工要求，施工员、安全员、质检员、预算员、资料员是否有上岗证。

（4）施工机具、检验仪器设备、劳动力安排是否能满足工程要求。

（5）施工总平面布置是否合理，是否需要调整。

（6）施工进度计划中起始节点，工期与总工期是否吻合，如何调整。

（7）施工用水、电、气解决方案是否合理，有无计量装置。

（8）安全防护措施是否合理、可行等。

C　审核过程中必须注意的问题

（1）监理单位审核意见应于施工单位报送后5天内书面返回；如需修改，则工程部必须在监理单位要求的时间内重新报送。

（2）施工组织设计（施工方案）中涉及增加工程内容必须征得工程部同意；已审批的施工组织设计，施工方案报监理单位与工程部存档。

（3）经工程部审批后的施工组织设计、施工方案，承包单位应认真执行，一般不得随意改动。确需改变时，施工单位应申明理由，报监理单位审核，工程部审批同意。施工单位因擅自改动发生的质量、安全、工期、费用等问题自行负责。

（4）总体施工组织设计的签字审核权在总监理工程师，审批权在工程部；单位工程、分部工程施工组织设计或施工方案，作业指导书的签字审核权在监理机构子项监理工程师或专业监理工程师，审批权在项目经理。

8.4.1.3 开工报告审批制度

A 需要开工申请的范围

（1）单位工程的井建、土建项目。

（2）单位工程的安装项目。

（3）分包单位独立承担的分部工程。

B 开工申请表

（1）开工申请表的内容为：

1）单位工程或分部工程的名称，设计单位、承包单位名称，工程概（预）算，主要工程量，安装工程的设备台数等，施工准备工作情况（图纸资料、进场人员、施工机具、交底情况、材料准备、设备到货等），开、竣工日期等，并应有承包单位行政、技术负责人签章。

2）承建单位应在开工前至少一周内（分部工程为3天）向监理单位送达开工申请。

3）监理单位在接到开工申请后应及时报项目部，项目部组织人员落实开工条件，并报工程部审批。

（2）审查的主要内容有：

1）拟开工工程图纸及后续供图能否保证连续施工，是否已经进行了设计交底及图纸会审。

2）承包单位有无施工组织设计（或施工方案），是否已经审批，承包单位内部技术交底情况如何。

3）承包单位现场组织机构能否适应现场管理需要，进场人员数量及工种配备，施工机具型号、台数、状况能否满足工程进度、质量要求，持证上岗人员有无上岗证。

4）工程设备到货是否能够保证连续施工，是否经过开箱检验，材料供应情况及质量状况，保管措施是否健全。

5）气候情况及水文地质情况对施工有无影响，应采取的措施是否齐全。

6）周围协调配合条件是否具备。

7）计划开、竣工日期对总工期有无影响，是否需要调整。

8）现场安全防护措施是否健全等。

C 开工条件的落实

（1）监理部在落实开工条件时应充分征求项目部的意见，并提请项目部做好开工准备工作。

（2）如果开工条件不具备，监理部应要求施工单位尽快完善，项目部应尽早提供由其承担的条件，然后由总监理工程师签发开工令。

（3）单位工程（或分部工程）开工日期以总监理工程师批准的开工日期为准。

8.4.1.4　监理工作交底制度

在业主组织的第一次工地例会上，由总监把"项目监理规划"中的主要内容，如监理人员分工、职责，主要工作程序和方法介绍给业主和承包单位，以便合作。

8.4.2　施工过程中的监理工作制度

8.4.2.1　工程材料、构配件检验及复验制度

为了加强工程质量的事前控制，防止伪劣材料、构配件用于工程上，对进入工地的工程所需材料、构配件实行报验制度。规定如下：

（1）工程需要的主要原材料、构配件及设备进场时，必须具有出厂合格证或质量保证书、材质化验单和允许进入当地建设市场的使用认证书及厂家批号，同时施工单位应按有关规定进行检验复试，自检合格后填写《工程材料／构配件／设备报验单》向项目监理部报告批量和用于工程上的部位。经监理工程师审查确认后方可使用。监理人员如果对其出厂合格证或检验单有异议，有权提出复试、检验要求，施工单位要补做，否则一律不准用在工程上。

（2）工程所用各种构件，由于运输等原因，出现质量问题时，应进行分析研究并采取措施处理，经监理工程师同意后，方可用在工程上。

（3）凡采用新材料、新型制品，应检查技术鉴定文件。

（4）对主要设备，在订货前有必要时应到生产厂家进行实地考察（生产工艺、质量控制、检测手段），施工单位应将相关资料向监理工程师申报，经监理工程师会同设计、业主研究同意后方可确定订货单位。

（5）所有设备及配件，在安装前应按相应技术说明书的要求进行质量检查。必要时，还应由法定检测部门进行检测。

8.4.2.2　设计变更制度

设计变更是指设计部门对原施工图和设计文件表达的设计标准状态做了改变和修正，是工程变更的一部分，它关系到工程的进度、质量、投资效益，所以要加强设计变更的管理，规范各单位的参与行为，确保工期、质量、控制造价。

（1）设计变更应经过公司总工召集相关单位进行可行性论证，提出变更理由、拟定变更方案，报集团公司董事长审批后实施。设计变更应尽量提前。变更发生的越早损失越小，加强变更管理，严格控制变更，尽可能地把变更控制在初级阶段。

（2）严禁通过变更扩大建设规模，增加建设内容，提高建设标准，特别是对工程影响较大的，要先算账后变更。

（3）工程变更因实际需要必须变更时，经设计单位同意，出具变更通知书和图纸说明，经甲方签字后，方可施工。

（4）对工程施工中的工程变更，经建设单位、监理单位认可，工程部部长审查且报技术分管领导同意后再做变更，对不经严格程序执行的变更，建设单位一律不予承认。

（5）变更无论哪方提出，均应同建设、监理、设计、施工等方协商，经确认后，由设

计部门发出图纸说明，办理签发。

（6）变更必须说明变更发生的背景、原因、提出单位、时间、参与人员，坚决杜绝内容不明确，没有详图，而只是增加材料和工程量的变更。

（7）对变更产生的效益和可能引起的索赔及违规罚款应加以比较，慎重变更。

（8）增减合同中约定的工程量，更改有关工程性质、数量、规格，更改部分标高、位置尺寸等，发生变更后（建设单位引起的），由甲乙双方协商后，乙方提出变更价格，报甲方批准后调整价款。

（9）严禁私自变更和责任不明、程序混乱的变更，一旦发现，建设单位不予承认、结算。

8.4.2.3 工序质量（隐蔽工程）检查、验收制度

施工过程控制必须坚持隐蔽工程不经检查验收就不准隐蔽的原则。每一项工程施工完成后，必须监督施工单位自检、复检、交接检的检查落实情况，在确认均符合要求后，才能接受施工单位的验收申请。在每次隐蔽验收时，由建设单位工程部组织相关部门、施工单位、监理单位等相关人员组成项目验收组进行验收。对检查验收中发现的问题，施工单位必须彻底整改，不得推诿、敷衍、蒙混过关。

（1）钢筋工程的隐蔽。施工单位应在该项工程完成后，填写《隐蔽工程验收申请核验单》，由监理工程师与施工单位工程负责人、专业技术人员、质量检查员一同进行隐蔽前检查验收，签字后认可，项目部要对此监查，不合格的部位杜绝隐蔽。

（2）井巷断面的隐蔽。施工单位在准备进行井巷支护前，填写《隐蔽工程验收申请核验单》，由监理工程师与施工单位工程负责人、专业技术人员、质量检查员，建设单位工程项目代表共同检查验收，经检查，毛断面规格符合设计要求并签字确认后方可隐蔽。

（3）各种管件的预埋隐蔽。隐蔽验收组织工作由项目总监、专业监理师及相关参与人员验收后进行会签，签写《工程隐蔽会签单》，签字后认可。特别是混凝土结构的隐验尤其注意，必须在各专业验收会签后，总监才能签证。施工单位申请隐验时要提前48小时申报，同时附《隐蔽工程验收记录表》及《分项工程质量检查评定表》，要求三表齐全，监理工程师要全程监督。

施工单位在工序质量自检的基础上填表报监理工程师检查验收，监理工程师应在18小时内回复。凡需进行分项工程质量检验评定的，接施工单位通知后，监理应汇同业主参加评定。未经监理验收合格的工序，不得予以计量，施工单位不得进行下道工序施工。

8.4.2.4 混凝土浇灌申请制度

为了保证混凝土浇筑过程中的质量，规范作业程序，施工单位在混凝土浇筑前应向监理工程师申请。具体内容如下：

（1）混凝土浇筑前必须进行申报，未经申报严禁施工，申报时除提供正常的钢筋、模板、水电管线等预埋件的工序报验情况外，还应提供排架搭设后的检查结果，检查报告必须经现场安全员签字认可。

（2）做好冬季保温、雨季防雨、夏季防晒的混凝土防护、养护措施，并上报混凝土施工时值班管理人员名单。

（3）每个台班混凝土浇筑时，均应在旁站监理的见证下随机抽取混凝土试压块，作为表述该段混凝土浇筑质量的依据。每个台班至少做两次以上的混凝土坍落度检查、计量磅秤。监理人员还应随机抽查混凝土配合比计量并做好相应的记录。

8.4.2.5　单位工程中间验收制度

为加强中间验收和专业验收工作的管理，确保验收工作质量，监理工程师需要对单位工程（分部、分项）进行中间验收。

A　需要进行中间验收的分部（子分部）工程

有基础工程、底部结构工程、主体结构工程、低压配电安装工程和质监机构根据工程特点及有关规定确认的工程。

B　中间验收和专业验收的准备工作

（1）需要进行中间验收和专业验收的工程完工后 20 个工作日内，施工单位应按照国家有关验收规范及标准全面检查工程质量，整理技术资料，填写相应的《 分部（子分部）工程质量验收申请表》，连同工程技术资料提交监理公司审核。

（2）监理公司在 5 个工作日内审核完毕，同时按照相关规定对工程实物进行检查，经总监理工程师签署意见连同工程技术资料送建设工程质量监督机构或相关专业行政主管部门审查。

（3）质量监督机构或相关专业行政主管部门对工程技术资料进行抽查，提出对工程技术资料的意见，并将意见书面通知监理单位。

（4）监理单位负责组织勘察、设计、施工、建设等单位的有关人员进行中间验收或专业验收，并提前通知质量监督机构或专业行政主管部门派人员到场指导。

C　中间验收和专业验收程序

（1）审阅有关工程质量保证资料。

（2）对所含土建分项质量检验评定结果进行核验。

（3）对所含设备安装工程质量检验评定结果进行核验。

（4）对所含设备试运行检测结果进行核验。

（5）实地查验工程质量和对设备进行试运行检查。

（6）对验收工程的工程质量和工程管理质量做出全面评价，形成统一结论，并将结论填写到有效文件中，加盖有关单位公章后，于 5 日内送交质量监督机构。参与验收的质量监督机构或专业行政主管部门、建设、勘察、设计、施工、监理等各方不能形成一致意见时，应当协商提出解决的方法，待意见一致后，重新组织验收。

8.4.2.6　工程质量事故处理制度

凡在施工过程中由于设计或施工原因造成工程质量不符合规范和设计要求，或者超出"检验评定"规定的偏差范围，需做返工处理的统称工程质量事故。

质量事故发生后，监理工程师应做到以下内容：

（1）发生了质量事故，监理工程师应填表通知施工单位，暂停该部位及其关联部位的下道工序施工，并做好相应的防护工作。

（2）施工单位应尽快写出事故调查报告（内容包括：事故的实况及有关数据资料，

原因分析与判断，临时防护措施，事故处理的建议方案及措施，事故涉及责任者情况）。

（3）总监理工程师根据安全可靠、不留隐患、满足建筑物的功能和使用要求、技术可行、经济合理的原则，汇同业主、质量监督站、设计部门、施工部门研究确定事故处理方案。

（4）监理工程师严格监督事故处理方案的实施，并认真进行检查，必要时通知质量监督和设计部门参加鉴定和验收。

8.4.2.7　施工进度监督及报告制度

施工单位应及时填表报告工程计划进度，监理工程师接到报告后 5 天内必须审查完毕，并监督施工单位严格按照工程建设合同规定的计划进度组织实施，监理部每月以月报的形式向建设单位报告各项工程的实际建设进度及其与计划对比的项目进度情况。

审查施工单位编制的实施性施工组织设计，要突出重点，并使各单位、各工序进度密切衔接。

8.4.2.8　安全监督管理制度

依据委托监理合同，监理工程师应协助建设单位做好安全生产监督管理工作。具体工作内容如下：

（1）审查施工组织设计时，施工单位的安全保证体系是重点审查内容。

（2）施工过程中监理工程师要经常性地检查施工单位安全保证体系的运转情况。

（3）在工序、基础、中间验收中，即使工程质量合格，安全不合格，监理工程师不予确认，不得进入下道工序施工。

（4）必要时协助业主制定相应的安全、卫生管理处罚条例，并贯彻实施。

（5）编制紧急通讯联络图，预防突发事件的发生，保证及时处理。

8.4.2.9　监理例会制度

项目监理人员应坚持必要的监理会议制度，以确保与各方进行有效沟通和协调，及时处理和解决相关的问题。

监理过程中必要的会议有：

（1）第一次工地会议。

（2）工地例会。

（3）专题工地会议。

（4）监理部内部工作会议等。

A　第一次工地会议

工程项目开工前，建设单位应主持召开第一次工地会议。由承包单位项目经理及有关职能人员、分包单位主要负责人、项目总监理工程师及监理部全体监理人员参加。第一次工地会议内容：

（1）建设单位、承包单位和监理单位分别介绍各自驻现场的组织机构、人员及其分工。

（2）建设单位根据委托监理合同宣布对总监理工程师的授权。

（3）建设单位介绍工程开工准备情况。

（4）承包单位介绍施工准备情况。

（5）建设单位和总监理工程师对施工准备情况提出意见和要求。

（6）总监理工程师介绍监理规划的主要内容以及工作程序要求。

（7）研究确定各方在施工过程中参加工地例会的主要人员，召开工地例会周期、地点及主要议题。

（8）项目监理部负责起草第一次工地会议纪要，各方会议代表应对会议纪要进行会签。

B　工地例会

根据第一次工地会议所确定的要求，总监理工程师应按规定的时间、地点、主持召开工地例会，以及时了解和解决施工过程中各方提出的或出现的各种问题。

（1）检查上次例会议定事项的落实情况，分析未完成事项的原因。

（2）检查分析工程项目进度计划完成情况，提出下一阶段进度目标及其落实措施。

1）进度计划是否符合计划周期的规定。

2）总承包、分承包单位分别编制的各单项工程进度计划之间是否相协调。

3）施工顺序的安排是否符合施工工艺的要求。

4）劳动力、材料、构配件、设备及施工机具、水、电等生产要素供应计划是否能保证施工进度计划的需要，供应是否均衡。

5）对由建设单位提供的施工条件（资金、施工图纸、施工场地、采购的物资等），承包单位在施工进度计划中所提出的供应时间和数量是否明确、合理，是否有造成建设单位违约而导致工期延误和费用索赔的可能。

（3）检查分析工程项目质量状况，针对存在的质量问题提出改进措施。

1）是否按照设计文件、施工规范和批准的施工方案施工。

2）是否使用合格的材料、构配件和设备。

3）施工现场管理人员，尤其是质检人员是否到岗到位。

4）施工操作人员的技术水平、操作条件是否满足工艺操作要求，特种操作人员是否持证上岗。

5）施工环境是否对工程质量产生不利影响。

6）已施工部位是否存在质量缺陷。

（4）检查工程量核定及工程款支付情况。

1）分析工程造价最易突破的部分以及最易发生费用索赔的原因和部位，制定出防范性对策。

2）对发生的工程变更，是否经过建设单位、设计单位、承包单位和监理单位的代表签认。

3）承包单位报送工程款支付申请时，其现场实际完成情况的计量是否准确，手续是否齐全。

（5）检查工程安全状况，正对存在的安全问题提出改进措施。

（6）解决需要协调的有关事项。

1）工程暂停及复工。

2）费用索赔的处理。

3）工期延期及工程延误的处理。

（7）项目监理部负责起草会议纪要，并经与会各方代表会签。

C　专题工地会议

（1）专题工地会议是为解决施工过程中的专门问题而召开的会议，由总监理工程师或其授权的监理工程师主持。

（2）工程项目各主要参建单位均可向项目监理部书面提出召开专题工地会议。包括：主要议题、与会单位和人员、召开时间。经总监理工程师与有关单位协商，取得一致意见后，由总监理工程师签发召开专题工地会议的书面通知，与会各方应认真做好会签准备。

D　项目监理部内部工作会议

（1）根据工程进展的需要，总监理工程师或总监理工程师代表应组织和主持召开项目监理部内部会议。

（2）内部会议的主要内容：

1）对监理目标进行分解，落实控制措施，确定实施负责人。

2）进行分段监理工作小结，部署和安排下段重点监理工作实施计划，明确责任人和完成时间。

3）协调项目监理部各专业的分工配合问题。

4）对工程施工重大问题及工地例会将要讨论的重大事项，统一认识，达成共识。

5）其他需要研究和讨论的问题。

8.4.2.10　监理工作月报制度

为及时向业主及公司通报工程建设信息，促进交流与沟通，各项目监理部均需按月编写监理月报。监理月报由总监主持编写，专业监理工程师提供资料并参与编制。每月验收后1~5日完成上月监理月报，提交给建设单位、公司和其他需要的部门。监理月报需要按照建设工程主管部门规定的标准格式填写，一般内容包括：

（1）工程简报：本月天气情况、本月日历天数、本月大事记（工程质量、安全文明施工、重要会议、重大变更、形象进度等）。

（2）工程进展报表：本月施工分部分项工程、实际开始日期、当前完成百分比或实际结束时间、完成质量评价、主要历程事件。

（3）隐蔽工程报表：本月施工隐蔽工程、验收日期、验收结果。

（4）主要施工机械进出场。

（5）进度款支付情况。

（6）工程材料、构配件、设备进场。

（7）工程材料、构配件送检/检验结果。

（8）往来文件签收情况。

（9）承包方提出的问题及监理方答复的意见。

8.4.2.11　监理工程师填写监理日志制度

监理日记是一项非常重要的监理资料，项目监理组必须认真、详细、如实、及时地予以记录。记录前应对当天的施工情况、监理工作情况进行汇总、整理，做到书写清楚、版面整齐、条理分明、内容全面。

监理日记的记录方式如下：

（1）施工活动情况：

1）施工部位、内容：关键线路上的工作、重要部位或节点的工作以及项目监理组认为需要记录的其他工作。

2）工、料、机动态：

工：现场主要工种的作业人员数量（比如钢筋工、木工、排水工等），项目部主要管理人员（项目经理、施工员、质量员、安全员等）的到位情况。

料：当天主要材料（包括构配件）的进退场情况。

机：指施工现场主要机械设备的数量及其运行情况（有否故障及故障的排除时间等），主要机械设备的进退场情况。

（2）监理活动情况：

1）巡视：巡视时间或次数，根据实际情况有选择地记录巡视中重要情况；

2）验收：验收的部位、内容、结果及验收人；

3）见证：见证的内容、时间及见证人；

4）旁站：内容、部位、旁站人及旁站记录的编号；

5）平行检验：部位、内容、检验人及平行检验记录编号；

6）工程计量：完成工程量的计量工作、变更联系内容的计量（需要的）；

7）审核、审批情况：有关方案、检验批（分项、工序等）、原材料、进度计划等的审核、审批情况（记录有关审核、审批单的编号即可）。

（3）存在的问题及处理方法。一天来，通过一系列的监理工作，在工程的质量、进度、投资等方面发现了什么问题，针对这些问题监理组是如何处理的，处理结果怎样，应做好详细的记录。对一些重大的质量、安全事故的处理应按规定的程序进行，并按规定记录、保存、整理有关的资料，日记中的记录应言简意赅。

（4）其他：

1）监理指令（监理通知、备忘录、整改通知、变更通知等）；

2）会议及会议纪要情况；

3）往来函件情况；

4）安全工作情况；

5）合理化建议情况；

6）建设各方领导部门或建设行政主管部门的检查情况。

（5）值班记录。当天值班的监理人员签名。

8.4.2.12　监理旁站制度

对关键部位或关键工序，施工过程中要进行现场旁站监理，旁站监理人员必须认真执行施工旁站监理方案。凡旁站的部位或工序应编制在施工旁站监理方案中，工程开工前，应将工程旁站监理方案以书面形式通知承包单位，并报送业主以及当地质监部门。具体内容如下：

（1）现场监理应对承包人的各项施工程序、施工方法和施工工艺以及材料、机械、配比等进行全方位的巡视、全过程的旁站、全环节的检查，已达到对施工质量有效的监督和管理。

（2）对承包人施工的隐蔽工程、重要工程部位、重要工序及工艺，应由专业监理工程师或其助理人员实行全过程的旁站监督，及时消除影响工程质量的不利因素。

（3）发现承包人有违反技术规范和操作规程时应及时加以制止，对不听劝阻和已施工的不符合要求的工程可令其暂停施工，并立即报请专业监理工程师或驻地监理工程师处理。

（4）旁站人员应全环节地对每道施工工序，结束后及时进行检查和认定，并现场监督承包人的试样抽取及施工记录。

（5）旁站人员要坚守岗位，不得擅自离岗。要监督施工人员遵守工艺操作程序，保证施工质量，杜绝弄虚作假，对所旁站工程的工艺及操作负现场监督责任。

（6）旁站结束之后要求旁站人员填写《旁站监理记录》，当天交给专业监理工程师。

8.4.2.13 施工现场安全管理制度

检查督促承包单位健全安全管理体系，完善安全教育培训制度，检查安全员到岗和履行工作职责情况。抓好定期安全检查工作，并配合上级部门的安全检查工作。重点抓好如下内容的安全措施：

（1）施工坍塌：严格检查土方开挖支护工作，对大型模板安装认真检查。

（2）高处坠落：采取防护措施，加强班前安全交底工作。

（3）四口五临边：监理现场检查监督，施工单位采取安全保护措施。

（4）认真审查施工组织设计中有关安全部分，并贯彻和执行。

复习思考题

8-1 简述建设工程监理的基本概念。

8-2 矿山企业建设工程监理的依据是什么？

8-3 建设工程监理的作用是什么？

8-4 项目监理机构人员的基本要求是什么？

8-5 项目监理机构各类人员的基本职责是什么？

8-6 监理合同的定义是什么？

8-7 简述监理受托人的责权利。

8-8 简述监理委托人的责权利。

8-9 矿山工程施工质量控制的依据是什么？

8-10 简述矿山工程施工质量控制措施。

8-11 矿山工程施工质量控制手段有哪些？

8-12 简述矿山工程施工信息管理方法。

8-13 简述矿山工程施工监理协调工作。

9 矿山企业设备设施管理

企业的设备是指用于生产过程和管理工作中的机器。这些机器是现代化工业生产的物质技术基础，它们的状况直接关系着企业的经济效益和安全生产。设备管理就是对设备运动的全过程进行计划、组织、控制工作，也即是对设备的合理选择、有效使用、及时维修、更新改造等过程的管理。

9.1 设备管理概述

9.1.1 设备管理的意义

机器设备是企业生产的物质技术基础，是企业固定资产的重要组成部分。设备管理也是企业管理的一个重要领域。设备管理的好坏，直接影响企业的生产效率和经济效益。加强设备管理具有十分重要的意义。

（1）加强设备管理，提高设备管理水平，有利于企业建立正常的生产秩序，实现企业的均衡生产。矿山企业从井下到地面各生产环节有很多设备，任何一个环节的设备出了故障，都会影响生产正常进行。因此，加强设备管理，使设备处于良好的技术状态，是实现矿井高产、稳产的基本保证。

（2）加强设备管理，有利于提高企业的经济效益。随着矿井机械化程度的提高和采掘运输设备日趋大型化、自动化，设备的数量和投资，动力、油脂和配件的消耗等在不断地增加，与设备有关的费用如折旧费、维修费、电费等在产品成本中的比重也不断地提高，同时矿井的产量、劳动效率等，在很大程度上受设备技术状况的影响。因此，加强设备管理是改善企业经营，提高企业经济效益的重要基础。

（3）加强设备管理，有利于实现企业的技术进步，充分调动工人的积极性。及时对现有矿山设备进行改造和更新，可提高设备的保养水平，从而有利于实现企业的技术进步和生产现代化水平的提高；有利于减轻矿山工人体力劳动强度，不断提高劳动工效，增加收入，充分调动工人的积极性。

（4）加强设备管理，有利于改善工人劳动条件，防止人身事故的发生。由于矿井地下作业的特殊环境，工作空间及通道狭窄，照明光线暗淡，特别是存在着自然灾害的威胁，因此对设备的安全性能要求很高。加强设备管理，保持设备良好的安全性是实现矿井安全生产的前提条件。

9.1.2 设备管理的任务

设备管理是指对机械设备进行计划、组织和控制的全部过程。设备管理的基本任务，就是在提高经济效益的前提下，通过一系列技术、经济、组织措施，充分发挥设备的效能，不断改善和提高矿山企业技术装备素质，以达到设备的寿命周期费用最低、设备综合效能最高的目标。具体任务包括下列几项：

（1）根据生产需要，正确地选择技术先进、经济合理的设备。

（2）保证设备始终处于良好的技术状态，努力做到用好、修好、管理好设备，提高设备的利用率和完好率。

（3）提高设备管理的经济效益，做好对现有设备的挖潜、革新、改造和更新工作，不断提高设备的现代化水平。

（4）保证引进设备的正常运转和发挥引进设备的效率。

9.1.3　设备管理的内容

随着机器设备日益高精尖化，设备管理工作的内容、范围和要求不断更新提高。机器设备管理的对象已由单个设备管理发展为成套设备，因此，要以系统的观点和方法来指导和组织设备管理工作。工业设备种类很多，不同行业有不同的特点，但设备在企业的生产过程中，总是表现为两种运动形态：一是设备的物质运动形态，即从设备选购、进厂验收、安装调试、日常使用、保养维护，到设备的改造、更新、报废等；二是设备的价值运动形态，包括最初投资、维修费、折旧费、税金、更新改造的资金的提取等。因此，概略地说，设备管理的内容包括对设备这两种运动形态的全面管理，前者称为设备的技术管理，后者称为设备的经济管理。全面管理的目的是既要充分发挥设备的效能，又要使设备运动发生的费用最经济。矿山企业设备管理的具体内容包括：

（1）根据技术先进、经济合理、生产可行的原则选择和购置所需的设备。要对设备的生产效率，设备的投资效果，产品质量的保证程度，能源和原材料的消耗，生产的安全性，设备的成套性、灵活性，对环境的影响和维修的难易程度等，进行正确分析。同时必须对设备进行经济评价。

（2）组织安装和调试设备。特别是井下设备的安装和调试要求更高。

（3）根据设备的性能和使用要求，合理地使用设备。防止不按矿山企业安全技术规程与规范和设备操作规程，以及不按设备使用范围使用设备，特别严禁超负荷使用。

（4）制定并执行合理的设备计划预防修理制度，推迟机器设备性能和效率的减低。

（5）及时、经常地做好设备的维护保养工作。防止和减少机器设备的磨损，延长设备的技术、经济寿命。

（6）有计划、有步骤、有重点地进行设备的改造和更新工作。包括研究设备的经济寿命，合理确定设备改造、更新的经济界限，适时选用先进设备替换陈旧设备，进行设备折旧的经济分析，合理处理老旧设备等。

（7）做好机器设备的日常管理工作，包括设备的验收、等级、保管、调拨、报废等管理工作。

9.2　设备的选择和使用

9.2.1　设备的分类

设备是各种属于固定资产的机械、机器、装置、车辆、船舶、工具、仪器、仪表的总称，是现代矿山企业进行生产经营的重要物质技术基础。矿山企业中的设备主要包括以下几种类型：

（1）生产工艺设备。即直接用来改变劳动对象的属性、位置、形态或功能的各种设备，如采矿设备、提升运输设备、井巷施工设备、水电空压通风辅助设备等。

（2）动力设备。即用来生产电力、热力和其他动力的各种设备，如发电机组、水泵、空压机等。

（3）传导设备。即用来传导电力、风力、其他动力和固体、液体、气（汽）体的各种设备，如电力网、矿用胶带输送机、可弯曲刮板运输机、上下水道和压缩空气的传导管网等。

（4）起重运输设备。即用来运送货物和载人的各种设备，如矿用电机车车辆、绞车、吊车、铲车、架空索道、汽车车辆等。

（5）科研设备。即专供科学研究实验室用的各种或专门仪器、仪表、机械、工具等。

（6）管理设备。即用于企业生产经营管理工作的各种设备。如企业各有关职能部门使用的电子计算机、工业电视、复印机、晒图机以及消防设备、电信设备和成套广播音响设备等。

（7）生活福利和教育设备。即用来满足职工物质和文化生活需要的各种公共福利设备，如医疗卫生设备、炊事机械、空调设备、生活用锅炉、电影放映机、电化教学设备等。

9.2.2　设备的选择

设备的选择和购置，是设备管理的第一个环节。设备的选择，对于新建企业选择设备，老企业购置新设备和自行设计、制造专用设备，以及从国外引进技术装备，都是十分重要的。设备选择决定了设备的运行寿命、施工工期、产品质量和制造成本等。选择设备的原则是技术上先进、经济上合理、生产上适用，满足矿山安全生产的要求，即高效、低耗、安全可靠、易于维修，保证企业生产顺利进行。对于重要生产设备的购置，要在矿山总工程师主持下，会同有关部门进行技术经济论证，做出选购的决定。

9.2.2.1　对设备的技术要求

用先进的技术装备矿井是我国矿山企业工业化发展的重要途径，因此，在选择设备的技术性能时要考虑下列要求：

（1）生产性。指设备的生产效率，一般表现为设备功率、行程、速率等适合要求。对于成组的设备来说，如矿山的综采机组，其生产效率是指该组设备的综合生产能力。

（2）可靠性。指设备加工精度、准确度的保持性，零件的耐用性，安全可靠性等。保证设备在规定的条件下，能够安全、可靠地实现其规定功能、不发生故障。

（3）维修性。又称可修性。维修性的好坏直接影响设备维护和修理工作量的大小和费用的多少。维修性好的设备，一般是指结构简单、零部件组合合理，维修时零件易拆卸、检查，通用化、标准化程度高，互换性比较好。

（4）安全性。指安全性能符合矿山安全技术规程与规范的要求。矿用一般型电气设备应符合 GB 12173—1990 的规定，矿用防爆电气设备应符合 GB 3836—2000 爆炸性气体环境用电气设备系列标准。

（5）节约性。指设备对能源和材料消耗低，节能性好。

（6）适应性。指在工作对象固定的条件下，设备能适应多种工作条件和环境，操作、使用比较灵活方便；在工作对象多变的情况下，设备能适应多种工作性能，通用性强。此外，设备的适应性还指设备结构紧凑、重量轻、体积小，占用场地面积小、搬运方便。当前，机器设备一方面向大型化、自动化、高级化方向发展；另一方面也向小型化、简易化、廉价化方向发展。在选择设备时，要从实际出发，不盲目追求大、高、精；要讲求实效，对矿山井上井下工作环境、地质条件及其变化的适应性能力强。

（7）环保性。指设备的噪声和排放的有害物质对环境污染的影响程度。在选择设备时，要把噪声，尤其是井下噪声控制在保护人体健康的卫生标准范围内，并配备相应的治理"三废"的附属设备和配套工程。

（8）耐用性。指设备的使用寿命越长，每年分摊的折旧费就越少。

（9）配套性。指与本企业设备的相互关联和配套水平。不配套的设备更新方案，技术性能不能充分发挥，直接影响方案的经济效果。配套大致分三类：单机配套，是指一台设备及其中各种随机工具、附件、部件配套；机组配套，是指主机、辅机、控制设备等互相配套；项目配套，是指投资项目所需的各种机器设备配套，如加工设备、动力设备和其他辅助生产设备配套。

以上几点是既密切联系，又互相矛盾、互相制约。因此，在进行设备选择时，要统筹兼顾，根据各自的生产技术及自然条件，全面权衡利弊关系，选择比较有利的综合方案。

9.2.2.2　对设备的经济评价

选择设备时，不仅要考虑设备的购置费用，还要考虑设备在投入运行后的使用费用。用设备的寿命周期费用来进行经济比较，正确确定设备在经济上的合理性。

设备的寿命周期费用由设备的原始费用（购置费用）和使用费用（生产经营费用）组成。原始费用：对外购置设备包括设备费、运输费、安装调试费等，对自制设备包括研究、设计、制造、安装调试费用。使用费用是指设备在整个寿命周期内所支付的能源消耗费、维修费、操作工人工资，以及固定资产占用费、保险费等。

9.2.2.3　对设备的综合评价

利用设备的费用效率（或称综合效率）可对设备的技术性能进行综合评价，其公式如下：

$$费用效率 = 综合效能 / 寿命周期费用$$

设备的综合效能包括产量、质量、成本、交货期、安全、环保和人机匹配关系。

公式的实质是设备输出和输入之比。设备的费用效率高，就是指设备能以最低的寿命周期成本，取得产量高、产品质量好、生产成本低、产品按期交货、设备安全和环保性能好、人机匹配好的综合效能。

9.2.3　设备的使用

机械设备寿命长短、效率高低等与能否正确使用有关。正确使用设备，是设备管理的重要任务。

9.2.3.1　设备的合理使用

为了合理使用设备，要注意做好以下工作：

（1）严格按质量标准做好设备安装工作，安装后要经试运转合格后才能验收移交生产。

（2）根据生产特点和生产任务要求，合理地配备设备。采、掘、运、提等各环节设备的能力要相适应，要避免设备的超载运转，同时要消除"大马拉小车"的欠载状态，以有效发挥设备的生产效率。

（3）要为设备创造良好的工作环境，如良好的通风散热条件、整洁的环境、明亮的光线照明等。

（4）配备合格的操作人员和维修人员。设备操作人员要经过培训取得合格证后方可上机操作，并要做到"三懂"、"四会"，即懂设备原理、懂设备构造、懂设备性能；会正确操作使用、会维修保养、会检查、会排除一般故障。并力争做到"四无"、"六不漏"，即无积灰、无杂物、无松动、无油污；不漏油、不漏水、不漏电、不漏风、不漏气、不漏灰。

（5）对设备要精心保养。设备运行中要安排一定的保养时间和维修时间，避免"带病运转"。润滑管理是维护保养工作的重要一环，加强润滑管理，严格执行润滑"五定"（定人、定点、定质、定量、定时）制度，每台设备应建立润滑卡片。

（6）防爆设备和锅炉、压力容器、压力管道等，应严格按照矿山安全技术规程与规范和国家颁发的关于设备的有关规定进行使用，并定期监测和维修。

（7）认真执行矿山安全技术规程与规范和设备操作规程，建立健全各种规章制度，如岗位责任制、专人专机制、包机制、交接班制、维护保养制、巡回检查制等。

（8）建立必要的消耗定额和经济责任制度，使设备合理经济地运行。系统积累设备运行资料，研究制订或修改各项技术规范或技术经济定额，所有设备都要建立台班运转记录，岗位工人要按时、准确、完整地填写。

（9）贯彻"专业管理与群众管理相结合"的原则，开展"质量标准化、安全创水平"活动，动员广大群众用好管好设备。要把设备使用和维护保养工作与奖励制度挂钩，体现责、权、利一致的原则，以激发工人用好管好设备的积极性和责任心。

9.2.3.2　设备的充分利用

在设备的使用管理中，要充分利用设备，减少设备的积压和闲置，充分发挥设备的投资效果。设备利用情况通过以下指标考核：

设备台数的利用率＝（设备使用台数/设备在册台数）×100%

设备工时的利用率＝（实际工作台时数/日历台时数）×100%

生产能力利用率＝（单位台时的实际产量/单位台时的额定产量）×100%

设备使用台数包括运行的、修理的、备用的、维修的；在册台数为使用台数加上已列入固定资产账目，包括未安装的设备，及闲置设备、待报废设备。

我国企业全面进行清产核资工作，这是现代企业制度建立的一项重要基础工作。随着企业法人财产权的拥有，企业在对其资产享有占有、使用和依法处置权力的同时，负有保值增值的责任。这就更为严格地要求企业必须充分利用设备，充分发挥设备效能，降低单位产品中设备费用的支出，提高企业的经济效益。

9.2.3.3 动力管理

矿山一般都有自己的完整动力系统，为各种设备提供动力。动力系统一旦出现故障，将直接迫使部分或全部设备停转，甚至造成严重的危害。所以管好动力系统是矿山设备管理的一个重要方面。

动力管理的基本任务可概括为八项内容：

（1）不折不扣地贯彻执行电力主管部门颁发的动力设备管理规程、运行规程、安全操作规程、检修规程以及修理质量标准、施工验收标准等规章制度。

（2）负责全矿动力设备的运行管理。

（3）对全矿动力设备的技术状况和安全状况除作定期检查外，还要进行经常性的观察，及时发现和解决问题。

（4）负责全矿动力设备的检修工作。

（5）管理全矿的继电保护、接地设施和避雷装置，确保它们经常处于可靠状态。

（6）负责管理全矿电话设备，保证随时随地畅通无阻。

（7）及时对动力设备事故进行分析和处理，并结合学习推广技术，不断改进、更新动力设备。

（8）负责全矿动力设备图纸绘制和技术资料、运行记录的整理汇编工作。

此外，矿山一般都是外供电，经矿山变电所分送各岗位，所以矿山动力管理还要按照电力部门的有关规定负责变电所的管理。

9.2.3.4 设备的事故处理

设备事故是指设备在使用中因非正常损坏而导致停产或效能降低。因人为或自然原因造成动力供应中断，或动能参数降低而影响正常生产与使用者，称为动力运行事故。设备事故按性质分为破坏事故、责任事故和自然事故三种；按事故轻重程度和性质分为重大、二类和一般机电设备事故。

根据《煤矿机电运输事故管理办法》的规定，凡因机电、运输事故造成全矿井停产8h 以上；全矿井停电 30min 以上；主扇停运造成矿井停风 30min 以上；设备的直接损坏价值在 5 万元（综采设备为 15 万元）以上；因机电事故造成 3 人及以上死亡，称为机电重大事故。大型机械设备或电器设施发生的事故，其影响生产时间及设备损失价值虽构不成重大机电事故，但其性质、情节较为严重者，如主提升和主要运输绞车的断绳、断轴、过卷、蹾罐、大型物件坠井；主要通风机因事故造成停止送风，高沼气矿井为 10min，其他矿井为 20min 以上；全矿井停电 10min 以上；井下电缆或电气设备着火；设备的直接损坏价值在 1 万元以上；因机电事故造成 1 人及以上死亡者等，称为二类机电运输事故。凡矿山机电、运输设备遭到损坏，使之一次停止运转 30min 以上，或一次影响产量 50t 以上，或设备的直接损失价值在 500 元以上者，称为一般机电事故。

发生机电设备事故后，基层部门或调度室要组织有关部门立即进行抢修，减少影响时间，并由生产调度系统和业务系统逐级上报。

对发生机电事故的单位，业务主管部门要会同安监部门本着事故原因分析不清不放过，事故责任者与群众未受到教育不放过，没有防范措施不放过的"三不"原则进行认真追查，严肃处理。二类机电事故由矿山企业负责追查、处理；重大机电事故由矿山企业上级主管部门负责追查处理。

9.2.3.5　正确处理四个关系

历史的正反面经验告诉我们，要贯彻执行好设备管理的方针任务，达到和保持较高的设备完好率、运转率和利用率，首先要在思想上和行动上处理好四个关系。

A　人与设备的关系

一切设备都是代替人的劳动进行生产活动，但又都要人来操作和管理。人的操作和管理是否得当，直接影响设备能否正常发挥作用。因此，要用好管好设备，首先用好管好人，就是要用思想好、技术熟练、责任心强的工人，并对他们经常进行思想政治教育和技术培训，使他们的政治、业务水平不断提高，能自觉地遵守一切规章制度，认真负责地用好管好设备。要坚决反对和随时纠正那种只见设备不见人的错误做法。

B　生产与检修的关系

在正常情况下这一关系不难处理；但当生产任务紧张时，当事者往往会产生重生产、轻检修的思想，明知设备已到检修期或已经发现必须立即修理的缺陷而不顾，强令设备带病运转，结果常常造成严重的设备事故。显然，这种只顾眼前而不顾长远的片面思想是十分有害的，必须彻底克服。当生产与检修发生矛盾时，在一般情况下，生产应服从检修；在特殊情况下，检修可以稍作推迟，但一定要加强观察和采取一些预防措施，以确保设备不致发生重大事故为前提，否则，即使完不成生产任务，也要按时或及时检修设备。

C　主机与辅机的关系

主机与辅机是按它们在生产中所起的作用不同而划分的；但它们都是设备，而且互相配套，联成一个整体，协同运转，不论主机或辅机出故障，都将迫使整体停止运转。因此就设备管理而言，不应存在重主机、轻辅机的思想，而要给予同等的重视，进行同样的管理。

D　专业管理与群众管理的关系

设备管理需有专职机构，对全矿设备的使用、维护保养、检修改进、更新等工作进行统一筹划、督促指导和组织协调。但是另一方面，在生产中为数众多的设备是由广大岗位工人分别操作和掌管的，他们的操作是否得当，看管是否精心，对设备的完好程度有很大关系；同时他们天天与设备为伴，最了解设备的特性和可能发生的情况，所以他们在设备管理上应有很大的发言权。因此，设备的专业管理要和群众管理紧密结合，既不能脱离群众独断专行，也不能放弃原则和领导。

9.3　设备的磨损、维护和修理

对设备进行维护和检修是保持或恢复设备技术性能，使设备处于良好状态的主要措施。设备维护与修理工作要贯彻"以预防为主，维护保养与计划检修并重"的原则，专业修理与群众保养相结合，正确处理好生产与维修的关系，做到精心维护与科学检修。为此首先应该了解设备磨损规律。

9.3.1 设备的磨损及使用寿命

9.3.1.1 设备的磨损

机器设备在生产出来之后，即伴随着磨损发生。设备的磨损是指设备在物质形态上和价值形态上的损耗，因此磨损有两种形式，即有形磨损和无形磨损。

（1）有形磨损。设备的有形磨损也称物质磨损，产生这种磨损有两种情况：一种是设备在使用中由于零部件相互摩擦、材料的疲劳老化、机器的震动等造成的使用磨损；另一种是设备在闲置过程中，受自然力作用产生锈蚀、腐蚀等的自然磨损。设备使用磨损和自然磨损到一定程度，会使设备的技术性能迅速劣化。

（2）无形磨损。设备的无形磨损也称精神磨损。主要是因科学技术进步使设备的价值形态发生了变化。设备的无形磨损有两种：第一种无形磨损是设备的结构和性能没有变化，但是由于制造厂的劳动生产率的提高，设备的再生产费用降低，引起原有同类设备的贬值，但不影响原有设备的使用。第二种无形磨损是由于科学技术进步，出现了性能更好、效率更高的设备，使原有设备发生了价值的贬值和使用价值的下降，继续使用原有设备将使企业的经济效益下降。

（3）设备的综合磨损。设备的综合磨损是指设备在有效使用期内同时遭受有形磨损和无形磨损的作用。倘若能使设备的有形磨损期与无形磨损期接近，当设备需要大修时正好出现了效率更高的新设备，就不需要进行旧设备的大修理，而是用新设备更换旧设备；如果有形磨损期早于无形磨损期，则需对旧设备进行大修；如果无形磨损期早于有形磨损期，是继续使用原设备还是更换未折旧完的旧设备要取决于其经济性。

9.3.1.2 机器零件的磨损规律和设备的故障规律

设备在使用中机器零件的磨损过程大致可分为三个阶段，如图9-1所示。

第Ⅰ阶段：初期磨损阶段。啮合部分的表面形状和粗糙的磨损，磨损较快，时间短。

第Ⅱ阶段：正常磨损阶段。随着工作条件逐步达到技术要求，零件的磨损基本上随时间延长而均匀增加，磨损非常缓慢。设备的生产率、产品质量都有保证。

第Ⅲ阶段：急剧磨损阶段。当零件的磨损量超过一定限度，破坏了零件间的正常配合关系，以及由于零件老化、变形，磨损急剧增加，设备的精度、性能和效率迅速下降，设备不能运转。

与机器零件磨损规律的三个阶段相对应，设备的故障规律可用典型的故障曲线表示，它可分为初期故障期、偶发故障期、劣化故障期，如图9-2所示。因其曲线形状类似浴盆，故又称浴盆曲线。

设备的初期故障（ab段）是指在设备使用初期，由于设计上的疏忽，零件制造、安装和使用上的不当等造成故障率较高，经过维修调整，故障逐渐减少；偶发故障期（bc段）是指在设备正常运转阶段，故障率降到规定的故障率以下，大部分故障是属于维修不好和操作失误引起的偶然故障；劣质故障期（cd段）是指在设备使用后期，由于零件老化和操作失误的物理性能劣化，设备故障率迅速增加，需要进行维修和更换。

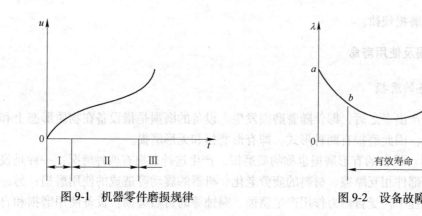

图 9-1　机器零件磨损规律

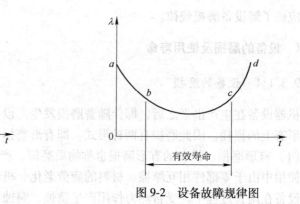

图 9-2　设备故障规律图

9.3.1.3　设备磨损的补偿

设备磨损产生并达到一定程度后，如果不及时给予补偿，将不能按照原有的规律运行，导致效率降低、性能下降及事故的发生，因此必须对设备磨损及时给予补偿。

设备磨损的补偿有局部补偿和全部补偿两类：局部补偿是对设备局部磨损的补偿，包括修理和技术改造两种形式；全部补偿是对设备全部磨损的补偿，即更新原有设备。对设备的有形磨损，视磨损的程度采用修理和更新两种补偿方式。对设备的第二种无形磨损，视磨损的程度采用技术改造和更新两种补偿方式。第一种无形磨损由于不影响设备的使用，所以不需要进行补偿。设备综合磨损形式及其补偿方式的相互关系如图 9-3 所示。

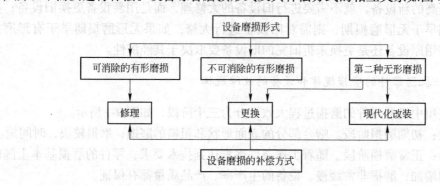

图 9-3　设备磨损形式及其补偿方式的相互关系

9.3.1.4　设备的使用寿命

由于设备磨损的存在和设备故障的出现，设备的使用时间难以无限延长，都有一定的使用期限，这就是设备的使用寿命。设备的使用期限由设备的物质磨损、设备使用的经济性和技术进步所决定，也就形成了设备的三种寿命。

（1）物质寿命。又称自然寿命。是指从设备使用开始，到完全失去效能，到报废为止所经历的时间。这是由物质磨损的原因决定的设备使用寿命，可通过维修来延长。

（2）经济寿命。在设备物质磨损的后期，由于设备的老化，需要依靠高额的使用费（维修费、能源消耗等）来维持设备的使用，这时如果对原设备报废进行更新，在经济上更为合理，这种由使用费用决定的设备使用寿命，称为经济寿命。

（3）技术寿命。由于科技进步，设备在其物质寿命尚未结束之前，就被技术上更先进的设备所淘汰。这种设备投入使用，到因技术落后而被淘汰为止所经历的时间，称为设备技术寿命。设备技术改造可延长设备的技术寿命。

由此可见，掌握发生故障的规律，可有针对性地采取必要的管理措施，延长设备的寿命。

9.3.2 设备的保养

通过对设备进行保养可以及时了解设备的磨损情况，改善设备使用情况，减少非正常磨损，保证设备正常运行。设备日常保养的工作内容主要是润滑、紧固、调整、清洁、防腐等。

根据保养工作量的大小和难易程度，保养工作可划分为日常保养、一级保养、二级保养。目前，我国各行业规定的保养制度差别较大，不同行业的同一保养类别，其保养内容也不尽相同。矿山企业的固定设备和移动设备只实行"例保"，即日常保养。它是以操作人员为主，每班、每天例行，内容包括班前班后擦拭、注油、换截齿、检查运转是否正常，有无异音、漏油、漏水、漏气、松动等现象。

9.3.2.1 日常保养

这是操作工人每天必须进行的例行保养，包括：

（1）润滑：按润滑图表加油并检查油标油位。

（2）清洁：擦拭设备外表面与滑动面。

（3）紧固：拧紧松动的螺钉。

（4）调整：如手把调整、活动部位调整、保险装置的调整、皮带松紧的调整等。

（5）检查：检查操作手柄、电气开关手柄、安全装置、接地线和紧固线的位置，检查操作是否灵活、低速空转声音是否正常、显示器是否灵敏等。

设备的日常维护保养，一般由操作者来完成，保养的项目较少，保养的部位大多在外部，但它是设备维护的基础。

9.3.2.2 一级保养

这是在维修工人指导下由操作工人承担的保养任务，主要内容包括：

（1）根据设备的使用情况，对部分零件、部件进行拆卸、清洗。

（2）对设备某些配合间隙进行调整。

（3）消除设备表面的"黄袍"和油污。

（4）检查调整润滑油路，保持油路畅通，并不泄漏。

（5）清洗电器箱、电动机、电气装置，做到固定整齐、安全防护装置牢靠。

（6）清洗附件和冷却装置。

一级保养通常在设备开动500~700台时后进行一次。一级保养所保养的项目和部位较多，主要内容是增加了对部分零部件的保养，一级保养一般由操作者在专职维修人员的指导配合下定期进行。完成后要做记录，由车间设备员验收。

9.3.2.3　二级保养

这是以维修工人为主，操作工人参与的保养，主要工作内容包括：

（1）根据设备使用情况，对设备进行部分解体检查、清洗。

（2）对各传动部分、液压系统、冷却系统清洗换油，保证正常润滑。

（3）修复或更换易损件，部分摩擦面要刮研。

（4）检查电器箱，修整线路，清洗电动机。

（5）检查、调整、修复精度、校正水平。

9.3.2.4　设备润滑

机器在工作时，相对运动的机件之间存在着摩擦，使运动阻力增大、零件磨损、温度增高，导致机件损坏。为了改善运动机件的摩擦条件，避免彼此间直接接触的干摩擦，减少摩擦阻力，降低机件温度，提高使用寿命，在机器的运动部位使用润滑材料。

机器设备中使用的润滑材料有液体的，如各种润滑油、乳化液；半液体的，如各种润滑脂；固体的，如二硫化钼、石墨及聚四氟乙烯等。

A　润滑材料的基本要求

（1）较低的摩擦系数，以减少机件的运动阻力和设备的动力消耗，从而降低磨损的速度，提高设备的寿命。

（2）良好的吸附及楔入能力，能牢固地黏附在摩擦面上并能渗透到很小的间隙内。

（3）一定的黏度，以便在摩擦机件之间结聚成油楔，能承载较大的压力而不致被挤出。

（4）较高的纯度与安定性，所含水分、酸碱物质、机械杂质应尽可能少或没有，不易变质和失效。

B　润滑油

润滑油是使用最广泛的一种润滑材料，主要以用途命名，以黏度（运动黏度或恩氏黏度）为标号。如机械油（机油）、压缩机油、齿轮油等，各品种又以不同的黏度分为若干标号，如最常用的机械油，代号是 HJ（H—润滑油类，J—机械油），分为 10、20、30、40、50、70 和 90 号，共 7 个牌号，标号越高，黏度越大。

各种设备所用润滑油应根据其使用说明书的要求提供，也可以参考有关资料选用。一般来说，负载较轻、速度较快的机械，所用润滑油的黏度小（标号低）；负载较重、速度较低的机械，要用黏度大的润滑油。对于温度高的场合，如空气压缩机的气缸等，要使用闪点（当火焰接近时会发生闪光的温度）高、热安定性好的润滑油，如压缩机油。

C　润滑脂

润滑脂俗称黄油或黄干油，具有不流动、不滑落、密封防尘性能好和抗压、防腐蚀等优点。常用的有钙基润滑脂、钠基润滑脂和钙钠基润滑脂。

钙基润滑脂的代号是 ZG（Z—润滑脂类，G—钙基），共有 1、2、3、4、5 五个牌号，牌号高的，针入度（表示黏度的指标，针入度越小，黏度越大）小、稠度大。钙基脂抗水性强、价廉，但对温度很敏感，使用寿命短，适用于潮湿、温度不高，并且可经常补加新脂的场合。低牌号的适合于低温轻负荷的机械。高牌号的适用于较高工作温度和低速重负荷的机械。

钠基润滑脂的代号是 ZN，有三个牌号（2、3、4 号），具有耐高温和使用时间较长的特点，但抗水性极差，不能用于潮湿的条件，适用于温度较高，工作条件干燥的润滑部位，如电动机的滚动轴承。

钙钠基润滑脂兼据上述两种润滑脂的优点。

机械设备中加油（脂）量要适当，因为油脂太多会加剧机器运转时对它的搅拌、挤轧，使其温度升高，加快老化速度；另外，油加多了容易渗漏。一般在齿轮箱内，齿轮渗入油中的深度以 1~2 个齿高为宜；在滚动轴承内，润滑脂占整个容积的 1/3~1/2 为宜。

9.3.3 设备的检查

设备的检查是对设备的运行情况、工作性能、安全性能、磨损程度、腐蚀情况等进行检查、试验和校验，以便掌握设备的技术状况，及时查明和消除设备的隐患，提出改进维护保养工作措施，为设备的修理做好准备工作。

按检查时间的间隔，设备检查可分为日常检查和定期检查。日常检查一般是由操作工人在交接班时进行检查，并和日常维护保养工作一起进行。由于矿山设备特定的使用环境和要求，除交接班检查外，每日还专门安排 4h 以上的检修时间。定期检查是维护工人按计划定期对设备进行的检查。

设备检查按技术功能可分为技能检查和精度检查。技能检查是对设备的各项技能进行检查和测定，如是否漏油、防尘密闭性如何等；精度检查是对设备的加工精度进行检查和测定。矿井设备还规定了安全性能检查，对其检查的内容和时间，矿山安全规程均有明确规定。

设备检查方法除现场观察、分析运转记录外，还逐步采用检测技术，即在设备运转条件下对设备进行动态检查，使设备维修更具有针对性，有利于发展预防维修制。日本生产维修体制中的点检制，是组织设备检查的一种较好方法。点检制也分日常点检和定期点检，其组织特点是对设备检查时要编制标准书，确定检查项目，拟定检查周期，制定点检表。

检查标准书中规定了检查部位、检查项目、检查顺序、检查周期、检查方法和工具、检查标准及处理办法，并用符号将检查结果填写点检表中，表示检查情况。如"○"表示良好；"×"表示不良，需紧急修理；"△"表示常发生小故障，但不影响生产；"√"表示修好等。点检表可作为编制设备维修计划和进行修理作业的依据。

9.3.4 设备的检验与检测

《安全生产法》规定"生产经营单位使用的涉及生命安全、危险性较大的特种设备，以及危险物品的容器、运输工具，必须按照国家有关规定，由专业生产单位生产，并经取得专业资质的检测、检验机构检测、检验合格，取得安全使用证或者安全标志，方可投入使用"。

矿山应按规定时间委托具有资质证书的安全生产检测检验机构对矿山在用设备依法进行检测检验，确保企业安全生产。凡是检测检验项目表中所列的非煤矿山在用设备，必须是由国家批准的正规厂家生产，并具有出厂合格证明，否则不得在生产中继续使用；凡是经检测检验不合格的非煤矿山在用设备，必须责令其立即停止使用，限期整改，经重新检测检验合格后方可恢复使用；凡是在用设备未进行检测检验的非煤矿山企业不得生产，待检测检验合格后方可恢复生产。

表 9-1 为非煤矿山在用设备检测检验项目表。

表 9-1　非煤矿山在用设备检测检验项目表

序号	产品/产品类别	依据标准（方法）名称及编号（含年号）	项目/参数	
			序号	名　称
1	提升机	AQ1014—2005《煤矿在用摩擦式提升机系统安全检测检验规范》 AQ1015—2005《煤矿在用缠绕式提升机系统安全检测检验规范》 GB/T 10599—2010《多绳摩擦式提升机》 JB 2646—1992《单绳缠绕式矿井提升机》 JB/T 4287—1999《带式制动矿用提升绞车》 JB 8516—1997《矿井提升机和矿用提升绞车安全要求》 GB 16234—2006《金属非金属矿山安全规程》	1	机房
			2	提升装置
			3	提升制动系统
			4	液压系统
			5	保护装置
			6	信号装置
			7	电器系统
2	矿用钢丝绳	GB/T 8918—1996《钢丝绳》 GB 16234—2006《金属非金属矿山安全规程》	1	磨损量和断丝数
			2	丝径测量
			3	抗拉强度
			4	反复弯曲
			5	扭转（仅限新钢丝绳）
3	防坠器（含木罐道用防坠器、FS 型制动绳式防坠器、BF 型防坠器）、GS 型防坠器	LD87.5—1996《矿山提升系统安全技术检验规范　第五部分：防坠器的检验》	1	动作试验
			2	静力试验
			3	动力实验（脱钩试验）
4	空气压缩机	AQ 1013—2005《煤矿在用空气压缩机安全检测检验规范》	1	证件审查
			2	外观质量检验
			3	安全保护装置
			4	温度
			5	压缩机油
			6	容积流量
			7	排气压力
			8	转速
			9	压缩机比功率
			10	噪声
			11	振动

序号	产品/产品类别	依据标准（方法）名称及编号（含年号）	项目/参数	
			序号	名　称
5	主排水系统	AQ 1012—2005《煤矿在用主排水系统安全检测检验规范》 GB 16234—2006《金属非金属矿山安全规程》	1	性能曲线
			2	运行工况点效率
			3	电机运行功率
			4	吨水百米耗电
			5	振动
			6	噪声
			7	水泵配置
			8	管路配置
			9	配电设备
			10	泵房出口
			11	水仓容积
			12	机房温度
6	通风机	AQ 1011—2005《煤矿在用主通风机系统安全检测检验规范》 GB 16424—1996《金属非金属地下矿山安全规程》	1	证件审查
			2	外观质量检验
			3	安全保护及设施
			4	电机及轴承温度、温升
			5	风压测定
			6	风量测定
			7	输出功率
			8	运行功率
			9	噪声
			10	振动速度有效值
			11	径向间隙
			12	电动机绝缘电阻及接地电阻

9.3.5　设备的修理

维护保养能防止设备过早地损坏，但不能消除设备的正常磨损，当磨损到一定程度，必须及时修理，否则会缩短其寿命。设备修理的实质，是对设备物质磨损的局部补偿。通过对设备的磨损和损坏部分的修复，恢复设备的技术性能。

9.3.5.1　设备的修理

所有设备在运转过程中各零部件不可避免地逐渐磨损和松动，使设备性能逐渐不能正常发挥，所以经过一定的运转周期，应对设备进行检修，使之恢复原有的性能。随着技术的进步和生产的发展，设备检修的方法也在不断提高。

设备检修工作大体可划分为四个阶段。

（1）第一阶段：被动检修，即设备不坏不修，坏了抢修。这是最低级的检修方法。

（2）第二阶段：计划检修，即通过对设备的检查和判断，确定检修的项目内容和时间，到时按计划规定进行检修。这比第一阶段有了质的进步。

（3）第三阶段：定期检修，即通过理论计算和对设备运转的长期观察与科学的统计分析，找出各零部件的磨损和松动规律，据此制定各零部件的检修周期，到时不论实际情况如何，都要按规定的内容检修或换新。这比第二阶段又进了一大步。

（4）第四阶段：整部件更换法，即在定期检修的基础上进一步研究制定设备的各组成部件的整体更换周期，到时只是将该部件卸下，换以预先准备好的部件，在现场无修理工作。换下的部件或其中若干零件是否还能使用，由专职部门研究处理。这种方法占用生产时间最短，是当今最先进的设备检修方法。

设备修理按其范围、间隔时间长短、修理费用多少等可分为以下三类。

（1）大修理。大修理是对设备进行全面修理，将设备全部拆卸分解进行检修，更换或修复所有已丧失工作性能的主要部件或零件（主要更换件一般达 30% 以上），有必要时，还可进行设备改进，外观要求全部打光和喷漆。大修后的设备要恢复原有精度、性能和生产效率，达到设备出厂标准。大修完毕，要进行试车、检查验收，并办理移交验收手续。

（2）中修理。中修理是对设备进行部分解体，修理或更换主要零件和基准件（主要更换件一般为 10%~30%），同时要检查整修机械系统，紧固所有机件，消除扩大的间隙，校正设备的基准等，使设备恢复和达到规定的技术标准。中修的地点，固定设备可在现场进行，移动设备可在机修车间进行。

（3）小修理。小修理是对设备的局部修理，通常在日常检查中发现个别有问题的设备，及时进行校正、修理或更换少量的磨损零件，调整设备局部结构，进行局部清洗和外部清洗等工作，保证设备使用到下一次计划修理。

大、中、小修都要通过计划安排；小修工作可以利用生产间隙随时进行。

过去我国国有企业修理费用分两种处理，中小修理费用直接计入成本费用，大修理费用采用提取大修理基金的办法处理。新的财务制度规定，企业不再提取固定资产大修理基金，发生的修理支出直接计入有关费用项目。为了均衡成本、费用的负担，大修理发生不均衡、数额较大的可以采用预提或待摊的办法处理。

实际工作中，设备大、中、小修的界限通常按修理劳动量和修理费用的多少来辅助判定。

9.3.5.2　设备修理的组织方法

（1）标准修理法。标准修理法是根据设备零件的使用寿命，预先编制具体的修理计划，明确规定设备的修理日期、类别、内容和工作量等，不管设备运转技术状态如何，严格按照计划进行修理。这种方法计划性强，便于做好修理前的准备工作，能有效地保证设备正常运转，但容易产生过度修理，增加修理费用。适用于必须保证安全运转和影响全局生产的重要设备。

（2）定期修理法。定期修理法是根据设备使用情况，只事先规定设备的大、中、小修的顺序、间隔期和内容，定期进行修理，而确切日期、内容和工作量则要依靠修理前的检查来确定。这种方法的优点在于有利于做好修理前的检查工作，使修理部门有计划地安排和组织修理工作，并且较标准修理法经济，因此，是我国矿山中较广泛应用的一种，一般适用于一些重要设备。

（3）检查后修理法。检查后修理法先制订设备检查计划，根据检查的结果再确定设备的修理计划（类别、日期和内容等）。这种方法简便易行，修理费用低，但计划性差，不便于做好修理前的准备，故仅适用于不太重要的一般设备。

9.3.5.3 设备修理的定额标准

设备修理的定额标准是编制修理计划的基础。定额标准包括修理周期定额和修理工作定额两部分。

A 修理周期定额

（1）修理周期。修理周期是指相邻两次大修之间设备的工作时间。

（2）修理间隔期。修理间隔期是指相邻两次修理之间设备的工作时间。

（3）修理周期结构。修理周期结构是指修理周期内中小修的次数及排列顺序。

B 设备修理工作定额

设备修理的工作定额是编制设备修理计划的基础。它包括修理劳动量定额和修理停歇时间定额，而这个定额都是根据设备修理复杂系数确定的。

（1）设备修理关系复杂系数。设备修理复杂系数是用来表示不用机械设备修理的复杂程度、计算不同机器设备的修理工作定量的假定单位。它由设备结构特点、工艺特征、零部件尺寸等因素决定，机器设备结构复杂，修理复杂系数越高，修理工作量越大。

各种设备的修理复杂系数是以标准机型的修理复杂系数为依据，采用比较、计算、经验归纳、反推计算等方法确定的。

各类设备的标准机型是：机械部分是以普通机床 $CA_{1640\times1000}$ 为标准，其修理复杂系数 $F=11$；电气部分是以 2.2kW 三相笼式电动机为标准，其修理复杂系数 $F=1$；热工部分是以 4 号离心式通风机为标准，其修理复杂系数 $F=1$。标准机型确定之后，在每类设备中先选择确定有代表性的设备作为同类设备的基型，磨床以 M_{131W} 为基型，刨床以牛头刨床 B_{6063} 为基型，铣床以卧式铣床 XA_{6132} 为基型，与标准机型相比，得出其修理复杂系数，这样与同类设备相比就比较方便又相对准确。

（2）设备修理劳动量定额。设备修理劳动量定额是为完成机器设备的各种修理工作所需要的劳动时间标准。通常用一个修理复杂系数所需要的劳动时间来表示。例如大修一台机床，所需的钳工、机加工和其他工作劳动量定额总计为 64h，如该机床的修理复杂系数为 10，则大修总计需 640h，据此可以算出完成全部大修工作所需的劳动力。

（3）设备修理停歇时间定额。设备修理停歇时间定额是设备从停止工作到修理工作结束，经验收合格为止所经历的时间标准。可按下式计算：

$$T=\frac{t\times R}{S\times C\times M\times K}+T_\phi$$

式中　T——设备的修理停歇时间；

　　　t——某类设备一个修理复杂系数的修理劳动量定额；

　　　R——设备的修理复杂系数；

S——在一个轮班内修理该设备的工人数；

C——每班工作时间，小时/班；

M——每天修理的班次；

K——定额完成系数；

T_ϕ——在地基上校正、浇灌地基、涂漆干燥等时间。

除上述定额外，修理工作定额还包括修理时所需的材料、配件和费用的定额等。

9.3.5.4　设备的快速修理

为了提高企业经济效益，需要减少设备的维修时间，使其尽快恢复正常投入生产，因此，常用快速修理法，具体方法主要有三种：

（1）部件修理法。部件修理法就是把设备需要修理部分的部件拆卸下来，换上事先准备好的相同部件，再对拆卸下来的部件进行修理。它适用于同类型设备数量大、部件较易拆卸和安装的情况，如链板输送机的减速器、电动机等。

（2）分部修理法。分部修理法就是有计划地、按顺序地把设备的各个独立部分在不同时间分几次修完。由于每次只修理一个部分，因而占用生产时间短。它适用于结构上具有相对独立部件的设备，或全部修理占用时间较长的设备。

（3）同步修理法。同步修理法就是把工艺过程相互联系紧密而又需要修理的数台设备，安排在同一时间内修理，以减少分次修理的停歇时间。它还用于流水生产线上的设备，联动设备中的主机与辅机等。

9.3.5.5　设备修理的计划和组织工作

A　设备修理计划的编制

有计划地进行预防检修是设备修理的根本制度，要按照计划预修的要求和设备的实际情况，编制好企业的设备预防修理计划。

设备维修计划的内容，主要是安排设备的各类修理日期、修理工作量和停修时间，以及所需人工、材料、备件等。

编制设备修理计划时应注意：（1）要掌握设备技术状况的检查资料、设备维修记录、事故统计情况和上年度设备维修计划执行情况等，使计划安排切合实际需要；（2）要区别各类设备在生产中所处地位，对生产的影响程度及零件磨损的特点等不同情况，采用不同的维修方式；（3）要掌握全矿生产任务的安排，技术改造的任务等，以便合理地安排检修时间，使设备维修计划和生产计划相衔接，设备技术改造和设备维修相结合；（4）安排好修理进度中的工作量平衡工作，维修任务与材料、配件供应的平衡工作；（5）对于大型和重要的设备，采用网络计划技术编制计划和控制检修进度。

在设备修理工作中还有一个问题，即设备在运转中由于某种难以预见的原因造成某一零部件的突然损坏，需要立即停转抢修，这种情况目前还不可能完全避免。因此，除按预定计划组织修理外，矿山还应具备突击抢修的能力。参加突击抢修的人员应为一专多能的多面手；抢修所用工、器具应具备高度的机动性和可携性。

设备维修计划按时间进度可分为年度、季度和月度计划。矿山企业的年度设备维修计划，一般只对设备修理的数量、类别、时间等做出安排。具体的修理项目、工作量和延续时间等，则在季度和月度计划中详细安排。

  B 设备修理的组织形式

  设备修理的组织形式有集中修理、分散修理和混合修理三种。矿山企业目前普遍采用的是集中修理和分散修理相结合的混合修理形式。一般是大型的、复杂的、精密的设备，由矿区机修厂负责进行大修或大中修，其余的由矿机修厂或机修车间负责进行。

  今后随着市场经济的发展，将逐步组建跨行业的专业化修理公司和各种维修联合体，发展专业修理厂、专业维修配件厂等，组织同行业之间的专业修理机构的协作，以提高劳动效率，提高设备维修质量。

  C 设备维修工作的考核

  目前矿山企业对设备维修工作考核的项目有设备的完好率、待修率和事故率。其计算公式如下：

$$完好率=(完好设备台数/实有设备台数)\times100\%$$

$$待修率=(平均维修设备台数/平均实有设备台数)\times100\%$$

$$事故率=(本期设备故障影响产量/本期计划产量)\times100\%$$

  矿山企业生产矿井机电质量标准化规定，特级标准的要求是设备完好率90%，待修率<5%，机电事故率<1%。

9.4 设备的改造与更新

  为了经常保持设备的现代化水平，必须重视设备的更新。由于科学技术发展迅速，设备的陈旧化越来越快。在工业先进国家，如美国的机械工业，其设备更新的期限越来越短。20世纪40年代为10年，50年代为8年，60年代为5年。新设备不断取代陈旧设备。1953~1973年的20年间，美国机械工业新装机床约300万台，其中76%用于更新；日本在1963~1973年的10年间，新装机床约136万台，其中84%用于更新。更新陈旧设备是企业提高产品质量、降低产品成本和扩大再生产的必备条件。

9.4.1 设备的改造与更新的意义

  设备改造指对设备的结构作局部改变，把科学技术新成果应用到现有设备上，以改善设备的技术性能和提高其生产效率。设备更新是用技术上先进和经济上合理的设备，代替因磨损不能继续使用的设备或经济上不宜继续使用的设备。从实物形态上讲，设备更新是用新设备代替旧设备，从价值形态上讲，则是设备在运转过程消耗掉的价值重新得到补偿。设备改造与更新是改变矿井技术面貌，提高矿井生产能力，实现安全生产的重要措施。

  设备改造与更新的目的，是使企业的生产建立在先进的物质技术基础上，以先进的生产技术获得良好的技术经济效果。它不仅对矿山企业，对整个社会的扩大再生产和科学技术进步，对提高全社会的经济效益都有重要意义。

  设备改造与更新是设备磨损的客观要求。设备磨损形成设备三种寿命，是设备更新的客观依据。但是在当前科学技术飞速发展、产品更新换代时间日益加速的情况下，设备的技术寿命日益缩短，对设备进行技术改造，正是延长设备技术寿命既经济又有效的措施。

9.4.2　设备改造与更新的类型和范围

9.4.2.1　设备改造与更新的类型

（1）简单更新。即原型更新，是用同类型设备代替原有的设备。

（2）技术更新。以技术上更先进、经济上更合理的设备代替原有的设备。设备更新主要应该是这一类型。

（3）技术改造。采用先进技术对设备进行改革，以提高设备效率、降低消耗、改善安全性能等。

9.4.2.2　设备改造和更新的范围

设备改造与更新涉及的范围较广，在资金有限的情况下，矿山企业设备改造更新的重点是效率低、能耗高、安全性能差的设备。当前主要是主水泵、主要通风机、局部通风机、空气压缩机、采掘运输设备、锅炉等。属于下列情况的设备，一般应进行技术改造或更新。

（1）设备技术状态低劣，维修费用大，或超过规定使用年限的老旧设备，一般应报废更新。

（2）设备损耗虽在允许范围内，但技术上已陈旧落后，效率低、能耗大、技术经济效果差的设备。如水泵效率低于70%，排水系统效率低于55%，主要通风机运行装置效率低于65%，局扇低于80%的设备，应进行改造或更新。

（3）设备损耗严重，虽经改造或大修，仍达不到设备完好标准或矿山安全技术规程与规范要求的设备，应进行更新。

（4）役龄长，进行大修在经济上不如更新合算，或两三年内浪费能源和原材料的价值，超过购置新设备费用，应进行更新。

9.4.3　设备改造与更新的原则

（1）要使设备改造与更新相结合，以设备改造为主，逐步扩大更新比重。以满足生产、经济、安全或环保要求为目标，选定改进或更新方案。

（2）既要考虑技术先进性、生产适应性，也要考虑经济合理性。

（3）要强调投资少、上马快、效果好，讲究实效及综合经济效益。特别是对能耗较大的设备，要仔细、认真地进行论证分析。不要过多地超越目标水平，以免造成资金浪费。

（4）要因地制宜，考虑矿山设施条件。

（5）要适合国情，适当引进必要的关键设备，与国产新型设备相配套。要全面规划，分期进行，抓紧当前改造更新计划，逐步实现矿山生产现代化。

9.4.4　设备改造与更新计划的编制

设备改造与更新应有计划地进行，企业应制定设备改造与更新的规划，并分期实施。即每年要编制年度计划，其主要内容应包括更新设备的品种、型号、数量，设备改造的对象，资金来源，实施的时间，改造更新后的效果等。年度计划由矿山机电部门提出，会同计划、财务部门审定，报上级矿务集团批准，并纳入矿井年度综合计划内。

在编制设备改造与更新的计划时，应注意以下几个方面：

（1）要有步骤地进行，在资金有限的情况下，首先要保证重点项目的实施。更新设备要立足于国内市场，适当引进少量关键设备、部件或技术，作为借鉴。

（2）设备改造与更新应与矿井技术改造、建设现代化矿井协调进行，设备的技术改造还应结合大修理进行。

（3）设备更新应当认真进行技术经济评价，根据经济效益确定，不能简单地按设备的役龄划线。

（4）要尽可能实施技术更新，注意设备质量性能的改善。

9.4.5 配备件管理

为了保证计划检修和突发事故抢修的需要，所有设备的零部件都要有一定数量的储备。配备件管理的任务，就是在占用最少资金的情况下，经常保持各类配件的足量储备，做到有求必应，并保证配件质量完全符合要求。为此，还需要做好以下几方面的工作。

9.4.5.1 配备件管理的基础工作

矿山设备每项配件都有不同的规格、性能、材质和加工要求，使用寿命也各不相同，所以配备件的供应和管理是一项很复杂和烦琐的工作，首先要做好配备件管理的基础工作。

（1）要对全矿设备的所有零部件进行周密的调查，按机台进行登记，其内容包括机台名称、部件名称、零件名称、数量、型号规格、材质、加工精度和其他技术要求。这些资料主要从设备设计和设备说明书取得，标准设备可从制造部门设备目录中寻找。必要时可以通过实物拆卸和测验。

（2）收集所有零部件的加工和装配图纸，为配件加工制造提供依据。图纸来源主要有二：一是设备设计，二是要求制造厂提供。无图纸来源的要组织力量进行实物测绘。所有图纸要与实物对照检验，证明完全相符，然后按工段、机组、机台进行图纸统一编号，并复制若干份备用。

（3）根据本单位机械加工能力和精度水平，确定哪些配件自行加工。自己不能加工的配件，由近而远地选择若干个条件适当的加工单位，经试制、试用合格后，可以相对固定下来，以便提高加工质量，并保持质量的一致性。标准设备的配件尽量用采购的方式解决，也可经过试用后建立相对固定的供应关系。

（4）根据理论计算和设备运转与检修的统计资料分析，找出各种配件的消耗定额或更换周期；再根据自制配件和外订、外购配件加工、运输所需时间，核算各种配件合理的储备定额。

（5）为了方便和保持配备件工作规范化，各矿应按工段、机组、机台编制全部设备的配件目录，其内容包括设备名称、配件编号、配件名称、规格、数量、材质、单位重量、消耗定额或更换周期、储备定额、计划价格、配件图号、使用单位和存放地点等。配件目录要分发到各工段、班组和有关科室，以便查阅和使用。

9.4.5.2　配备件计划的编制和实施

设备管理部门按照全年、季度和月度生产计划和设备检修计划的需要，根据各种配件的消耗定额或更换周期、储备定额和实际库存情况，编制年度、季度和月度配备件计划，其内容包括：

（1）根据生产和检修任务，计算各种配件的消耗量。

（2）根据消耗量和实际库存与储备要求，计算出需要自制和外订、外购的配件数量。

（3）分别提出自制备件和外订、外购配件计划，明确规定其交货或运到矿山的日期。

（4）提出自制配件所需的材料计划。

（5）库存配件计划。

计划经有关领导批准后实施。自制配件计划连同材料下达机修部门和供应部门安排加工和材料供应。外订、外购配件计划由设备管理部门做出部署，采取各种方式与制造厂或供应单位签约或采购。库存配件计划交配件库掌握。

在计划实施过程中，配件管理人员要经常了解自制和外订配件的加工进度和外购配件的采购情况以及配件库存变化情况，随时帮助解决工作中的问题，协调各方面的工作，保证计划的完成。

9.4.5.3　配件的验收和保管

为了保证配件的质量，无论自制、外订或外购的配件，在入库前必须按规定的规格、材质和加工精度进行严格的检验，确认完全合格后方得予以验收；有任何一项不合格者均不得验收，退原制作单位返工修理或重新制作。肉眼难以鉴别的材质，要采取一定的仪器检测，或取样进行分析。

为了使配件得到妥善的保管，矿山要建立专用的配件库。验收的配件要按规定的方式方法放在规定的地点，并随时登账，并在配件卡上做好登记。在发放配件时，也要随时登账，并在配件卡上核减。要做到账、卡、物完全相符。

9.4.5.4　不断提高配件质量，降低配件消耗

随着原材料工业的发展和机械加工技术的进步，不论自制还是外订配件，在制造上要积极采用新材料、新工艺、新技术，不断改进配件质量，特别是耐磨、抗击件的性能，以延长配件使用寿命，降低检修频率，节省检修费用，提高矿山生产的经济效益。

9.4.6　设备租赁

设备租赁的意义如下：

（1）设备租赁能加速设备周转，提高设备利用率。推行设备租赁使用，可以减少各单位的备用设备，并能加速设备周转，提高设备的利用率。

（2）设备租赁实现了设备有偿占用，促进了设备的管理工作。实行设备租赁制后，租用单位要按日台或月台支付租金。各生产单位在保证正常生产的前提下，不租多余不用的设备，对闲置设备则尽快退回租赁站。实行设备租赁制，可促使矿山提高工作面单产，降低每吨产量的设备租赁费。

（3）设备租赁有利于设备的更新改造。出租单位收取租赁费可作为设备更新改造的资金来源，以便能更好更快地进行设备的更新改造。

9.4.7 设备折旧

在矿山企业构成固定资产的设备，在若干年内能够在多次生产中起作用，同时在使用过程中逐渐磨损，设备的价值随着磨损逐渐转移到矿山生产的产品中。这部分转移的价值计入产品成本中去，并且作为重新购置设备的资金予以储存，这项费用称为固定资产折旧费。固定资产折旧是固定资产由于磨损而转移到原矿中去的那部分价值的货币表现，是原矿成本的重要组成部分。把折旧费计入产品成本的过程，实质上就是固定资产在生产过程中其价值的转移过程。它计入成本后，再通过原矿销售，从收入中得到补偿，收回与转移价值相等数额货币资金，提存和积累起来，形成固定资产更新改造资金。

设备都有一定使用年限，超过该年限，设备不能继续使用，需要更新。固定资产更新改造资金就是为了购置新设备，保证生产顺利进行。

科学技术的飞快发展，不断出现效率高、经济性能好、技术更完善、使用更安全，以及更加符合人们健康的优良设备。因而原有设备贬值，即出现设备的无形磨损。所以在考虑设备折旧时，应同时注意到设备的自然磨损与无形磨损，适当加大折旧额，缩短设备使用年限，以加速设备的更新改造。

9.5 设备综合管理

设备综合管理又称设备全面管理，它是系统观点在设备管理中的应用，也是设备管理理论和方法的新发展，对矿山企业设备使用与管理的改进有着重大意义。设备综合管理有两个代表性的理论：设备综合工程学和全员生产维修制度。

9.5.1 设备综合工程学

设备综合工程学是 1971 年在美国召开的国际设备工程学术会议上，由英国人丹尼斯·巴克斯提出的。它是以设备整个寿命周期中的技术、管理、财务以及其他业务工作作为研究对象，以提高设备效率为任务，使设备寿命周期费用最经济的综合性科学。设备综合工程学有以下几个特点；

（1）设备综合工程学以设备寿命周期费用作为经济指标，并追求设备寿命周期费用最低。设备寿命周期费用是指设备一生所花费的总费用，它由设备的设置费和设备的使用费两部分组成。设备设置费包括研究费（规划费、调研费）、设计费、制造费、设备购置费、运输费、安装调试费等。设备维持费包括能源费、维修费、操作工人工资、报废费及设备有关的各种杂费，如保管、安全、保险、环保费等。

对于矿山企业来说，在选购或设计设备时，应当以设备寿命周期总费用最低为原则，经济、全面地评价设备的优劣。

（2）设备综合工程学是关于固定资产的技术、管理、财务等方面的综合性学科，要对设备从技术、经济和组织管理方面进行综合管理。在技术上，要求把与设备有关的安全、机械、电气、电子、化工、环保等各项技术综合起来考虑；在经济上，要求对设备的各项费用支出进行周密的计算分析；在管理上，要求研究适应设备的管理组织和方法，以达到使设备具有良好的技术性能和发挥最大经济效益的目的。

（3）设备综合工程学把设备的可靠性和维修性设计放到重要位置。设备综合工程学把研究重点放在可靠性和维修性设计上，即在设计、制造阶段就争取赋予设备较高的可靠性和可维修性，使设备在使用中，长期可靠地发挥其功能，不出故障，少出故障，即使出了故障也便于维修。设备综合工程学把设备先天素质的提高放在首位，把设备管理工作立足于最根本的预防。这一思想无疑是对传统设备管理思想的变革。

（4）设备综合工程学把设备的寿命周期作为研究和管理的对象，即对设备实行全过程管理。设备综合工程学从系统整体优化的角度考虑设备维修与管理问题，也就是说，用系统工程的思想来看待设备系统，把设备的整个寿命周期作为研究和管理的对象。设备的整个寿命周期是：研究设计—试制—制造—选购安装调试—使用—维修—改造—更新—报废。设备综合工程学就是用系统的概念把各个环节严密地组织起来，改善全过程各个环节的机能，以达到花费少、效率高这个最佳效果。

（5）设备综合工程学强调关于设计、使用效果及费用信息反馈在设备管理中的重要性，要求建立相应的信息交流和反馈系统。信息反馈包括企业内信息反馈和企业外信息反馈。企业内信息反馈是指在设备使用过程中，由使用部门记录、统计设备在使用过程中发现的缺陷，由修理部门进行改善修理；企业外信息反馈是指由设备使用企业记录、统计设备在使用过程中发现的缺陷，由设备制造企业在研制下一代新设备时从设计、制造等方面加以改革。

9.5.2　全员生产维修制度

9.5.2.1　全员生产维修制度的含义

全员生产维修制度是日本前设备管理协会的中岛清一等人在美国生产维修体制的基础上，又接受了英国设备综合工程学的观点，并结合本国的传统经验，于 1971 年正式指出的。它又称为"全员参加的生产维修"或"带有日本特色的美式生产维修"。

全员生产维修制度对我国矿山企业设备使用与管理的改进意义重大。该项制度的中心思想是"三全"，即全效率、全过程、全员参加。

（1）全效率是指设备的综合效率，即整个寿命周期的总输入与总输出之比或投入与产出之比。总输入就是设备的寿命周期费用；总输出包括产量（P）、质量（Q）、成本（C）、交货期（D）、安全（S）、劳动情绪及环境卫生（M）等方面。用公式表示如下：

$$设备综合效率 = 设备的总输出 / 设备的总输入$$
$$= PQCDSM / 寿命周期费用$$

从上式可以看出，设备的输出量越大，设备的输入量越小，设备的综合效率就越高。

（2）全过程是指对设备的整个寿命周期，即从研究、设计、制造、安装、使用、维修、改造直至报废为止的全过程管理，并建立信息反馈系统。

（3）全员参加是指从企业最高领导人到第一线生产工人，包括设备管理的有关部门和人员，都参与设备管理工作，分别承担相应的职责。

9.5.2.2　全员生产维修制度的内容

（1）加强教育，开展生产维修小组的自主活动，推动生产维修。生产维修小组的自主活动在推行全员生产维修制度中起着重要作用。生产维修小组活动的目的是为了维护企业利益、保证完成计划、保证质量、降低成本、按期交货、确保安全、防止公害，作为企业管理的一个环节，动员引导全体人员参加，促使企业不断发展。

（2）推行 5S 管理活动。5S 也是全员生产维修的特征之一，所谓 5S 是五个日语词汇的拼音字头，这五个词是整理、整顿、清洁、清扫、素养。这些看起来有些重复、烦琐的单词，恰恰是全员生产维修制度的基础和精华。

1）整理：是把紊乱的东西收拾起来，把不用的东西清除掉，把有用物品按序列排好。

2）整顿：是指整整齐齐地处理或配备齐全。

3）清洁：就是没有污染、杂物、油污。

4）清扫：就是要打扫得干干净净。

5）素养：就是文明、礼貌、守信和具有良好的工作和生活习惯。

（3）进行重点设备的点检。点检是根据各类设备具体情况编制附有点检项目、顺序、方法、周期和标准等具体内容的点检卡片，由设备操作者按规定点检项目无漏无误地进行检查并填写在点检卡上，作为编制修理计划的依据。开展点检是推行生产维修的一项重要工作和有力措施。开展设备点检的目的是为了使设备故障能早期发现，尽量减少或避免因突发故障而影响生产率和导致产品质量下降，并减少维修费用。

（4）重视维修记录和分析研究工作。完整地记录和收集设备的维修实施情况，并对这些原始资料进行分析研究。其中包括分析故障原因和平均故障间隔时间，绘制各种有关图表，编写维修月报，制定各种标准化资料（如设备检查标准和维修作业标准）等。

（5）重点设备的划分与管理。确定生产维修对象，要从各个角度对企业设备进行分析研究，并划分等级区别对待，突出重点设备维修保养，提高生产维修的效果。

日本划分重点设备的方法是依据设备对产量、质量、成本、交货期、安全及环境保护等的影响来划分的。影响最大的列为重点设备；影响中等的列为生产维修对象设备；影响最小的列为普通设备。如日本三菱公司、东京汽车制造厂是按产量、质量、维修、安全和其他五方面进行评分，把评分相加后，得出总分。将设备划分等级后，要作以标记。

9.5.2.3 全员生产维修制度推行的效果评价

由于全员生产维修制度要求全效率，追求设备在寿命周期内综合效率最高，因此，检查生产维修的效果不能只看设备维护保养是否良好，而是要从技术和经济两方面进行评价。

（1）计划方面的指标：

$$计划作业率 = (计划的维修次数/全部维修次数) \times 100\%$$

$$计划作业完成率 = (完成计划作业次数/预定计划作业次数) \times 100\%$$

$$实际开动率 = (实际作业时间/实有能力时间) \times 100\%$$

（2）作业内容方面的指标：

$$生产维修次数率 = (生产维修次数/全部维修次数) \times 100\%$$

$$生产维修工时百分比 = (生产维修作业时间/全部维修时间) \times 100\%$$

$$突发故障作业率 = (突发故障作业时间/全部维修作业时间) \times 100\%$$

（3）费用方面的指标：

$$维修费用率=(全部维修费用/生产总费用)×100\%$$
$$每台产品维修费用=全部维修费用/产品总台数$$
$$生产维修费用率=(生产维修费用/全部维修费用)×100\%$$

（4）故障方面的指标：

$$停机工时百分比=(设备原因造成停机时间/开动时间)×100\%$$
$$停机损失百分比=(设备停机损失/生产总值)×100\%$$

以上各项经济技术指标应根据各企业的具体情况和生产维修水平，以适当的数值下达给设备维修部门，作为月、季、年度的考核。

9.6　设备维护业务外包

9.6.1　设备维护业务外包兴起的背景

业务外包是现代企业普遍采用的一种运作战略。从字面上来理解，业务外包就是利用外部资源的意思。所以，一般地认为业务外包是以合约方式将原本应由企业运作的业务，交给外面的服务商，由他们来完成，以维持企业的运营。设备维护外包是业务外包中的一种独特形式，它对于降低矿山企业的设备维护成本、提高设备维护质量、降低矿山企业风险和快速响应市场变化的要求有重要的意义。

设备维护属于企业设备管理的范畴。过去，矿山企业设备维护管理的实践和理论研究基本上以企业自身资源的有效利用为出发点，假设维护活动由使用者（通常即设备的所有者）来执行，这意味着矿山企业必须拥有维护所需的资源。20世纪90年代以来，由于竞争的加剧，企业面临的经营环境发生了深刻的变化，传统设备维护模式的缺陷逐渐显现。随着社会分工的深化，专业化设备维护由于具有技术水平高、专业性强、维护周期短及收费合理等特点，在先进工业国家已得到广泛应用，许多企业已经通过将设备维护业务外包来寻求竞争优势。推动企业开展设备维护业务外包实践的原因有很多，概括起来主要包括以下几个方面。

9.6.1.1　企业自身资源的约束

设备维护外包的实践在企业界早已有之。以前，企业设备维护外包一般是由资源约束驱动的，维护外包活动并不是经过慎重考虑后主动做出的长远决策，而只是一种被动的临时性决定，最典型的就是由于维护技术不足而寻求外部维护服务。随着工业技术水平的不断提高，企业设备向大型化、精密化、系统化、自动化、技术密集化方向发展，设备构成更加先进与复杂，功能更加强大，设备的可靠性得到较大提高，但其故障的可预见性和易维修性却呈现下降趋势，使设备的使用与管理环境发生了很大的变化。一方面，设备操作更为自动化，设备操作的技术含量逐渐下降，设备操作人员不断减少；另一方面，设备维修的技术含量却不断上升，要求的维修人员也不断增加，对维护技术、维护条件、维护人员的素质提出了更高的要求。传统设备维护管理模式与手段已经很难满足这种持续发展的要求，设备维护业务需要寻求新的管理模式和管理手段来支持。由资源约束驱动的设备维护外包虽然仍是企业设备维护外包的主要类型之一，但企业的外包决策已经不是仅从短期资源状况考虑的被动决策，而是将其纳入了企业总体发展的战略轨道。

9.6.1.2 竞争环境的变化

随着环境的变化，企业面临的竞争压力日益增大，自制设备维护业务对企业发展的不利影响逐渐显现。现代企业特别是资产密集型企业，如矿山、电力、航空、化工企业，其设备投资在企业全部资产中占有很高的比重，相应的设备维护业务就占用了企业的大部分资源，维护成本成为企业成本的重要构成部分。以航空业为例，占飞机总维修成本 30% 左右的备件成本在一个典型的中型航空公司中通常积压了 10%~20% 的流动资产。因此仅以设备维护备件对企业的影响来看，与设备维护有关的费用就对航空公司的运营总成本有相当大的影响。由于竞争的压力，为了更有效地控制运营成本，一些企业已经有意识地从自身整体战略出发将维护业务进行外包，通过外部维护服务商来完成以前由企业自身进行的设备维护工作。

9.6.1.3 新的管理思想的推动

C. K. Prahalad 和 G. Hamel 于 1990 年在《哈佛商业评论》上发表的《企业核心竞争力》一文首次提出了核心竞争力的思想。作为一种新的企业管理战略理论，它对推动企业从事资源外包，适应从纵向一体化向横向一体化发展的趋势产生了极大影响。设备维护业务在企业中起着支持生产或服务的作用。由于与生产和服务关系密切，维护业务一直是企业（尤其是资产密集型企业）的一项关键业务，但关键业务并不能简单地等同于核心业务，如何结合企业实际认识设备维护业务在企业中的作用，采取合适的资源策略已经成为很多企业开始考虑的战略问题。

设备管理思想由传统的实物管理逐渐向现代资产管理方向发展，很多企业开始从资产经营的角度对企业设备进行管理。这一转变给传统的设备维护管理模式带来了极大的挑战，对维护业务外包产生了积极的促进作用。将设备作为企业资产进行管理，使设备的使用手段由单一的购买设备拥有产权，发展为购买、租赁、出售或出租相结合。为了适应环境变化对设备规模带来的波动，企业的维护力量必须具有相应的柔性，而只有充分利用外部资源，才能够有效获得必需的维护柔性。

由于上述原因，设备维护的社会化和市场化活动在西欧、北美等先进工业国家已经得到了相当程度的发展。Bertrand Quelin 于 2001 年 12 月至 2002 年 3 月对欧洲 180 个企业的外包状况进行了调查，数据显示有近 70% 的被调查企业将维护业务外包，受外包程度影响的排名中维护业务仅排在办公信息技术后列第三位，并被认为在未来会得到迅速发展。W. Bailey，R. Masson 和 R. Raeside 也在 2002 年对苏格兰的 Edinburgh 和 Lothian 地区的业务外包情况进行了实证调查分析，研究发现 70% 的企业或组织至少外包一种业务，设备维护排在清洁后列外包业务量排名的第二位。

我国从 20 世纪 90 年代中期开始了设备维护市场化的试点工作，以矿山、航空、电力为代表的不同行业的许多企业也已经寻求通过将设备维护业务外包来提升企业的竞争力。从总体上看，我们在设备维护业务的社会化协作体系、企业对设备维护业务外包的认识、对外包业务的管理水平等方面，与国外先进水平都还有较大差距。面对市场竞争的压力，我国许多老矿山企业仅保留必要的维护人员，把过剩的维修厂和维护人员重新组织推向社会，既减轻了企业负担又可使闲置的维护力量为社会创造更多的价值。新建的矿山企业如果能充分合理利用社会现有维护力量则可以减少与设备维护有关的投资，降低企业负担。

9.6.2　设备维护业务外包管理的内容

任何一项业务外包的运作过程都涉及外包前的分析与准备、外包业务执行过程的管理与控制、外包结果的评估三个阶段。设备维护业务外包管理也不例外，它的三个阶段涉及以下内容。

9.6.2.1　设备维护业务外包战略分析

近年来，业务外包研究的结果表明，企业将设备维护业务外包已不仅仅是资源约束驱动或成本驱动，而是将之与企业的竞争力联系起来，将其纳入了企业总体发展的战略轨道。因为设备维护业务作为企业的一项关键业务，直接关系到产品或服务质量的好坏，对企业经营状况起着举足轻重的作用，对企业的竞争力有着显著影响。因此，矿山企业在决定是否将维护业务外包时，必须从战略的高度进行分析。在分析设备维护市场的基础上，从矿山企业的战略、财务、技术和核心业务几个方面进行综合评估，真正明确设备维护业务外包的动机和目的，只有这样，才能使维护业务外包取得成功。

9.6.2.2　设备维护业务外包决策分析

在战略分析的基础上，矿山企业必须分析并选择正确的外包策略，确定设备维护外包的范围，即确定哪些设备维护业务要外包，应达到什么样的目的，采用何种外包策略，设备维护承包商应满足什么样的条件，应当与设备维护承包商发展什么样的关系等。此外，还要进行收益风险评估。当设备维护外包风险大，而外包收益很小时，设备维护应采用内制方式；当设备维护外包风险大，外包收益中等时，如果企业不能保证外包的有效控制，也应该采用内制方式，否则可以考虑进行外包。

9.6.2.3　设备维护承包商的评估与选择

在设备维护业务外包决策分析的基础上，矿山企业接下来要做的工作就是选择设备维护承包商。在实践中，企业一般通过招投标方式选择承包商。企业应拟定需求说明书和招标文件，向外界发布招标信息，开展招标工作。企业应当从承包商的市场信誉、技术实力、维护质量、管理能力、服务、价格等各方面，对设备维护承包商进行综合评价，选定合适的承包商。选定设备维护承包商之后，就要与之协商并签订合同。不同的外包范围和不同外包关系，应有不同的外包合同。一般而言，企业设备维护外包交易合同中应包含设备维护外包的范围、设备维护外包期限、设备维护外包内容、设备维护外包的服务水平、设备维护外包费用及相应的奖励条款或处罚条款等。合同谈判的目的在于协调业务外包过程中的交易条件，并将交易条件落实到合同条款中，以确保双方的交易权益和责任。

9.6.2.4　外包业务执行过程的管理

在确定外包策略，选择好承包商并签订外包服务合约后，交易双方的权利、义务便确定下来，设备维护承包商就可以接手外包的任务。此后，对外包业务执行过程的监督与管理就将直接影响到业务外包的成败。监督、评价设备维护承包商合同实施状况需要由相应的监控组织来完成，监控组织充当合同管理人员、服务人员，必要时执行资源协调任务。他们要评价设备维护状况，分析承包商提供的服务是否符合合同规定，处理双方出现的争议。因此，监控组织必须包括对合同管理有广泛才能的专家、对设备维护充分理解的技术专家和必要的能对承包商提供资源协调的人员。

9.6.2.5 设备维护外包终止

合同期满，外包业务完成后，需要对承包商提供的服务进行总体评价，并根据绩效测评结果兑现合约中的有关条款（奖励或处罚），同时，根据测评结果决定是否继续聘用该设备维护承包商。如果测评结果显示设备维护外包没能达到预期目标，并且其原因是由于设备维护承包商造成的，矿山企业可以根据需要重新选择设备维护承包商或者是收回设备维护工作；如果测评结果显示设备维护外包已达到预期的目标，并且其目标没有变化，矿山企业则可以与设备维护承包商续签合同。

9.6.3 设备维护业务外包决策

外包决策涉及外包策略分析、外包对象选择、服务商选择、外包风险与收益评估、交易方式选择与合同设计等广泛的内容。由于矿山企业将设备维护业务完全外包有着极大的风险，所以在实践中，企业一般使用选择性设备维护业务外包。选择性设备维护外包就是在保证矿山企业安全运营的基础上，根据企业设备、维护业务、内外部维护能力的实际情况，有选择地将部分维护业务通过合适的外部交易方式来完成，通过外部资源的充分利用实现企业的战略目标。选择性设备维护外包的决策就是要解决两个问题：一是选择正确的外包对象；二是选择适合特定外包对象的正确交易方式。外包对象的选择以设备及其维护业务为基础，交易方式的确定由外包对象以及维护市场的发展状况共同决定。不同性质的交易必须采用不同类型的交易方式，特定的交易只有采用与之相适应的交易方式才能获得良好的效果。

设备维护外包决策必须建立在设备维护需求分析和维护能力识别的基础上，设备维护需求分析反映需求方面的特征，维护能力的识别反映供给方面的特征，只有综合两方面的因素才能做出正确的维护外包决策。

9.6.3.1 设备维护需求分析

矿山企业设备复杂多样，不同的设备对企业运营所起的作用不同，设备在企业中的重要性也不一样。随着设备资产专用性的提高，维护外包的风险也相应增大，因此设备维护需求分析首先要对矿山企业设备进行分类研究。同一设备又有不同层次的维护需求，根据维护深度的不同可以将维护业务分为日常维护、小修、中修、大修。不同的维护需求需要的人员、技术力量，以及相应的管理能力都有着显著的差异。设备维护需求分析必须从维护对象（设备）和维护内容（维护业务）两个角度来综合考察，全面分析不同设备对矿山企业运营的影响以及设备不同层次维护业务的需求特征。

9.6.3.2 设备维护能力识别

设备维护能力的识别与服务商选择问题既有联系又有区别。服务商选择问题侧重于通过服务商能力的评价确定最终的服务提供商。设备维护能力识别的重点不在服务商个体能力的评价与选择，而是通过对外部服务商的维护能力分析获得整个维护市场发展状况的信息，并与企业自身维护能力相比较，以帮助企业选择合适的外包交易方式并做出正确的资源转移决策，通过内外部资源的相互转化更好地满足维护业务的需求。因此，维护能力的识别不能仅作为外包业务确定后的一个服务商选择问题来分析，而应与特定的业务相结合，将外包业务的确定、交易方式的选择与最终外包服务商的确定统一起来考虑。实践中一般通过技术、成本、财务状况、管理能力几个方面来对服务商进行评价，维护能力识别中具体的分析内容与服务商选择问题是一致的，所以通过维护能力的识别也可以为最终的服务商选择打下良好的基础。

9.6.3.3　选择性设备维护业务外包决策过程

选择性设备维护外包决策可以依次从设备分析、维护业务、维护流程三个层次上展开。决策过程首先从设备分析开始，分析哪些设备适合外包，哪些设备不适合外包；在对设备分析的基础上，对资产专用性程度较高不适合外包的设备结合维护业务进行进一步分析，识别出适合外包的维护业务；最后，对某些资产专用性很高的设备以及从维护业务角度分析不适合完全外包的维护业务，再结合维护流程分析，对可能外包的流程环节进行识别。

由于非生产性设备对矿山企业安全高效运作的影响较小，且外部维护市场的发展相对成熟，维护服务的市场化程度较高，这类设备的维护业务可以通过市场化的方式来进行，矿山企业设备维护外包决策关注的重点是生产性设备的维护外包。

对于矿山企业生产性的通用设备，由于资产专用性程度相对较低，相关外部维护市场发展比较成熟，由外部服务商提供维护服务既可利用规模经济有效降低生产成本，又不会导致过高的交易成本。

由于矿山企业生产性的专用设备维护外包决策的复杂性较大，此类设备的维护决策首先应考虑其具体维护业务的特征，对低级维护业务采取市场化的外包策略，其他维护业务的维护决策还需在进一步识别所属设备是否为企业的核心专用设备的基础上进行。

核心专用设备由于外包无法使矿山企业获得规模经济带来的生产成本的节约，同时由于极高的资产专用性还会使企业面临过高的交易风险以及由此产生的交易成本的急剧增加，因此相关维护业务一般应该自办。如果矿山企业核心专用设备规模比较大，企业自行维护要按大修能力配备资源，造成非大修时间维护资源的大量闲置，这时可以仅对中间执行环节进行外包。为了提高外部维护人员的工作能力和工作效率，在外包方式上应该采用中间形式而不应简单地用市场化的方式购入人力资源。

非核心专用设备的维护决策需要结合维护能力识别的结果来进行，具体需要考虑以下两个问题：

（1）外部维护服务提供商的维护能力与矿山企业内部维护能力相比是否具有优势。

（2）外部维护服务优于内部维护服务时，为了达到最优外部服务商的水平，矿山企业必须付出什么代价。

内部维护服务优于外部维护服务时，企业应该选择内部维护；外部维护服务优于内部维护服务时如果企业有能力迅速提升内部维护能力，则应及时提升内部维护能力以满足设备维护的需要，否则应将维护业务外包。通过对这两个问题的分析，矿山企业才能对非核心专用设备的维护业务做出恰当的设备维护资源决策。

矿山企业在进行设备维护外包决策时必须将决策看作一个动态过程。生产性设备尤其是核心专用设备在企业中的地位随企业的经营方向、装备水平等的变化，以及外部竞争环境的变化而不断发生变化。当设备在企业中的作用下降时，需要管理者及时做出新的设备维护资源决策。同时矿山企业还必须对外部维护服务市场的发展状况进行及时的评价，根据不断变化的外部环境来修正企业决策，以保证企业在竞争中获得持续的竞争优势。

9.7 设施管理

9.7.1 设施管理概述

按照国际设施管理协会（IFMA）最新的定义，设施管理是一种包含多种学科，综合人、地方、过程及科技以确保建筑物环境功能的专门行业。它以保持业务空间高品质的生活质量和提高投资效益为目的，以最新的技术对人类有效的生活环境进行规划、整合和维护管理工作，它将物质的工作场所与人和机构的工作任务结合起来。设施管理的任务是通过简化企业的日常营运流程，协助客户达到大幅降低成本和提高营运效益的目的。它致力提供全面的一站式服务，为客户管理房地产、设施及其他非核心业务，以达成既定的业务计划和策略性的发展目标。目前，设施管理已超越了物业维修和保养的工作范畴，并成为支援机构发展策略的管理系统。设施管理是从建筑物业主、管理者和使用者的利益出发，对所有的设施与环境进行规划、管理的经营活动。这一经营管理活动的基础是为使用者提供服务，为管理人员提供创造性的工作条件以使其得以被尊重和满足，为建筑物业主保证其投资的有效回报并不断得到资产升值，为社会提供一个安全舒适的工作场所并为环境保护做出贡献。设施管理关注物业设施的全生命周期的运行，针对性提供策略性长期规划，这一规划在财务安排、空间管理、周期性工作组织、预见性风险规避等方面全过程、系统地实施。设施管理注重并坚持高科技应用的同步发展，在降低成本提高效率的同时，系统集成保证了管理与技术数据分析处理的准确，进一步促进科学决策。

"设施管理"这一术语的广泛使用要追溯到 1979 年密歇根州的安·阿波设施管理协会的成立以及 1980 年国家设施管理协会（"国际设施管理协会"的前身）的创建，此后，设施管理得到了长足的发展。然而，关于什么是"设施管理"，至今仍没有一个统一的说法。Becker（1990）认为设施管理只应关心建筑、家具和设备等"硬件"。在后来的定义中，设施管理包括了对人、生产过程、环境、健康和安全等"软件"的关心。还有些定义则把设施管理的领域扩展到包括设计、建造、运营等的设施生命周期的层次上。另外，除了国际设施管理协会给出的定义外，其他一些协会也根据本国的情况给出了各自的定义。如英国设施管理协会认为设施管理可综合多个建筑部分，用以管理其对人及地方的影响。澳大利亚设施管理协会将设施管理看作是一种商业实践，它能够使人、过程、资产以及工作环境最优化，从而支持企业的商业目标。这些定义虽然看起来各不相同，但存在着一些共同认可的、本质的内容。首先，设施管理的工作范围不限于商业办公楼，它也包括政府、医药、教育、工业、娱乐等工作场所以及住宅；其次，各个组织机构都可以采用设施管理，因为这些机构都需要占据一定的空间来进行工作；最后，设施管理在实践中需要用整体的方法，就是说，设施管理在关注工作场所的同时，为了提升工作场所的综合效率，需要采用多方面的方法。

目前，越来越多的机构开始相信，保持管理的井井有条和高效率的设施对其业务的成功是必不可少的。尤其是高新技术的发展、环保意识的普及以及对人的健康的关心，使设施管理行业和设施管理专业人员更显得重要。设施管理不单为了延长设备设施的使用年限，确保其功能的正常发挥，扩大收益、降低运营费用，也是为了提高企业、机构的形象，提供适合于用户的各种高效率的服务，改善用户的业务，使工作流程合理化和简洁化。简而言之，设施管理的服务对象是人，设施管理的目标是提高工作场所的工作效率，使建筑物保值增值。

9.7.2　设施管理的范围和涉及的主要问题

国际设施管理协会（IFMA）提出设施管理的范围主要包括八个方面，它们是：策略性年度及长期规划，财务与预算管理，公司不动产管理，室内空间规划及空间管理，建筑及工程，新的建筑及修复，保养及运作，保安电信及行政服务。其主要应用于公用设施（包括医院、学校、体育场馆、博物馆、会展中心、机场、火车站、公园等）和工业设施（包括工厂、工业园区、科技园区、保税区、物流港等）。

Cotts（1999）提出设施管理涉及的主要问题包括以下 14 项：

（1）所有权的费用。设施所有权的费用包括初始和正在发生的费用，在进行管理时，应该了解需要的费用，并通过制订合理的计划来提供所需的费用。

（2）生命周期内的成本核算。一般来说，所有的经济分析都应该基于生命周期成本，如果只考虑资本费用和初始费用，往往会做出错误的决策。

（3）服务的整合。优质的管理意味着不同服务的整合（例如：设计和运营）。

（4）运营和维护的设计。即使运营者和维护者只是承包商，也应该积极参与到设计审查过程中。

（5）责任的委托。FM 的功能应该纳入预算规划，由设施经理对各项工作负责。

（6）费用的效率。问题的关键是识别和比较这些费用，并且每隔一段时间就进行一次比较。

（7）工作效率的提高。要经常通过特定的比较、用户的反馈以及平时的管理来判断工作效率是否提高。

（8）生活质量。设施经理应该积极提高和改善员工的生活质量。最低要求是为员工提供安全的工作场所，目标是创造能够提高个人和团体工作效率的工作环境。

（9）各因素的整合。设施经理应该是能够将场所、过程和人员合理的整合到一起的专家。

（10）储备和灵活性。由于工作常常是不断变化的，因而设施经理有必要进行恰当的设施储备，以便灵活应用。

（11）作为资产的设施。设施应该被看作可以通过各种途径为公司带来收益的有价值的资产。

（12）FM 的商业职能。设施应该以商业的模式来运营，与公司的业务同时发展，同步规划。

（13）FM 是一个连续的过程。FM 从开始计划到处理各项事务都是一个连续的过程，不是一系列零散项目的组合。

（14）设施管理的服务。FM 只提供一种产品：服务。FM 的本质是强调控制和服从，同时也要具有灵活性和服务性。质量计划是基于客户对服务的理解来制订的，成功的质量计划依赖于各层次客户的长期联系和约束。

从设施管理的范围和涉及的主要问题中可以看出，有效的设施管理不仅仅依赖于知识体系，更有赖于这个领域中工作人员的专业水平和管理能力。

9.7.3 国内设施管理的现状及其存在的问题

目前国内对于设施管理的认识还非常有限，依然处在探索阶段，其发展还处在以住宅小区为对象的物业管理这样一个初级阶段，对于大型公用和商业设施的管理，还停留在维护管理这个层面，与专业化的设施管理相去甚远。国内设施管理在实践过程中主要存在以下问题：

（1）缺乏战略性的全局观念。不关注设施的全生命周期费用，在设计和建设阶段往往不考虑今后运营时的节约和便利，而过多地考虑了如何节省一次性投资，如何节省眼前的时间和精力。设备供货商往往较少考虑系统集成的协调和匹配。建筑物在建成交工以后，把物业管理仅仅看成是传统的房管所的功能，即首先是计划经济体制下的"管"，服务是第二位的，颠倒了与业主的关系。

（2）服务对象不明，不注重以"人"为本。认为只要设备无故障、能运转便是设施管理的全部工作内容。设施管理的服务对象是人，应以为用户提供各种高效率的服务，改善用户的业务，以工作流程合理化和简洁化为目标，为用户营造一个健康、舒适、高效的工作和生活环境。

（3）管理水平低下，技术含量不高。国内的设施管理水平低下，技术含量不高，凭经验、凭设备等手工作坊式的运作还是目前国内设施管理的主流。

（4）人才严重匮乏。设施管理是一项量大、面广，涉及关系较复杂的系统工程。随着城市化进程的加快，各种大型物业设施的大量出现，市场对从事设施管理工作的人员素质要求越来越高。目前，符合现代设施管理发展需要的高层次、高素质的专业人才、管理人才，掌握多种技能的复合型人才都十分缺乏。

（5）理论探索滞后，基础研究虚浮。在发达国家，设施管理早已经成为一个新兴的专门行业，有大量的研究者致力于设施管理的理论与实践研究，而我国对于设施管理理论的探索、研究却相当滞后，基本上还是一片空白，至于其基础研究，还只是限于物业管理领域的一些基础理论。

9.7.4 矿井通风设施的管理

9.7.4.1 矿井主要扇风机工况的测定

A 矿井主扇工况测定的目的与任务

矿井生产条件的变化（例如因工作面的推移使巷道长度增加或缩短、矿井开采深度的增加等）必然引起矿井总风阻的变化。矿井总风阻的变化又将引起矿井主扇工况的改变，从而导致主扇风量和矿井总风量的改变。应合理地运用主扇，使主扇造成的矿井总风量能适应生产条件的变化且满足实际生产的需要。为了保证主扇实际运转在经济上的合理性，减少主扇电动机的电能消耗，必须定期进行主扇工况的测定。

主扇工况测定的主要任务如下：

（1）测定主扇的风量和风压，分析主扇风量是否满足矿山生产的实际需要，计算矿井通风阻力与矿井总风阻或矿井等积孔。

（2）测定拖动主扇的电动机的输入功率，计算主扇的运转效率，分析主扇的运转参数与矿井通风网路的匹配是否适当，确定是否需要进行主扇的工况调节。

B　主扇风量和风压的测定

a　主扇风量的测定

主扇的风量通常是在风硐内预先选定的适当断面上进行测定。由于通过风硐的风量和风速较大，一般使用高速风表测定断面上的平均风速，有时也将该断面分成若干等份，用皮托管、压差计、胶皮管测定每个等份中心的动压，然后将动压换算成相应的速度后，再计算出若干个速度的算术平均值，作为断面的平均风速。断面平均风速与风硐断面面积的乘积等于通过风硐的风量，也就是主扇的风量（m^3/s）。

b　主扇风压的测定

主扇风压的测定通常也是在风硐内测定风速的断面上进行。先在该断面上设置静压管或皮托管，再用胶皮管将静压管或皮托管的静压端与安设在主扇房内的压差计连接起来，当胶皮管无堵塞、无漏气时，即可在压差计上读数，此读数就是风硐内该断面上的相对静压。在抽出式通风条件下，将设置静压管或皮托管的断面视为扇风机的入风口，而在压入式通风条件下，将风硐内设置静压管或皮托管的断面视为扇风机的出风口。当测得了风硐内该断面上的相对静压、动压以及主扇风量之后，即可根据主扇全压等于主扇出风口全压与入风口全压之差的关系将主扇全压计算出来。无论抽出式还是压入式通风，主扇的全压中除了主扇扩散器出口的动压（抽出式）或矿井出风口的动压（压入式）消耗之外，其余的全部可以用来克服矿井通风阻力。因此，可以计算出矿井通风阻力，求得矿井通风阻力和矿井风量之后，可算得矿井等积孔或矿井总风阻。

C　主扇电动机功率的测定

为了计算主扇效率，应将拖动主扇的电动机的输入功率测定出来。三相交流电动机的功率通常采用瓦特表法或电流表、电压表及功率因数表法进行测定。

9.7.4.2　地下通风设施的管理

良好的通风系统，可使新鲜空气按规定路线送到工作面。这在很大程度上要用通风构筑物来保证。

常见的通风设施有风桥、风墙、风门、空气幕。

A　风桥

当新鲜空气与废空气都需要通过某一点（如巷道交叉处）而风流又不能相混时，需设置风桥。风桥可用砖石修建，也可用混凝土修建。在一些次要的风流中可用铁风筒架设风桥。

　B　风墙

不通过风流的废巷道及采空区需设置风墙。风墙又称密闭。根据使用年限不同,风墙分为永久风墙与临时风墙两种。

　C　风门

某些巷道既不让风流通过,又要保证人员及车辆通行,就得设置风门。在主要巷道中,运输频繁时应构筑自动风门。

　D　空气幕

利用特制的供风器(包括扇风机),由巷道的一侧或两侧,以很高的风速和一定的方法喷出空气,形成门板式的气流来遮断或减弱巷道中通过的风流,称为空气幕。它可克服使用调节风窗或辅扇时存在的某些不可避免的缺点,特别是在运输巷道中采用空气幕时,既不妨碍运输,工作又可靠。

复习思考题

9-1　什么是设备管理,设备管理的发展经历了哪些阶段?

9-2　选择设备的技术要求有哪些,对设备的经济评价方法有哪些,各有何特点?

9-3　在设备使用中要注意做好哪些工作?

9-4　设备的两种磨损和三种寿命的含义是什么?

9-5　设备维护保养的主要内容是什么?

9-6　设备的大、中、小修有何区别?

9-7　设备修理周期定额和工作定额有哪些?

9-8　为什么要进行设备改造与更新,在编制设备改造与更新计划时应注意哪些问题?

9-9　开展设备租赁的意义是什么,如何确定设备的租金?

9-10　设备综合工程学和全员生产维修制度的内容有哪些,它对提高矿山企业竞争力有哪些贡献?

9-11　为什么要进行设备维护业务外包,设备维护业务外包管理的内容是什么,矿山企业设备维护业务外包决策要注意做好哪些工作?

参 考 文 献

[1] 张冷松. 矿山企业管理 [M]. 沈阳：辽宁人民出版社，1988.

[2]《采矿设计手册》编写委员会. 采矿设计手册（2）矿床开采卷（上、下）[M]. 北京：中国建筑工业出版社，1993.

[3] 陈国山. 现代采矿生产与安全管理 [M]. 北京：冶金工业出版社，2011.

[4] 王洪胜. 矿山安全与防灾 [M]. 北京：冶金工业出版社，2011.

[5] 陈国山，杨林. 现代采矿环境保护 [M]. 北京：冶金工业出版社，2012.

[6] 陈国山. 采矿学 [M]. 北京：冶金工业出版社，2013.

[7] 高海晨. 企业管理 [M]. 北京：高等教育出版社，2003.

[8] 马远荣. 工程建设监理 [M]. 北京：中国电力出版社，2010.

[9] 余立中. 建设工程合同管理 [M]. 广州：华南理工大学出版社，2004.

[10] 本书编委会. 建设工程质量、投资、进度控制 [M]. 北京：中国建筑工业出版社，2012.

[11] 刘双跃. 安全评价 [M]. 北京：冶金工业出版社，2010.

冶金工业出版社部分图书推荐

书　名	作　者	定价(元)
中国冶金百科全书·采矿卷	本书编委会　编	180.00
中国冶金百科全书·选矿卷	编委会　编	140.00
选矿工程师手册（共4册）	孙传尧　主编	950.00
金属及矿产品深加工	戴永年　等著	118.00
露天矿开采方案优化——理论、模型、算法及其应用	王　青　著	40.00
金属矿床露天转地下协同开采技术	任凤玉　著	30.00
选矿试验研究与产业化	朱俊士　等编	138.00
金属矿山采空区灾害防治技术	宋卫东　等著	45.00
尾砂固结排放技术	侯运炳　等著	59.00
采矿学（第2版）（国规教材）	王　青　主编	58.00
地质学（第5版）（国规教材）	徐九华　主编	48.00
碎矿与磨矿（第3版）（国规教材）	段希祥　主编	35.00
选矿厂设计（本科教材）	魏德洲　主编	40.00
智能矿山概论（本科教材）	李国清　主编	29.00
现代充填理论与技术（第2版）（本科教材）	蔡嗣经　编著	28.00
金属矿床地下开采（第3版）（本科教材）	任凤玉　主编	58.00
边坡工程（本科教材）	吴顺川　主编	59.00
现代岩土测试技术（本科教材）	王春来　主编	35.00
爆破理论与技术基础（本科教材）	璩世杰　编	45.00
矿物加工过程检测与控制技术（本科教材）	邓海波　等编	36.00
矿山岩石力学（第2版）（本科教材）	李俊平　主编	58.00
金属矿床地下开采采矿方法设计指导书（本科教材）	徐　帅　主编	50.00
新编选矿概论（本科教材）	魏德洲　主编	26.00
固体物料分选学（第3版）	魏德洲　主编	60.00
选矿数学模型（本科教材）	王泽红　等编	49.00
磁电选矿（第2版）（本科教材）	袁致涛　等编	39.00
采矿工程概论（本科教材）	黄志安　等编	39.00
矿产资源综合利用（高校教材）	张　佶　主编	30.00
选矿试验与生产检测（高校教材）	李志章　主编	28.00
选矿原理与工艺（高职高专教材）	于春梅　主编	28.00
矿石可选性试验（高职高专教材）	于春梅　主编	30.00
选矿厂辅助设备与设施（高职高专教材）	周晓四　主编	28.00
露天矿开采技术（第2版）（职教国规教材）	夏建波　主编	35.00
井巷设计与施工（第2版）（职教国规教材）	李长权　主编	35.00
工程爆破（第3版）（职教国规教材）	翁春林　主编	35.00